荣获华东地区大学出版社第七届优秀教材、学术专著二等奖

园林设计初步

（第一次修订）

谷 康 徐 英 李晓颖 朱春艳 **编著**

东南大学出版社 · 南京

内容提要

本书内容共分六章，从怎样认识园林开始，系统地阐述了园林设计的基本内容以及古今中外园林的发展概况；介绍了绘制园林设计图的几种常用方法；对园林设计方法的整个过程进行了重点的讲述；同时对形态构成及园林空间进行了深入的探讨。本书旨在为初学者提供一个进入园林设计领域的平台，使之了解和掌握园林设计的基础知识、基本步骤和方法，为今后在专业课中深入完整地表现出较高的设计水平打下坚实的基础。

图书在版编目(CIP)数据

园林设计初步/谷康等编著．—南京：东南大学出版社，2003.9(2023,8重印)
高等职业技术教育园林专业系列教材
ISBN 978-7-81089-178-3

Ⅰ．园…　Ⅱ．谷…　Ⅲ．园林设计—高等学校：技术学校—教材　Ⅳ．TU986.2

中国版本图书馆CIP数据核字(2003)第069911号

东南大学出版社出版发行
(南京四牌楼2号　邮编210096)
出版人：江建中
全国各地新华书店经销　　大丰市科星印刷有限责任公司印刷
开本：787mm×1092mm　1/16　印张：14.25　字数：347千
2003年10月第1版　2023年8月第23次印刷
ISBN 978-7-81089-178-3
印数：71 001～72 000册　　定价：26.00元

高等职业技术教育园林专业系列教材

编审委员会

出 版 前 言

高等职业技术教育中的园林专业是应我国社会主义现代化建设的需要而诞生的，是我国林业高等教育的重要专业之一，该专业的教育目标是培养服务于生产、管理第一线的“一专多能”的应用型园林专业人才。

高职园林专业有其自身的特点，要求毕业生既能熟悉园林规划设计，又能进行园林植物培育及其应用（如花卉生产、树木栽培、插花、盆景制作等）、园林植物养护管理及园林工程施工管理等技术和管理工作，所以在教学中要突出对学生实践操作能力的训练与培养。根据这一要求，为培养合格人才，提高教学质量，必须有一套好的教材。但目前还没有相应的教材可供使用。南京林业大学高职园林专业是江苏省高职专业改革试点专业之一。我们组织了在高职园林专业教学上有丰富经验的教师，编写了这一套系列教材，准备在两年内陆续出版，以供高职园林专业学生之需要。

结合高职园林专业的教学特点，本套教材力求语言精炼，图文并茂，深入浅出，通俗易懂，做到科学性与实用性并重。这套教材可供园林专业和其他相近专业的教师、学生以及园林工作者学习和参考之用。

编写这套教材是一项探索性工作，教材中定会有不少疏漏不足之处，还需在教学实践中不断改进、完善。恳请广大读者在使用过程中提出宝贵意见，以便在再版时进一步修改和充实。

联系方式：南京四牌楼2号　东南大学出版社　姜　来编辑
邮编：210096
Tel：86-25-83793254
Fax：86-25-83790507
E-mail：oliviajl@163.com

高等职业技术教育园林专业系列教材编审委员会
2001年2月

前　　言

近年来，随着人类对环境的日益重视，园林已成为社会的热门专业，为适应社会的需求，许多院校在高等职业技术教育中都设立了园林专业。高职园林专业的目标是培养“一专多能”的应用型园林人才，为了实现这个目标和适应高等职业技术教育的需要，我们编写了这本《园林设计初步》。

本书介绍了园林的含义、范围、组成、形象及园林空间和环境的关系，明确了园林专业的工作和学习内容。对中外古典园林的发展状况进行了总结，并介绍了西方现代园林发展概况。书中着重介绍了园林设计的过程，包括常用表现设计方案的方法，如工具线条、水墨渲染、水彩渲染、钢笔画、模型及计算机辅助设计等。为提高学生造型能力，专门对形态构成进行了深入的探讨。

园林设计初步是进入园林设计领域的一个入口，是连接专业基础课和专业课的桥梁，具有承上启下的作用。为了能让初学者尽快掌握相关的基本知识与理论，书中采用了大量的图片，以图文结合的方式，力求简明通俗。同时园林设计初步又是一门实践性很强的专业课程，要学好这门课程，不仅要掌握书中的基本理论，还要结合大量的作业练习，通过实践来巩固所学的知识。

希望通过本教材，使学生对园林能有一个初步而又全面的认识，明确学习目标，为进一步的学习打下坚实的基础。本书既可作为高职园林专业的教材，也可作为其他高等院校相关园林专业的参考教材，或作为准备从事园林专业人士的参考用书。

园林专业是涉及多学科的综合体，不仅要求编写者具有深厚的专业知识，还要求有较宽的知识拓展能力，编者由于受知识和实践水平的限制，又加之时间紧迫，错误、疏漏之处难免，敬请读者批评指正。

本书是在参阅了中国建筑工业出版社出版的《建筑初步》的基础上，根据高等职业技术教育的特点和要求，加入相关的内容编写而成的。参加本书编写的人员有南京林业大学的谷康（第二章第二节、第五章）、李晓颖（第二章第三节、第三章第六节、第四章）、四川农业大学的朱春艳（第一章、第二章第一节、第三章一至五节）。南京林业大学王浩教授担任了本书的主审工作。本书在编写过程中还参阅了一些著作和教材，在此特向相关作者一并致以衷心的感谢。

编 著 者

2003 年 9 月

修订前言

《园林设计初步》自2003年出版以来，颇受读者欢迎，2006年荣获华东地区大学出版社第七届优秀教材、学术专著二等奖。

事物总是不断变化发展的，科学技术的发展更是一日千里，近十年来，园林学在全球化的背景下正面临着前所未有的发展机遇。城市园林建设进入了一个加速发展的时期，各种城市广场、公园、景观大道如雨后春笋般出现在城市之中，园林学的实践与理论研究都取得了许多进步，园林的内涵和外延随着时代、社会和生活的发展，随着相关学科的发展，不断丰富和扩大着。

《园林设计初步》的修订延续了第一版的体系，局部章节进行了较大调整，使内容变得更加丰富，体系更加完整。

首先，第一章(园林概论)调整为园林概念、园林发展历程、中外古典园林概述、中外现代园林简介、中西方园林艺术比较、园林理论与实践的拓展以及园林设计师的职责与情怀等九个方面；

其次，第一版论述园林要素的篇幅较小，而园林构成要素自身形式多样，如何合理选择、组合、设计对于设计师来说更是一个极大的挑战，因而修订版第二章从地形、水体、园林植物、园林建筑小品和灯光五个方面详细论述构成园林的五大物质要素；

再次，园林设计的根本目的是创造空间，因而，新版本单独列出一个章节(第六章)来详细论述园林空间；

最后，对原先的章节进行了细致的修改，调整了部分插图。

参加本书编写的人员有南京林业大学的谷康(第一章第五节，第五章)、李晓颖(第一章第六节，第三章第六节，第四章)，江苏大学的徐英(第一章一至二节、第四节、六至九节，第二章，第六章)，四川农业大学的朱春艳(第一章第三节、第九节，第三章一至五节)。南京林业大学王浩教授担任了本书的主审工作。本书在编写过程中还参阅了一些论文、专著和教材，在此特向相关作者一并致以衷心的感谢。

期望修订后的《园林设计初步》能得到更多读者的喜爱，并欢迎大家多提宝贵意见。

编 著 者

2010年1月

目　　录

1　园林概论 …… 1
1.1　园林的概念 …… 1
1.2　园林的发展历程 …… 2
1.3　中国古典园林发展概述 …… 3
1.3.1　中国古典园林的类型 …… 4
1.3.2　中国古典园林的发展演变 …… 7
1.3.3　中国古典园林的特征 …… 11
1.4　中国近、现代园林 …… 12
1.4.1　中国近代园林 …… 12
1.4.2　中国现代园林 …… 14
1.5　外国造园发展概述 …… 17
1.5.1　外国古典园林概述 …… 17
1.5.2　文艺复兴时期意大利造园 …… 22
1.5.3　17、18世纪法国造园 …… 25
1.5.4　18、19世纪英国造园 …… 27
1.5.5　俄罗斯的园林绿化 …… 28
1.5.6　美国园林 …… 29
1.5.7　日本造园 …… 30
1.6　西方现代园林简介 …… 32
1.6.1　西方现代园林的产生 …… 32
1.6.2　西方现代园林的代表人物及其理论 …… 34
1.6.3　现代园林设计的多样发展 …… 40
1.7　中西方园林艺术比较 …… 46
1.7.1　中西方园林艺术的共性 …… 46
1.7.2　中西方园林艺术的差异 …… 48
1.7.3　中西方园林艺术的交流与融合 …… 52
1.8　园林理论与实践的拓展 …… 52
1.8.1　理论研究的拓展 …… 53
1.8.2　实践范畴的拓展 …… 53
1.8.3　设计理念的多元化 …… 55
1.9　园林设计师的职责与情怀 …… 57

1.9.1 园林与环境 …… 57
1.9.2 园林与生活 …… 63
1.9.3 风景园林师的素质修养 …… 65

2 园林的构成要素 …… 67
2.1 地形 …… 67
2.1.1 地形的概念与类型 …… 67
2.1.2 地形的功能与作用 …… 71
2.1.3 地形设计 …… 75
2.2 水体 …… 78
2.2.1 水体的形态 …… 79
2.2.2 水的四种基本设计形式 …… 80
2.2.3 水体的特征 …… 81
2.2.4 水体的功能与作用 …… 84
2.2.5 水景设计 …… 87
2.3 园林植物 …… 90
2.3.1 园林植物的概念与分类 …… 90
2.3.2 园林植物的功能与作用 …… 94
2.3.3 园林植物景观设计 …… 101
2.4 园林建筑小品 …… 105
2.4.1 园林建筑小品的分类 …… 105
2.4.2 园林建筑小品的特性 …… 107
2.4.3 园林建筑小品的功能与价值 …… 109
2.4.4 园林建筑小品的设计 …… 111
2.5 灯光 …… 122
2.5.1 园林灯光的相关概念 …… 122
2.5.2 园林灯光的功能与作用 …… 123
2.5.3 园林照明布灯类型 …… 125
2.5.4 园林灯光设计 …… 127
2.5.5 园林绿地各构园要素的灯光设计 …… 129

3 表现技法初步 …… 136
3.1 线条图 …… 136
3.2 水墨渲染图 …… 136
3.2.1 工具和辅助工作 …… 137
3.2.2 运笔和渲染方法 …… 138
3.2.3 光影分析和光影变化的渲染 …… 140
3.2.4 渲染步骤 …… 142
3.2.5 水墨渲染常见病例 …… 143

3.3 水彩渲染图 …… 144
3.3.1 色彩的基本知识 …… 144
3.3.2 水彩渲染的辅助工作 …… 145
3.3.3 水彩渲染的方法步骤 …… 146
3.3.4 园林要素水彩渲染技法要领 …… 147
3.3.5 水彩渲染常见病例 …… 148
3.4 钢笔徒手画 …… 149
3.4.1 钢笔徒手线条 …… 149
3.4.2 钢笔线条的明暗和质感表现 …… 152
3.4.3 树木和石块的画法 …… 153
3.5 模型制作 …… 158
3.5.1 工具和材料 …… 158
3.5.2 简易园林模型制作练习 …… 158
3.6 计算机辅助园林设计 …… 160
3.6.1 计算机的软硬件配置 …… 160
3.6.2 园林图纸的绘制 …… 161

4 园林设计方法入门 …… 164
4.1 认识园林设计 …… 164
4.1.1 园林设计的职责范围 …… 164
4.1.2 园林设计的特点与要求 …… 165
4.1.3 方案设计的方法 …… 167
4.2 方案设计的任务分析 …… 167
4.2.1 设计要求的分析 …… 167
4.2.2 环境条件的调查分析 …… 169
4.2.3 经济技术因素分析 …… 170
4.2.4 相关资料的调研与搜集 …… 170
4.3 方案的构思与选择 …… 171
4.3.1 构思立意 …… 171
4.3.2 方案构思 …… 172
4.3.3 多方案比较 …… 175
4.4 方案的调整与深入 …… 178
4.4.1 方案的调整 …… 178
4.4.2 方案的深入 …… 178
4.5 方案设计的表现 …… 179
4.5.1 设计推敲性表现 …… 180
4.5.2 展示性表现 …… 180
4.6 方案设计中应注意的问题 …… 181

5 形态构成 …… 182

5.1 形的基本要素及特征 …… 182

5.2 基本形和形与形的基本关系 …… 187

5.3 形态构成中的心理和审美 …… 189

5.3.1 形态的视知觉 …… 189

5.3.2 形态的心理感受 …… 190

5.3.3 形式美法则 …… 191

6 园林空间 …… 197

6.1 空间及其构成要素 …… 197

6.2 空间的形式 …… 198

6.3 空间的界定 …… 200

6.3.1 面与边界 …… 200

6.3.2 “纯净”空间与暗示空间 …… 202

6.3.3 空间界定的方式 …… 204

6.4 空间的封闭性 …… 207

6.5 空间的尺度 …… 210

6.6 空间的处理 …… 211

参考文献 …… 215

1 园林概论

园林的发展历史源远流长，中国早在奴隶社会时期就已有造园活动见于文献记载，《诗经》中就记述了周文王营建宫苑的活动。西方园林的起源亦可上溯到古埃及，甚至在旧约时代就有了伊甸园的构想。在漫长的发展历程中，园林不断被赋予新的内涵，它的概念也在更新之中。从总体上看，它不仅与文化、艺术、心理学相关，还包括环境生态学、植物学、地理学、建筑学、社会经济学等等。随着时代的发展，这门具有悠久历史传统的学科，正在不断扩大其研究领域，向着更综合的方向发展，在协调人与自然、人与建筑等相互关系方面正担负着日益重要的角色。

本章将从园林的概念、园林的发展历程、中外园林概况、园林理论与实践的拓展、园林与环境、园林与生活这几个方面入手，进行论述。

1.1 园林的概念

"园林"一词为中国传统用语，在我国已有一千七百多年历史，始于中国魏晋，广见于西晋，有文字记载始于《洛阳伽蓝记》中"逾于邦君园林，有山池之美"的记述，以后的山水诗、画中"园林"的提法已经相当普遍了。在此之前，农业中的园艺栽培地与环境绿化、供人游赏的园林用地性质未严格区分，两者统称为"园"，有时也混称为"圃"。《宋史·苏舜钦本传》中记述：家有"园林，珍花、奇石、曲池、高台、鱼鸟，留连不觉日暮。"说明了其时私家园林要素构成之丰富，园林景象之优美。成于明代的园林经典名著《园冶》对于园林的叙述更多，如"园林巧于因借，精在体宜。"童寯先生在《江南园林志》中对园林的解说是："今将'園'字图解之，'口'者围墙也，'土'者形似屋宇平面，可代表亭榭，'口'字居中为池，'𧘇'在前似石似树"（图1.1），其意即指有自然的树木、山石、池水等，也有亭榭屋宇，并围之于墙垣内。

口 表示围墙

土 形似屋宇平面，代表亭榭

口 代表水池

𧘇 似石似树

图1.1 "園"字图解分析

关于园林的讨论已有很多，而且多数是相当成熟的理论。我国近现代学者的研究当中，比较有代表性的解释是：

《园林艺术及园林设计》（孙筱祥，1986）称："广义的园林，系泛指居住区、工矿区、机关、学校、休疗养区等专用园林绿地及广场、街道、公园、儿童公园、体育公园、动物园、植物园等公共使用的园林绿地而言。狭义的园林，则仅指公共园林而言。……单纯作为生产用的果园、苗圃、林地，或单纯作为防护用的林带，就不能称为园林。"

《中国大百科全书·建筑·园林·城市规划卷》（汪菊渊，1993）称：园林是指"在一定地域用工程技术和艺术手段,通过改造地形(或进一步筑山、叠石、理水)、种植树木花果、营造建筑和布置园路等途径创造而成的优美的自然环境和游憩境域。”

《园林基本术语标准》(2002年)中的定义:“园林一词始见于西晋。在历史上,因时间、内容和形式的不同曾用过不同的名称,如囿、猎苑、苑、宫苑、园、园池、庭园、宅园、别业等。现代园林包括庭院、宅园、小游园、公园、附属绿地、生产防护绿地等各种城市绿地。随着园林学科的发展,其外延扩大到风景名胜区、自然保护区的游览区以及文化遗址保护绿地、旅游度假休闲、休养胜地等范围。”

1.2 园林的发展历程

人类在与自然的长期斗争中,人与自然的关系变化分为四个不同阶段,园林的发展亦相应分为四个时期。

由于东西方自然资源、文化背景、审美观念的差异,加之技术发展阶段的不同,形成东西方形态风格迥异的园林。本节将在概括中外园林发展历程的基础上,分别对中外园林作一概述。

1. 萌芽时期

在人类社会的原始时期,生产力水平低下,直到原始社会后期,出现原始农业公社和部落,人类进行了农作物的简单种植,房前屋后出现果园蔬圃,在客观上形成了园林的雏形,开始了园林的萌芽时期。

2. 形成时期

人类进入奴隶社会和封建社会后,园林逐渐形成了丰富多彩的地方风格和民族风格,它们有3个共同特点:一是直接为少数统治者所有;二是封闭、内向型的;三是以追求视觉效果和精神享受为主。

这个时期的园林一般均有一定的界限,利用、改造天然地形地貌,结合植物栽培、建筑布置和禽鸟畜养,形成一个较完善的游憩环境。此时的园林已经具备了四个基本元素即:山、水、植物、建筑。同时,东西方在哲学、美学、思维方式、文化背景及自然地理方面的差异,也为未来东西方不同园林体系的形成打下了基础。

3. 发展时期

18世纪中叶,工业革命兴起,带来了科学技术的飞跃和大规模的机器生产,为人们开发大自然提供了更有效的手段。与此同时,大工业相对集中、城市人口密度加大、城市规模扩大,人类无计划的开发带来了严重的环境问题。由此,许多有识之士纷纷提出各种学说,其中包括自然保护的对策和城市园林方面的探索,使园林学得到了空前的发展。

这方面的代表人物有英国学者霍华德(Ebenezer Howard),在其著作《明日的田园城市》(*Garden Cities of Tomorrow*)中提出了“田园城市”的设想。其后伊利尔·沙里宁(Eliel

Saarinen)提出了“有机疏散理论”,勒·柯布西耶(Le Corbusier)提出“阳光城”构想,为未来城市环境新秩序的建立提供了完整的理论体系和实践探索。同一时期的美国人奥姆斯特德(Frederick Law Olmsted)主张合理开发和利用土地资源,将大地风景和自然景观作为人类生存环境的一部分,加强维护和管理。

这一时期的园林比上一时期的园林在内容和性质上均有发展变化,具体表现为:一是确立了现代园林的理论体系并以此为指导进行了实践,兴建园林不仅为了获取景观方面的价值和精神方面的陶冶,同时兼顾环境效益及社会效益;二是园林规划与设计已摆脱私有的局限性,转向开放的外向型。

4. 多元化兴盛时期

大约从20世纪60年代开始,世界园林的发展又出现新的趋势和特点。由于人类科技水平达到一个空前高度,生产效率进一步提高,人们有了足够的闲暇时间和经济条件,在紧张的工作之余,更愿意接触大自然,回到大自然的怀抱,因而推动了旅游业的迅速发展。同时,人类面临着严峻的考验,特别是人口密集、工业集中的大城市更表现出严重的“城市病症”:城市热岛效应、居住拥挤、城市垃圾成灾、空气质量下降、水污染、噪声污染、电磁波污染、光污染等等,以及由此带来的人体疾病、社会秩序混乱、文化败落、道德沦丧等一系列问题,都促使人们从更高的目标来考虑城市的总体规划和建设,努力探索新的方法以改善目前的状况,园林规划设计与环境保护自然而然地成为人们关注的焦点。

因此,这一时期的园林具有不同以往的特点和变化:一是私有园林已不占主导地位,区域性的公共园林和绿化保护带成为每个国家和城市的建设重点,并确立了城市生态系统的概念;二是园林艺术已成为环境艺术的一个主要组成部分,它不仅需要多学科、多专业的联合协作,公众参与也是一个重要方面;三是注重科学的、量化的、有针对性和预测性的系统化的园林设计,并建立了相应的方法学、技术学及直观体系。

1.3 中国古典园林发展概述

中国是一个幅员辽阔、历史悠久的文明古国,五千多年来创造了辉煌灿烂的古代文化,对人类的文明和进步作出了巨大贡献。其中,中国古典园林作为古代文化的一个重要组成部分,以其丰富多彩的内容和高超的艺术水平在世界上独树一帜,被学界公认为风景式园林的渊源。在漫长的发展历程中,中国古典园林对外国园林也产生了一定的影响,国际大地规划与风景园林规划设计师联合会(IFLA)的第一任会长和终生名誉会长英国杰列科爵士(Sir G. A. Jellicoe)曾经在1985/86IFLA年报中发表论文《伊甸园的探索》(*Exploration of the Garden of Eden*)说:“关于园林甚至大地的文化,全世界都是建立在以下三大文化主流的基础之上的。第一是中国,第二是西亚,第三是希腊。特别是中国,她的这种特有文化,是从她自己这块土地上生长出来的,后来传到日本。到了18世纪中叶,对整个欧洲产生了巨大的影响。”

中国古典园林是一个精深、完善的园林体系，在理论和实践中都留下了极为丰富的经验，对它的发展规律作一个较全面、完整的了解，有助于在今后的园林设计和创作中得到启发和借鉴。

1.3.1 中国古典园林的类型

中国古典园林是由中国的农耕经济、集权政治、封建文化培育成长起来的，与同一阶段的其他国家的园林体系相比，历史最久、持续时间最长、分布范围最广，是一种博大精深而又源远流长的风景式园林体系。

中国古典园林可分别按照园林基址选择和开发方式以及园林的隶属关系这两个角度来进行分类。

1. 按照园林基址的选择和开发方式的不同，中国古典园林可分为人工山水园和天然山水园两大类型

人工山水园即在平地上开凿水体、堆筑假山，人为地创设山水地貌，配以花木栽植和建筑营造，把天然山水风景缩小模拟在一个小范围之内。这类园林多出现于城镇内的平坦地段上，在喧闹的城市环境中创造出点点绿洲，同时又不失天然野趣，故也称之为“城市山林”(图1.2)。

图1.2 拙政园中部鸟瞰图

由于人工山水园的造园要素基本都为人工创造，造园所受的客观制约条件很少，可以最大限度地发挥人的创造性，因此出现了丰富多彩的造园手法和园林内涵，所以，人工山水园最能代表中国古典园林艺术的成就。

天然山水园一般建在城镇近郊或远郊的山野风景地带，包括山水园、山地园和水景园等。兴造天然山水园的关键在于基址的选择，即所谓“相地合宜，构园得体”，若选址恰当，对于基址的原始地貌采用因地制宜的原则作适当的调整、改造、加工，再配以花木和建筑，则能以少量的花费而获得远胜于人工山水园的天然风景之真趣(图1.3)。

2. 按照园林的隶属关系，中国古典园林可分为皇家园林、私家园林、寺观园林三大类型

皇家园林属于皇帝个人和皇室所私有，古籍称之为苑、苑囿、宫苑、御园等。

封建社会中，皇帝的地位至高无上，凡属与皇帝有关的起居环境诸如宫殿、坛庙、园林乃至都城等，莫不利用其建筑形象和总体布局以显示皇家气派和皇权的至尊。为满足不同的使用需求，皇家园林又有大内御苑、行宫御苑、离宫御苑之分。大内御苑位于首都的宫城和皇城之内，供皇帝日常游憩；行宫御苑和离宫御苑则建置在近郊、远郊风景优美的地方，或者远离都城的风景地带，供皇帝短期或长期居住、处理朝政（图 1.4）。

图 1.3　苏州虎丘

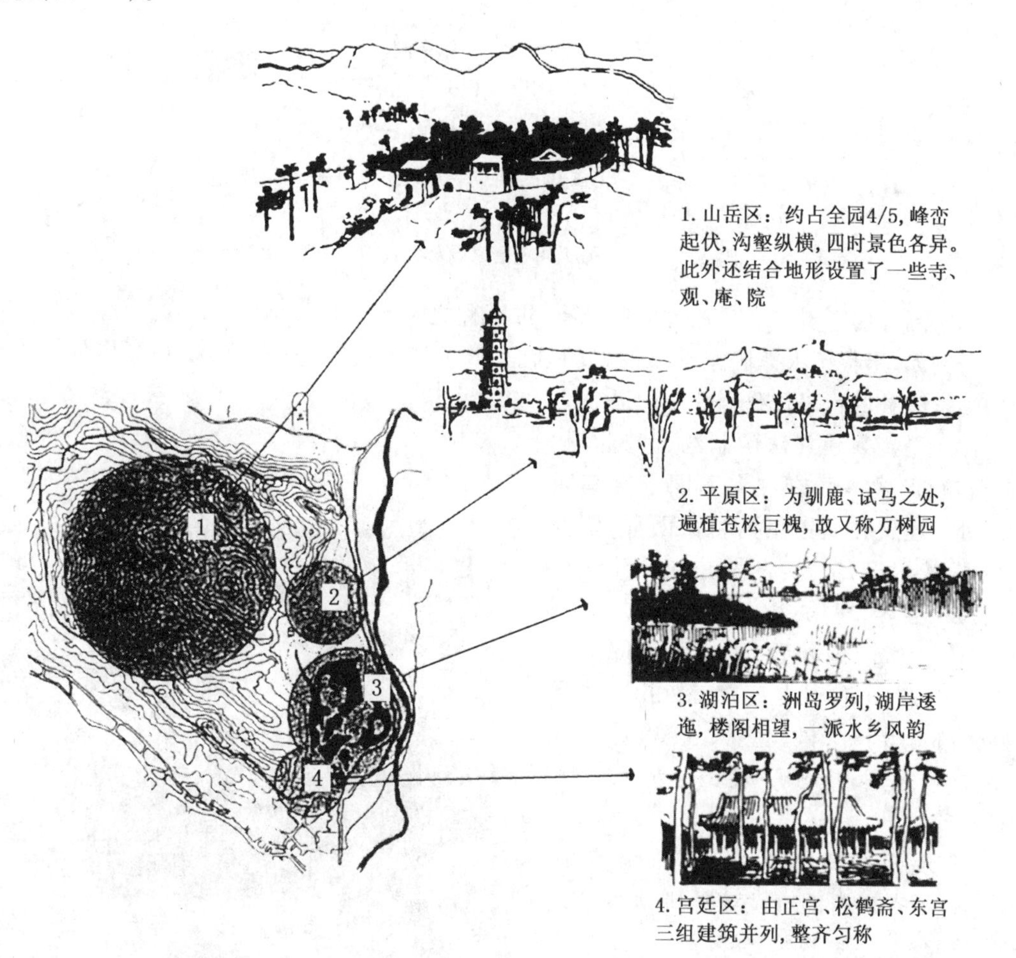

(a) 承德离宫，为一特大苑囿，占地 364 hm^2，集锦式布局，根据地区特点可以划分为四个景区

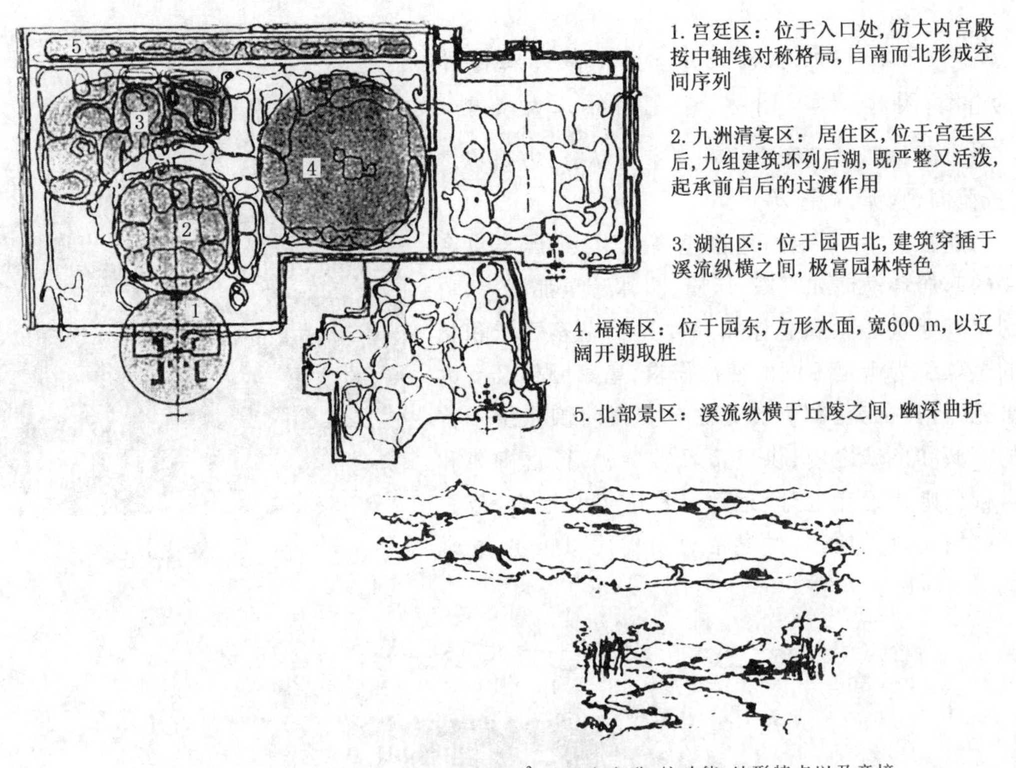

（b）圆明园，清代最大苑囿之一，占地 400 hm^2，为避免杂乱，按功能、地形特点以及意境、情趣不同而划分为若干景区

图 1.4　皇家园林

私家园林属于贵族、官宦、缙绅所私有，古籍称之为园、园亭、池馆、山池、山庄、别业、草堂等。例如，唐代诗人兼画家王维的辋川别业，著名诗人白居易的庐山草堂等均是留传至今的私家园林的代表佳作。

由于受到封建礼法的制约，私家园林在内容和形式方面有许多不同于皇家园林之处。建置在城镇里的私家园林，多为"宅园"依附于邸宅，是供园主人日常游憩、交友、会客、宴乐、读书的场所，规模不大；也有少数单独建置，不依附于邸宅的"游憩园"；"别墅园"是建在郊外山林风景地带的私家园林，供园主人避暑、休养或短期居住之用，规模一般比宅园大一些（图 1.5）。

图 1.5　网师园中部鸟瞰

寺、观园林即佛寺和道观的附属园林，也包括寺观内部庭院和外围地段的园林化环境。

寺、观既建置独立的小园林一如宅园的模式，也很讲究内部庭院的绿化，多有以栽培名贵花木而闻名于世的。郊野的寺、观大多修建在风景优美的地带,甚至选址于山奇水秀的名山胜境,如九华山、普陀山、峨眉山等(图1.6)。

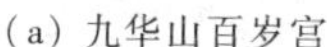

(a) 九华山百岁宫

(b) 普陀山普济寺

图1.6　寺观园林

1.3.2　中国古典园林的发展演变

中国古典园林的历史悠久,大约从公元前11世纪的奴隶社会末期始直到19世纪末叶封建社会解体为止,它的发展表现为极缓慢的、持续不断的演进过程。

从总体上说,中国古典园林始建于商周时代,至春秋战国,向人工造园发展,从着意生活步向创造艺术。秦汉时期再造第二自然的规模之大,数量之多,景象之美,世所罕见,为我国造园史写下了浓重的一笔。此后,三国时代的园林则多沿袭继承汉代风范。到了魏晋南北朝时期,社会的动荡造成消极颓废思想的发展,文人墨客寄情山水,风雅自居,思想十分活跃,儒、道、佛、玄诸家争鸣,彼此阐发。由于思想的解放,促进了艺术领域里的开拓,开启了对园林景观的理性探求和领悟,滋养着园林艺术之花。唐宋时期是中国古代园林艺术发展的又一高峰,由文人开创的写意园林经过南北朝的发展,至唐宋日臻完美,从物质内容到精神功能,从立意布局到题旨意象,从表象内涵到符号关系,都有独到的见解和表现法则。明清时期,中国造园思想越来越丰富,造园手法也越来越巧妙,创造并遗留下来许多传世的园林艺术杰作。中国园林这一时期在艺术上达到了炉火纯青的境界,自成一体,别具一格,并传扬至欧美国家。

中国古典园林经历了三千多年漫长的发展历程,根据历史年代和园林产生发展的过程可分为五个时期:

1. 生长期

即园林产生和成长的幼年期,约在殷、周、秦、汉时期。

殷、周为奴隶制国家,奴隶主贵族通过分封采邑制度获得其世袭不变的统治地位。贵族的宫苑是中国古典园林的滥觞,也是皇家园林的前身。秦、汉政体演变为中央集权的郡县制后,确立了以皇权为首的官僚机构的统治,儒学逐渐获得正统地位,以地主小农经济为基础的封建大帝国逐渐形成;相应的,皇家的宫廷园林规模宏大、气魄雄伟,成为这一时期造园活动的主流。生长期的中国古典园林主要以建筑为主,如楼、台、亭、阁等。此时期园林的代表作品是:上林苑、建章宫等(图1.7)。

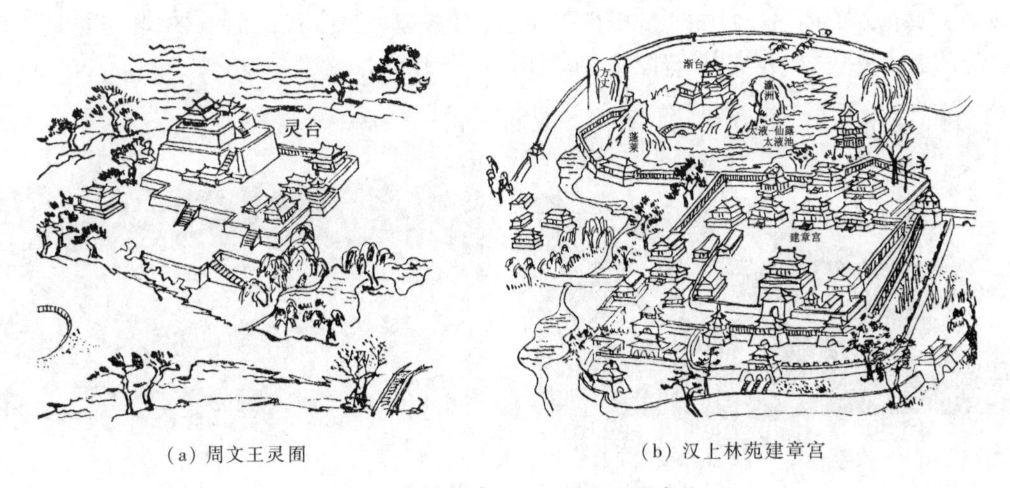

(a) 周文王灵囿　　　　(b) 汉上林苑建章宫

图 1.7　中国古典园林生长期的代表作

2. 转折期

相当于魏、晋、南北朝时期。

小农经济受到豪族庄园经济的冲击,北方少数民族南下入侵,帝国处于分裂状态。而在意识形态方面则突破了儒学的正统地位,呈现为诸家争鸣、思想活跃的局面。豪门贵族在一定程度上削弱了以皇权为首的官吏机构的统治,民间的私家园林异军突起。

佛教和道教的流行,使得寺观园林也开始兴盛起来。形成造园活动从生长到全盛的转折,初步确立了园林美学思想,奠定了中国风景式园林大发展的基础。代表作品:铜雀园、芳林苑(后改名为华林苑)等等(图 1.8)。

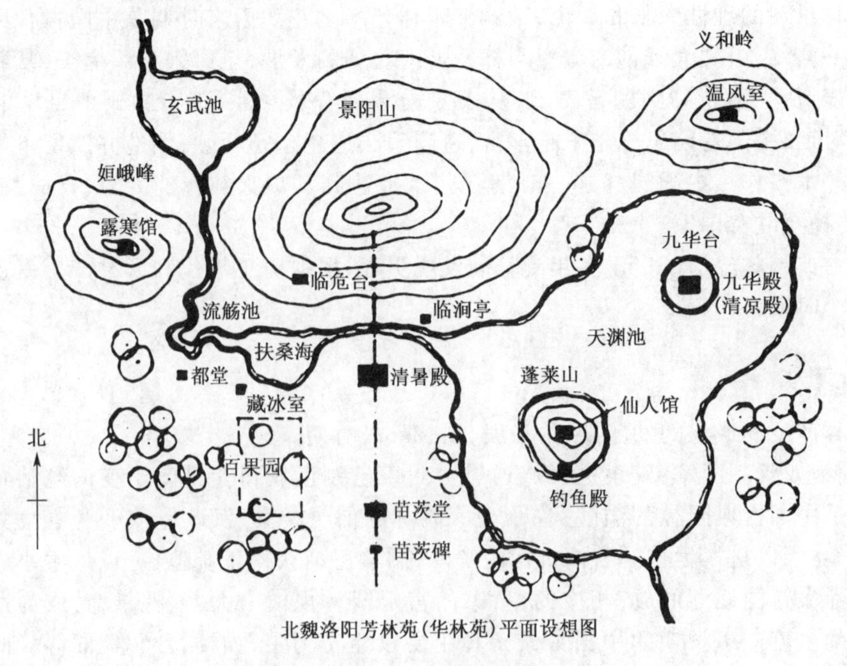

北魏洛阳芳林苑(华林苑)平面设想图

图 1.8　中国古典园林转折期的代表作

3. 全盛期

相当于隋、唐时期。

帝国复归统一，豪族势力和庄园经济受到抑制，中央集权的官吏机构更为健全、完善，在前一时期诸家争鸣的基础上已形成儒、道、释互补共尊，但儒家仍居正统地位的局面。唐王朝的建立开创了帝国历史上一个意气风发、勇于开拓、充满活力的全盛时代。从这个时代，我们能够看到中国传统文化曾经有过闳放的风度和旺盛的生命力。园林的发展也相应地进入盛年期。作为一个园林体系，它所具有的风格特征已经基本形成。代表作品有兴庆宫、华清宫、西苑等等(图 1.9)。

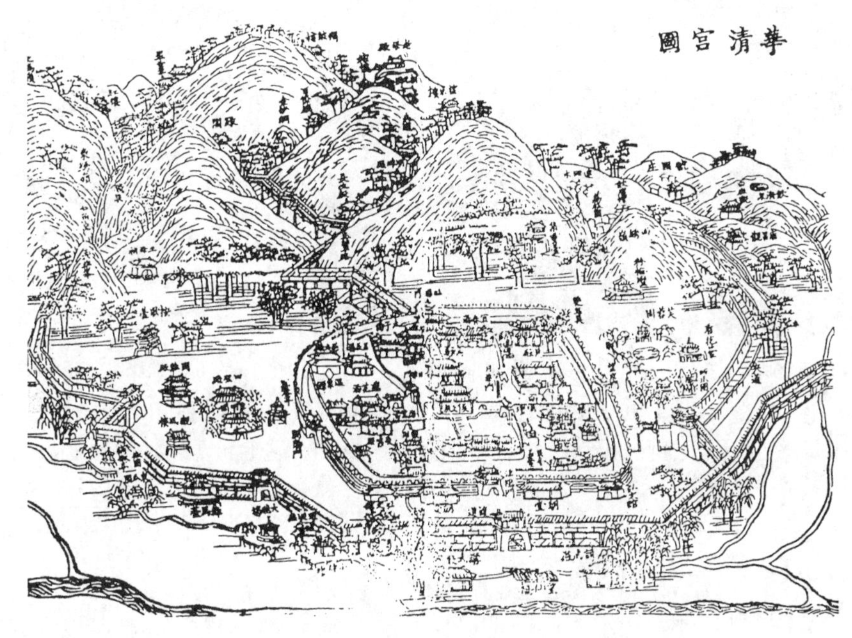

(a) 华清宫图(摹自《陕西通志》)

(b) 唐代诗人王维的辋川别业(局部图)

图 1.9　中国古典园林全盛期的代表作

4. 成熟时期

相当于两宋到清初时期。

继隋唐盛世之后,中国封建社会发育定型,农村的地主小农经济稳步成长,城市的商业经济空前繁荣,市民文化的兴起为传统的封建文化注入了新鲜血液。封建文化的发展虽已失去汉、唐的闳放风度,但却转化为在日益缩小的精致境界中实现着从总体到细节的自我完善。相应地,园林的发展亦由盛年期而升华为富于创造进取精神的完全成熟的境地。代表作品:拙政园、寿山艮岳等等(图1.10)。

(a) 柳荫路曲

(b) 曲折水廊

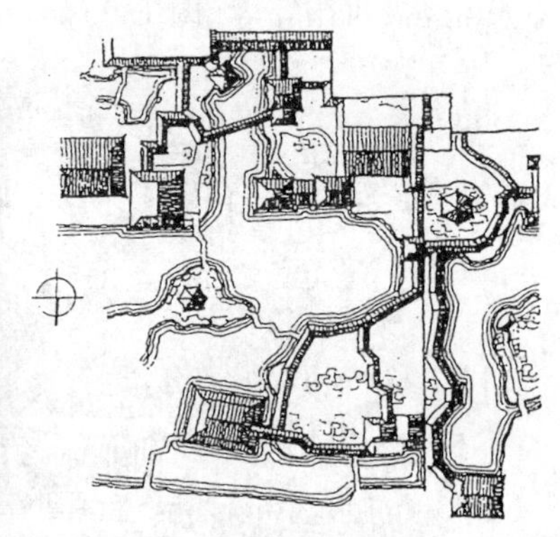

(c) 拙政园中部平面图

图1.10　中国古典园林成熟时期的代表作:拙政园

拙政园建筑布局以曲折见长。自"别有洞天"通往见山楼的"柳荫路曲"部分游廊以及西部景区通往三十六鸳鸯馆、倒影楼的水廊,均蜿蜒曲折至极

5. 成熟后期

相当于清中叶到清末。

清代的乾隆皇朝是中国封建社会的最后一个繁盛时代,表面的繁盛掩盖着四伏的危机。道光、咸丰以后,随着西方帝国主义势力的入侵,封建社会盛极而衰,逐渐趋于解体。封建文化也愈来愈呈现衰颓的迹象。园林的发展,一方面继承前一时期的成熟传统而更趋于精致,表现了中国古典园林的辉煌成就;另一方面则暴露出某些衰颓的倾向,已多少丧失前一时期的积极、创新精神。代表作品:圆明园、颐和园等等(图1.11)。

(a) 颐和园主体建筑群——佛香阁

(b) 颐和园长廊

(c) 颐和园园中园——谐趣园景色

图 1.11 中国古典园林成熟后期的代表作:颐和园

清末民初,封建社会完全解体,历史发生急剧变化,西方文化大量涌入,中国园林的发展亦相应地产生了根本性的变化,结束了它的古典时期,开始进入世界园林发展的第三阶段——现代园林的阶段。

1.3.3 中国古典园林的特征

中国古典园林作为一个独立的园林体系,具有鲜明的个性特征。但它的各种类型之间,又有着许多相同的共性。从这些个性和共性中我们可以概括出中国古典园林有以下四个基本特征:

1. 本于自然、高于自然

自然风景以山、水为地貌基础,以植被作装点。山、水、植物是构成自然风景的基本要素,当然也是风景式园林的构成要素。但中国古典园林不是一般地利用或简单地摹仿自然,而是有意识地加以改造:调整、加工、剪裁,从而表现一个精练概括的、典型化的自然,使之本于自然而又高于自然。

2. 建筑美与自然美的融糅

中国古典园林中的建筑,无论多寡,也无论其性质、功能如何,都力求把山、水、花木等其他造园要素有机地组织在一系列风景画面之中,达到天人合一的境界。

3. 诗画的情趣

园林是综合时空的艺术,中国古典园林的创作,能充分地把握这一特性,运用各个艺术门类之间的触类旁通,融铸诗画艺术于园林艺术。使得园林从总体到局部都包含着浓郁的诗情画意。

4. 意境的蕴涵

意境是中国艺术创作和鉴赏方面的一个极重要的美学范畴。简单说来,“意”即主观的理念、感情,“境”即客观的生活、景物。意境产生于艺术创作中。此两者的结合,是创作者把自己的感情、理念熔铸于客观生活、景物之中,从而引发鉴赏者类似的情感激动和理念联想。中国古典园林中意境的体现可通过浓缩自然山水创设“意境图”、预设意境的主题和用语言文字等方式来体现。

1.4 中国近、现代园林

1.4.1 中国近代园林

近代园林的发展,是在外来文化借洋枪洋炮打开国门之后,在西方思想、理论的指导下进行的殖民形式园林的创作。在这个时期,国内的官僚资产阶级和民族资产阶级为满足其物质生活和精神生活的需要,在通商口岸和一些新兴的工商业城市开始营建一批公园,最早的是1866年在上海外滩营建的黄浦公园(当时叫“公花园”)(图1.12),之后,在上海的英国租界又建有兆丰公园(今中山公园旧址),在上海的法租界建有法国公园(今复兴公园旧址)(图1.13),在天津的法租界建有法国公园(今中心公园)等。随后,随着西欧造园形式如法国规则式、英国风景式园林逐步传入中国,出现了一批效仿西欧建造起来的西式或中西混杂式的园林,如中西混杂的无锡锦园、渔庄(今蠡园前身)、黄金茶花园等,西式的如上海荣家花园(英式大草地、水池和法式的雕塑装饰等)。这时期(1840—1949年解放前),城市公园等公共绿地数量很少,园林风格杂乱。

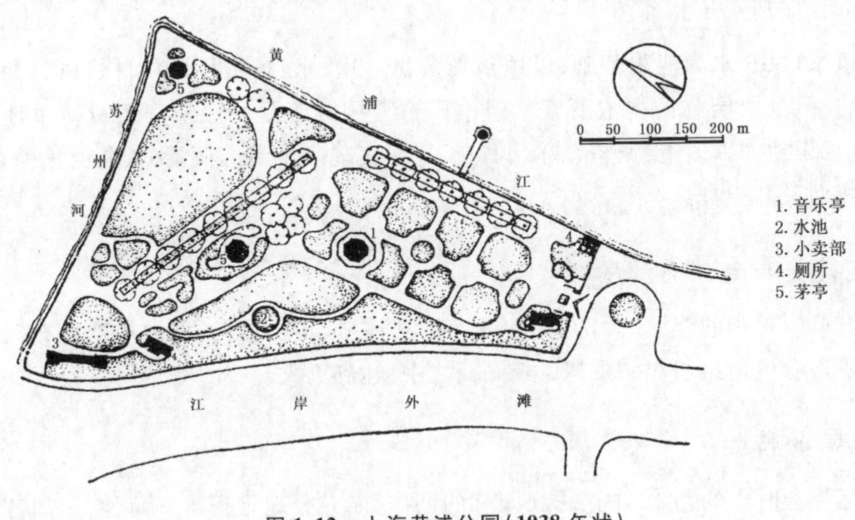

图1.12 上海黄浦公园(1938年状)

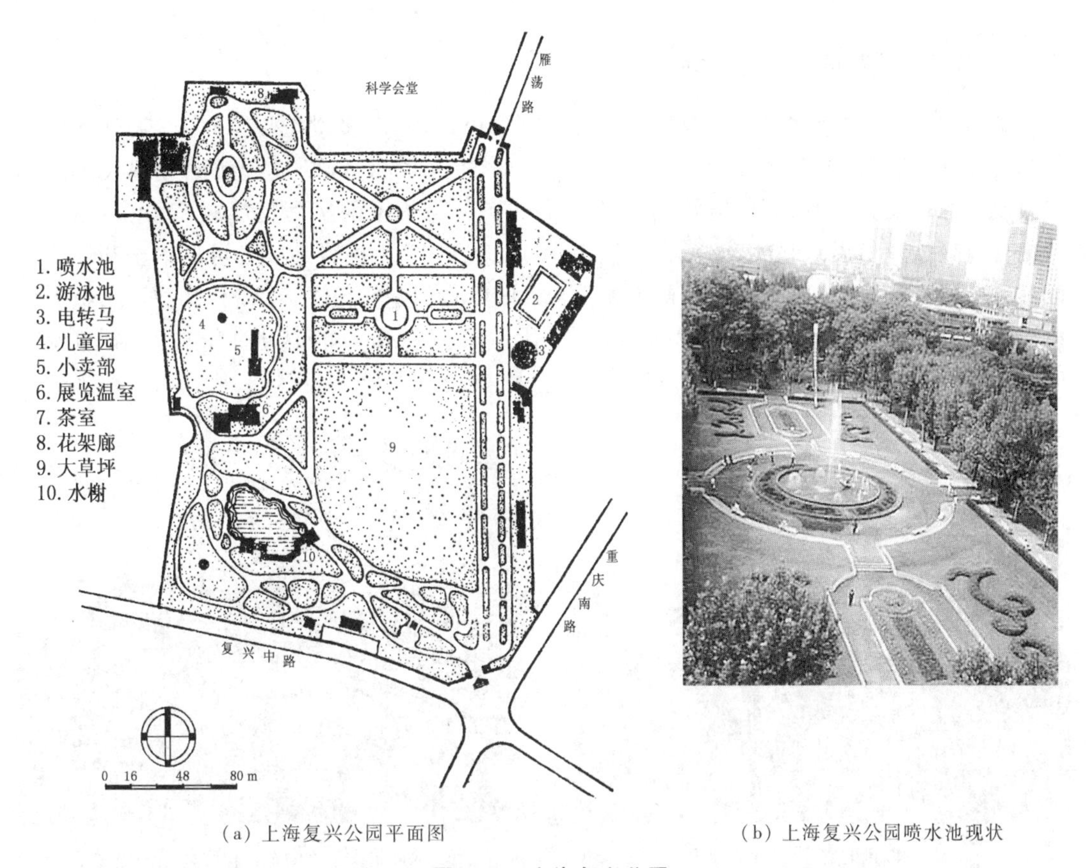

(a) 上海复兴公园平面图　　(b) 上海复兴公园喷水池现状

图 1.13　上海复兴公园

近代园林,内容设施五花八门,除游览性建筑外,有的还有居住、家祠、寺庙建筑、文娱体育活动场所等。园中以花草树木为主,建筑、假山作为点缀;文娱体育活动内容有高尔夫球场、露天舞池、游泳池、划船、钓鱼等;寺庙部分,包括宣扬封建宗族文化,安放祖宗牌位的祠堂、信佛行善的寺庙(如无锡鼋头渚有大南海、广福寺、花神庙);随着游人的增多,园内辟有旅馆饭店、小卖店等。总之,陶情养性、吃喝玩乐,五花八门错杂一起。

近代园林的兴建,展示了与中国封建社会的古典园林不同的面貌,表现在功能性质和对象开始发生变化:我国丰富多彩的古典园林都是劳动人民创造的,但一旦建成,便为王公贵族士大夫阶层所享用,劳动人民却从来没有享受过;半殖民地半封建的旧中国,在资产阶级民主思想的影响下,城市的公园向群众开放了,一些资产阶级的私园,也都有了一定的公共园林的性质。近代园林性质上的这种变化,使我国园林从长期封建禁锢下解放出来,开始为大众所享用,这是我国造园史上一个重大的进步。它的建立,还有助于改善城市卫生,美化市容,为市民提供了游憩、运动场所,有益于身心健康,并起到了调节城市生态平衡,以及防灾避难等作用。

1.4.2 中国现代园林

解放以后，中国园林步入了现代园林阶段。可以说，一个多世纪以来，中国近现代风景园林的发展，始终在追随西方近现代风景园林的形式与风格，既缺乏理解西方现代风景园林内涵的社会文化背景，又未能将西方的理论和实践与本土的实际情况相结合，造成了中国现代风景园林发展差强人意的结果(图1.14)。近年来，中国各地随处可见本土和境外设计师忙碌的身影，也留下了众多的优秀作品(图1.15)，但是受巨大商业利益的驱使，绝大多数设计师以追求利润最大化为目标，中国现代风景园林面对的是更加错综复杂的发展环境。

(a) 欧陆风的盛行，尺度的迷失

(b) 一味追求植物的艺术构图，缺乏生态意识

(c) 追求轴线、气势，造成广场的使用率低下

(d) 与城市形象脱离的巨型雕塑

图1.14 现代园林差强人意的表现

事实证明，中国现代风景园林的健康发展，既不能完全依赖境外风景园林师的作用，更不能照搬西方现代风景园林模式，只能依靠一大批真正具有良知和职业道德的本国设计师的崛起。博采众长、潜心研究、去伪存真、大胆创新，营造既符合国际发展趋势、又具有本民族特色的风景园林作品，是时代赋予每一个中国风景园林师的责任和使命。而深刻认识传统园林的现代意义，对现代风景园林的发展无疑具有巨大的启示作用。

（a）纪念塔及地碑

（b）仪门古迹

江阴中山公园景观设计秉承“环境共生+有机秩序”理念，充分挖掘场地文脉，并利用现代景观处理手法，“释古而不复古”，创造了一个具有深厚历史文化底蕴、浓郁民族风情、丰富商业旅游资源的现代城市开放空间

（c）中山岐江公园鸟瞰　获美国景观设计师协会（ASLA）设计荣誉奖（2002）

中山岐江公园：追求时间的美、工业的美、野草的美、落差错愕的美。珍惜足下的文化、平常的文化、曾经被忽视而将逝去的文化

图1.15　现代园林中的优秀作品

下表对中国园林的发展进行了梳理，是对上述文字描述的一个汇总（表 1.1）。

表 1.1　中国园林发展简表

时代	社会	朝代	年代	园林阶段	园林分类：1 古典园林			2 寺观园林	3 现代城市园林		4 风景名胜区
古代	奴隶社会	西周　春秋　战国	公元前十一世纪至二二零	园林生成期	古代纯朴囿（周文王之囿）→ 秦汉建筑宫苑（阿房宫、未央宫）	古代山水园 → 魏晋自然山水园	（吴王夫差梧桐园）（金谷园、北湖）	寺观园林			
	封建社会前期	秦汉									
		魏晋南北朝	二二零至五八九	园林转折期	隋唐山水建筑宫苑（西苑、华清宫）	唐宋写意山水园		周围丛林　建筑园林　附属园林			（唐长安曲江池）邑郊游乐地（杭州西湖、醉翁亭）
		隋　唐	五八一至九零七	园林全盛期	北宋山水宫苑（艮岳）						
	封建社会后期	五代　宋　元　明	九零七至一六四四	园林成熟期	元明山水宫苑（太液池、西苑）	明清文人山水园	（江南园林）				
		清	一六四四至一九一一	园林鼎盛而衰	清代山水宫苑（圆明园、颐和园）						
近代	殖民地半殖民地社会	中华民国	一九一一至一九四九		御用园林	官署园林	私家园林		租界园林	城市公园	风景区
现代	社会主义社会	中华人民共和国	一九四九至今	园林恢复发展期	皇家园林	王府园林	江南　岭南　私家园林	古寺观园林	公园、花园　公共建筑园林	居住园林　其他园林绿地	旅游区　名胜区　风景区

1.5　外国造园发展概述

1.5.1　外国古典园林概述

世界上最先由原始社会进入奴隶社会的国家，有古代埃及、巴比伦、印度和中国。这四个亚非文明古国被称为世界文明的摇篮，他们在奴隶制的基础上创造了灿烂的古代文化，出现了巨大的建筑物、灌溉系统、城市等，并开始有了造园活动。

在西亚一带如波斯和阿拉伯大部分地区，由于长时间干旱少雨，烈日当空，人们需要水泉、树荫作为调剂，还需借助庭园绿化得到情感的安宁，满足观赏的要求。因而，远在公元前3 500年在伊拉克幼发拉底河岸就有了花园。而西亚造园历史，据童寯教授考证，可推溯到公元前，基督圣经所指"天国乐园"（伊甸园）就在叙利亚首都大马士革。

1. 古埃及的造园

埃及气候干旱，处于沙漠地区的人们重视水和绿荫。尼罗河谷园艺发达，公元前3 500年就出现了树木园、葡萄园、蔬菜园。一般庭园呈矩形，绕以高垣，中庭植树及水池，后院有蔬菜园或葡萄园。可从埃及公元前古墓壁画上看到庭园有方直平面的布置。同时古埃及人相信现世成就之物在来世也能享用，所以陵园、神庙也建成了园林形式，园林建筑以规则、对称式布局为主（图1.16）。

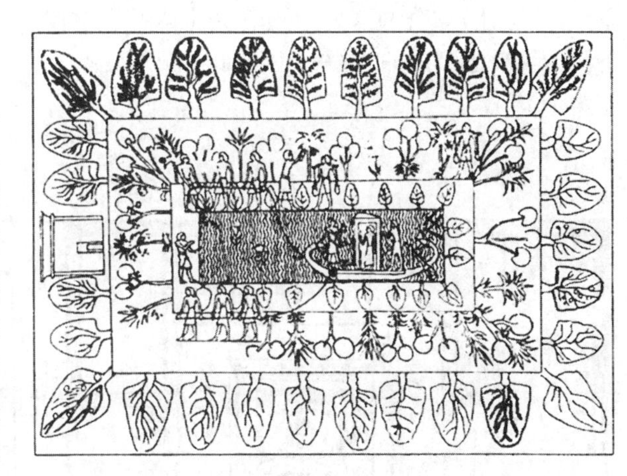

图1.16　古埃及园林派科玛拉平面图

2. 古巴比伦的"悬园"

巴比伦城位于幼发拉底河中游，土地肥沃，森林植被茂密，园林以自然风格为主，以狩猎为主的森林猎苑是其最初形式。公元前7世纪的"悬园"是历史上第一名园，被列为世界七大奇迹之一。它由一座金字塔形的数层露台构成。顶上有殿宇、树丛和花园，山边层层种植花草树木，并用人工将水引上山，作成人工溪流和瀑布，远观会产生将庭园置于空中之感（图1.17）。

3. 希腊的造园

公元5世纪希腊因希波战争大获全胜而进入太平盛世，希腊人把果蔬园进一步建成装饰性庭园，植以花木栽培，发展为住宅内规则、方整、柱廊园形式。大多数庭园的中间部分

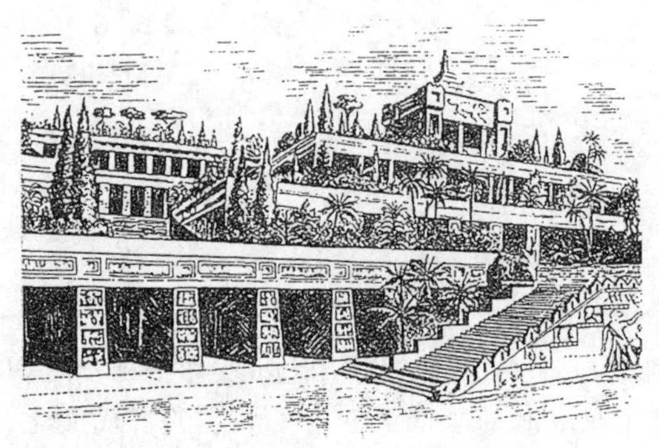

图 1.17　巴比伦悬园想象图

设祭坛或神庙建筑，还创造了各式水景，水池设在花丛中，种植果树，观赏花木，一年四季都有花可赏（图 1.18）。

古代希腊是欧洲文明的发源地。体育运动的发展和民主思想的活跃，促使希腊造出了运动场、运动场边宽大的林阴走道和路边塑立哲学家头像的“哲学家小径”以及圣林（神庙四周的树林）等公共园地。随着城市人口的密集，热爱自然的希腊人的庭院开始向屋顶花园发展；渴望宁静的哲学家也开始在城外建造别墅，在那里可以广收门徒，传播自己的思想（图 1.19）。

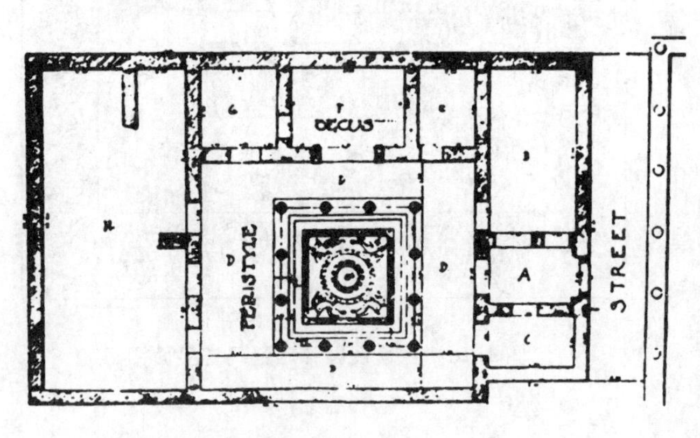

图 1.18　带列柱中庭的住宅平面图

图 1.19　德尔斐古希腊神庙

希腊人爱好培植珍木异卉，试验驯化大量的外来植物，重视灌木修剪技术，把厅堂都用花卉植物装饰起来。

4. 古罗马的造园

希腊被罗马统治以后，达官贵族羡慕希腊人的生活，争相建造私人别墅（图 1.20）。由于古罗马人不热爱体育比赛，所以古罗马的造园不同于希腊，出现了作为美术品陈列所的公共集会广场，那里限制奴隶和工匠进入。罗马进入帝国时代后，经济实力雄厚，文化艺术繁荣，在历史上盛极一时。帝国第一皇帝奥古斯都（Augustus）进行了大规模的罗马城市规划。

(a) 哈德良离宫

(b) 劳伦提努姆别墅复原图

图 1.20　古罗马造园

意大利半岛气候温暖,雨量充足,树花繁茂,有丰富的花岗岩、石灰岩、大理石等石料,加上从各地掠夺的财物,为造园提供了有利的条件。为尽情享乐,达官显贵争相造园,极为兴盛。公元 408 年,北方异族侵入意大利时,罗马城区内有大小庭园的宅邸多达1 780 所。这种贵族的宅邸,常以房围之,设庭于其中,一般呈几何形状,利用雨水水道为喷水、流泉,以花坛、剪饰、迷阵或盆栽植物及大理石制作的雕像装饰之。建造在郊外的别墅,大多数选择山麓、海岸自然风光优美之地,建以华丽建筑,植以奇树珍卉,成为当时显贵生活之风尚,盛极一时。这些别墅规模较大,林木浓郁,有规整的道路、场地、刈剪的树丛、精美的雕像、喷泉,都与建筑融为一体(图 1.21)。

图 1.21　古罗马造园要素——刈剪成几何形态的树丛

5. 波斯的天堂园

西亚造园始自波斯,波斯是名花异卉发育最早的地方,以后再传播到世界各地。公元前 5 世纪的波斯"天堂园",四面有墙,墙的作用是和外面隔绝,便于把天然与人为的界限划清。从 8 世纪被伊斯兰教徒征服后,波斯庭园开始把平面布置成方形"田"字。用纵横轴线分作四区,十字林阴路交叉处设中心水池,以象征天堂(图 1.22)。在西亚高原冬冷夏热、大部分地区干燥少雨的情况下,水是庭院的生命,更是伊斯兰教造园的灵魂。

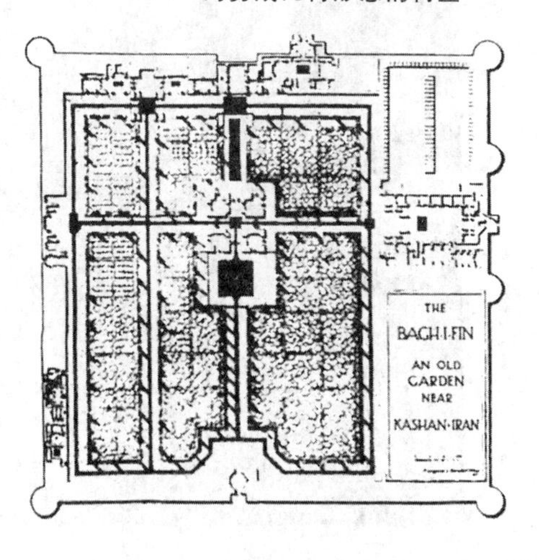

图 1.22　费因园平面图

6. 西班牙的阿尔罕布拉宫

从公元 6 世纪起,西班牙就有希腊移民,以后又是罗马属地,故造园仿罗马中庭式样。公元 8 世纪被阿拉伯人征服后,又接受伊斯兰造园传统,公元 14 世纪前后兴造的阿尔罕布拉宫(Alhambra Palace)(图 1.23),经营百年,由大小六个庭院和七个厅堂组成,以 1377 年所造“狮庭”(Court of Lions)最为精美。庭中植有桔树,用十字形水渠象征天堂,中心喷泉的下面由十二头石狮圈成一周,作为底座,因此以狮名庭。各庭之间以洞门联系互通,隔以漏窗,可由一院窥见邻院。在阿尔罕布拉宫内,几乎感受不到伊斯兰宗教凛然不可侵犯的气氛;尽管布局工整严谨,而幽闲静穆的环境,倒与中国古典园林近似。植物种类不多,仅有松柏、石榴、玉兰、月桂,杂以香花。建筑物色彩丰富,装饰以抹灰刻花做底,染成红蓝金墨,间以砖石贴面,夹配瓷砖,嵌饰阿拉伯文字。

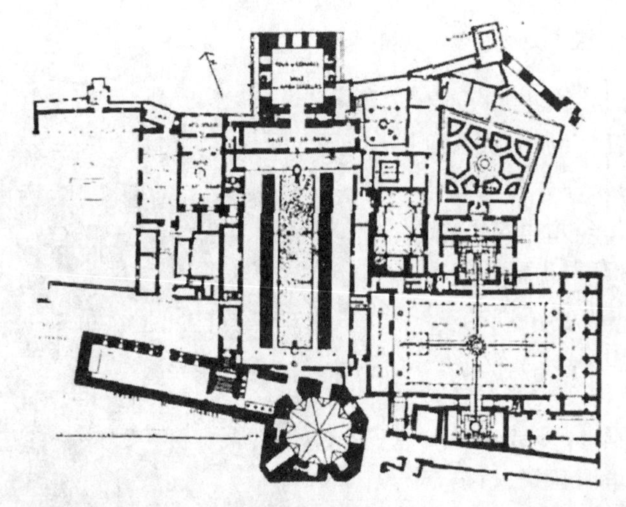

(a) 阿尔罕布拉宫平面图

(b) 石榴院

(c) 狮庭

(d) 桃金娘中庭

图 1.23　阿尔罕布拉宫

7. 古印度的造园概况

在印度河流域，居住着约四千年前古印度民族的雅利安人，后来他们移居到恒河流域，并在那里催开了古印度文化之花。

构成古印度庭园的主要元素是水，水居首位，而水常被贮放在水池中，具有装饰、沐浴、灌溉三种用途（即水池既是荡漾着清新凉爽气息的泉池，也是进行沐浴净身宗教活动的浴池，还是培育浇灌植物用的贮水池）。除水池之外，凉亭在庭园中也是不可缺少的，它与水池一样，兼有装饰与实用的功能。在炎炎烈日之下，它是绝好的凉台，也是舒适的庭园生活的休憩场所。由于是热带气候，故自古以来人们就有寻求凉爽的强烈愿望，尽管水及凉亭等的使用也实现了这一目的，但他们还在庭园中创造更多的绿树浓荫，因此，作为庭园植物的绿荫树也倍受重视，而不用花草造园。

在历代国王中，沙·贾汉时代的印度建筑最为发达，开始产生并完成了伊斯兰建筑样式。与沙·贾汉王有关的庭园有很多，建于17世纪的泰姬陵（Taj Mahal）是世人瞩目的印度伊斯兰式建筑和庭园的力作。它是一座优美而平坦的庭园。该园的特征就是它的主要建筑物均不位于庭园中心，而是偏于一侧，这种设计方法是前所未有的，即在通向巨大的圆拱形天井大门之处，以方形池泉为中心，开辟了与水渠垂直相交的大庭园，迎面而立的大理石陵墓的动人的形体倒映在一池碧水之中。就像建筑完全对称建造那样，庭园也以建筑物的轴线为中心，取左右均衡的极其单纯的布局方式，即用十字型水渠来造成四分园，在它的中心处没有建筑物，而筑造了一个高于地面的白色大理石的美丽喷水池。设计巧妙处在于，即便站在入口的大门处也不能看见整座平台，但却能将主体建筑尽收眼底（图1.24）。

图1.24　印度泰姬·玛哈尔陵现状

8. 中世纪欧洲的庭园

从罗马帝国的崩溃，直到14世纪—15世纪资本主义制度萌芽之前，约一千年的时间为欧洲的封建时期，亦被称为中世纪。中世纪文化是以基督教文化为背景而发展起来的。在中世纪西欧的造园中，通常有两种庭园：一种是装饰性庭院——回廊式中庭，由两条垂直园路把庭院分为四个区，园路交点通常设有水盘和喷泉，用于忏悔和净化心灵之用；周围四块草地，种植以花卉、果树装饰，作为修道士休息、社交的场所。另一种是为了栽培果树、蔬菜或药草的实用性庭园。中世纪前期西欧的造园是以意大利为中心的修道院庭园（图1.25）；后期西欧的造园是以法国和英国为中心的城堡式庭园（图1.26）。

图1.25 罗马中世纪庭院圣保罗巴西利卡

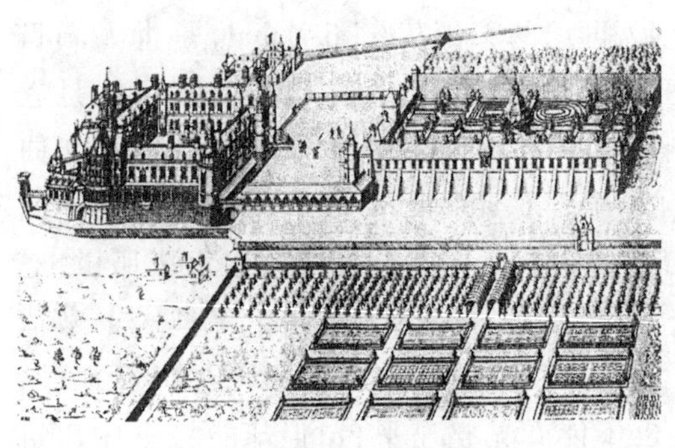

(a) 盖尔龙城（克里斯普）

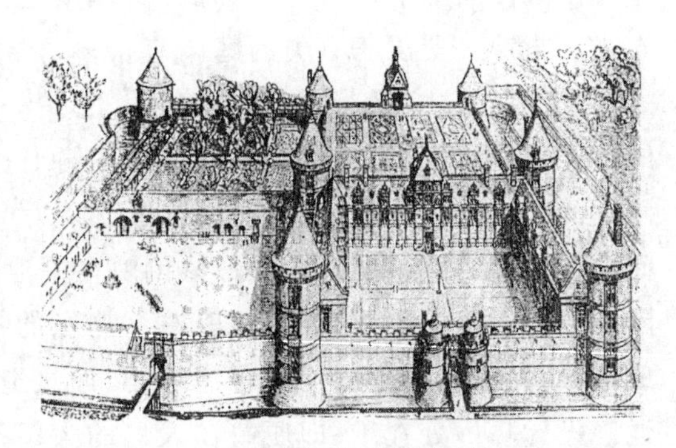

(b) 比尤里城（克里斯普）

图1.26 中世纪城堡庄园

1.5.2 文艺复兴时期意大利造园

14世纪开始的文艺复兴运动始于意大利佛罗伦萨，15世纪后半期扩大到欧洲其他国家，16世纪达到高潮。

佛罗伦萨是当时意大利经济最发达的一个城市。新兴的资产阶级推崇古希腊人，提倡古典文化艺术，仰慕古代先贤的完美人格，向往大自然多姿多彩的美，他们追求古罗马贵族豪华的生活和庄园别墅的营建。于是，富丽的庄园不断地在佛罗伦萨周围以及意大利北部的其他城市中建造起来（图1.27）。

图1.27 意大利文艺复兴初期别墅花园格局

16世纪文艺复兴以罗马为中心，代表人物有拉斐尔（Raffaello Santi）和布拉曼特（Bramante, Donato），这一时期代表作有波波利园、玛丹别墅、兰台庄园（图1.28）。

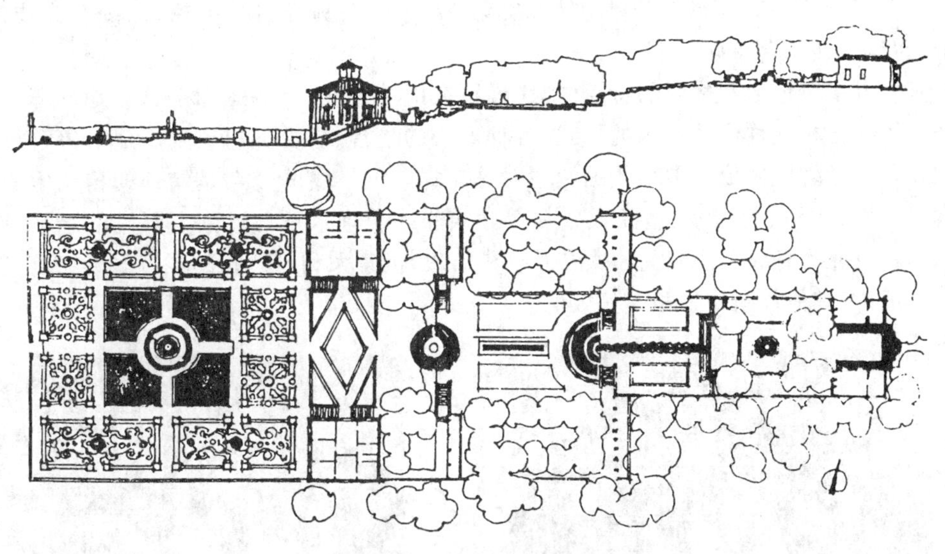

(a) 兰台庄园平面、剖面图

(b) 兰台庄园中轴叠层跌落的链式瀑布

(c) 兰台庄园鸟瞰

图 1.28　兰台庄园

兰台庄园是16世纪中叶建造的许多庄园中比较完整地保存下来的名园之一。从平面图看,大抵分为四层台地,最下层台地是以绿丛植坛为主的前庭;第二层台地主体是别墅建筑;第三层和第四层台地是以理水为主题的主园部分。

到了16世纪后期,建筑艺术发展到巴洛克式时期,庄园的内容和形式也起了新的变化,特别是在园林建筑上意大利台地园反映出巴洛克的特点:

(1) 立面特征　台地园由倾斜部分和平坦部分组成。

(2) 平面特征　严格的规则对称式布局,有明确的主轴线,副轴线与主轴线平行或垂直。

(3) 点线面结合布局　以小水池、圆亭、雕塑为点；园路、阶梯、树篱、瀑布为线；花坛、泉池、台地为面结合布局。

意大利由于地形和气候的特点，把庄园筑在山坡上，恰当地运用了这一地形辟出台地，就产生了在结构上称作台地园的形式，各种形式的平台、登道、阶梯、别墅建筑等，由明显的中轴线贯穿、联结，并依着中轴线的两边对称布局。风景线的交点是局部的构图中心，其主体常是喷泉、水池、运河、雕塑品或壁龛等建筑小品。理水技巧达到了很高的水平，以水为主题的景色成为意大利庄园的一大特色(图1.29)。意大利台地园的成就最为突出，在欧洲占主导地位，其他各国均争相模仿效法。

(a) 意大利艾斯塔别墅"百泉路"

(b) 艾斯塔别墅"蛋形泉"

(c) 艾斯塔别墅"水风琴泉"

图1.29　意大利造园理水

莱昂·巴蒂斯塔·阿尔伯蒂(Leon Battista Alberti)是意大利文艺复兴时期著名的建筑师和建筑理论家，并且是历史上制定园林设计原则的第一人。阿尔伯蒂则将他的建筑设计原则用于园林设计，他认为，园林设计与建筑设计一样，也应以精到的比例为目标。如住宅部分应位于稍高的地带，以便获得良好的视景；不过道路应做成倾斜的平面，以便易于行走而无需攀登；园林的要素应包括雕像，柱列门廊，蔓藤花棚，避暑洞室，流动的水、喷泉以及花盆和常春藤缠绕的月桂、紫杉、柏树等植物；如果建筑物上有圆形或半圆形的要素，那么在园林布局中也应得到呼应；住宅的建造者在其建筑周围(也就是园中)所创造的气氛要与主人的个性相呼应。在某种程度上这也是文艺复兴时期人文主义精神在造园理论中的体现。

阿尔伯蒂的造园理论促成了意大利文艺复兴时期造园思想基础的形成：第一，意识到要将住宅和园林一起组成一个整体，以一种视觉组织的方法相互支持并相互强化；第二，发现这种新建立的整体可具有一种明显的意图，如创造一种欢迎的气氛；第三，由于园林在山地上的位置，在园里可以远眺外部世界，而不受阻挡。以上这些认识在西方造园史上是极为重要的一步，因为这是几个世纪以来，人们首次将造园技术上升到理性层面。

1.5.3 17、18 世纪法国造园

法国古典主义园林最主要的代表是孚-勒-维贡府邸庄园(图 1.30)和凡尔赛宫苑。凡尔赛宫苑总面积是当时巴黎市区的 1/4，这个大花园，范围很大，围墙周长有 45 km，有一条明显的中轴线，长达 3 km，横轴范围也很大(图 1.31)。其主题思想是要表彰法国皇家至高无上的权威，体现着达到顶峰的绝对君权。

图 1.30 孚-勒-维贡府邸庄园

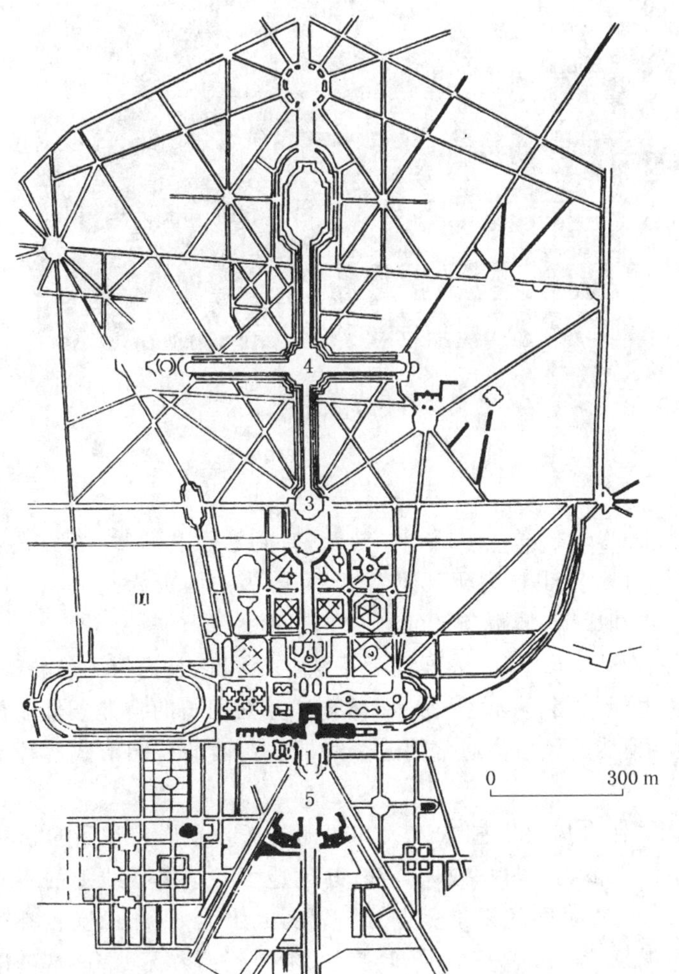

图 1.31 凡尔赛宫平面图

1. 宫殿主体建筑
2. 拉通娜喷泉水池
3. 阿波罗池
4. 大运河
5. 广场

总体布局，采取明显的中轴线，以广阔空间来适应盛大集会和游乐；以壮丽华美来满足君主穷奢极欲的生活要求。宫殿放在城市和林莽之间，府邸的轴线，前面通过干道伸向城市，后面穿过花园伸进林莽，这条轴线就是整个构图的中枢，道路、府邸、花园、河渠都围绕它展开，形成统一的整体(图1.32)。在中轴线上是一条纵向1 560 m长，横向长1 013 m，宽120 m的十字形大运河，这条运河原来是低洼沼泽区，因此具有泄水蓄水的功能。水面的反光和倒影又丰富了环境景色，使宫苑显得宏伟宽广，对增加轴线的深远意境，起了极为重要的作用。在主轴的左右两侧是称为"小林园"的十二个丛林小区，每个小区，在密林深处，各有它特殊的题材，别开生面的构思和鲜明的风格。宫的南北侧翼，各有一大片图案式花坛群，在南面的称南坛园，台下有柑桔园、树木园；在北面的称北坛园，有花坛群，有大型绿丛、花坛的布置和理水设计。

图1.32 凡尔赛宫鸟瞰图

勒诺特式风格

勒诺特(1613—1700)出身园艺师家庭，学过绘画、建筑，曾到意大利游学，深受文艺复兴影响。回国后从事造园设计，耗费毕生精力于凡尔赛宫，又曾为法国贵族建造私人园林百余所。勒诺特以其高尚的修养和成就，博得"王之园师"、"园师之王"的美称。

勒诺特创作了法国古典主义园林艺术，一方面继承了法兰西园林形式的民族传统，一方面批判地吸取了外来园林艺术(意大利)的优秀成就，结合法兰西国土的自然条件而创作出符合时代要求的新形式，具有独特的风格。通常把这个时期法兰西的苑园形式尊称为勒诺特式。

法国古典主义园林，体现了"伟大风格"，追求宏大壮丽的气派。勒诺特继承自己祖国造园的优秀传统，巧妙、大胆地组织植物题材构成风景线，并创造了各个风景线上的不同视景焦点，相互连贯成园景系统。这些不同的视景焦点，或喷泉，或水池，或雕像互相都可眺望，这样连续地四面八方展望，视景一个接着一个，好似扩展、延伸到无穷无尽，这是勒诺特继承法国丛林栽植的造园优秀传统，并根据法国地势平坦的特点，采用这种在丛林中辟出视景线的方法，从而组成了丰富的园林景象。

在理水方面，法国平坦的原野上是不能像意大利庄园那样设置众多宏大的喷泉群，并用活水来不断形成跌落和瀑布，而且这种理水方式建造费用和维持费用浩大。因此，勒诺特采用继承本民族传统并巧妙运用水池和河渠的方式，用大片的静水使法国古典主义园林更加典雅。

勒诺特园林形式的产生，揭开了西方园林发展史上的新纪元，使勒诺特园林风格也象意大利文艺复兴时期的台地园一样，风行全欧洲。

1.5.4 18、19 世纪英国造园

16 世纪后期，大不列颠已成为世界列强之一。到了 17 世纪，贵族地主们随着他们财富的积累和对欧洲大陆国家的宫廷生活的熟悉，开始醉心于风行一时的意大利文艺复兴式和法兰西勒诺特式造园(图 1.33)。

图 1.33 英国勃仑南庄园 19 世纪的水花园

18 世纪英国田园文学的兴起和自然风景画派的出现导致了英国自然风景园的形成。初期自然主义风景园林设计师不断摸索风景园的创作，希望能把握自然风景的特性，尽他们当时所有的一切艺术技巧来表现自然的风致：把直线条弃去不用，而代之以树丛和圆滑的弧线苑路。在风景式的园林中，除为了创造湖池等的需要而对地形有较大的变动外，通常都是随着本来的地形而设计，水和树常用以加强地形和地貌等(图 1.34)。

18 世纪英国风景园追求自然的景色，并力求把园林处理得如同田野一般，把自然作为模型。这种自然风景园在英国风行一时，取代了古典主义的造园艺术，不仅在英国本土，并且在欧洲大陆各国——法国、德国(图 1.35)、俄罗斯、波兰、瑞士以及后起的美国等，都曾产生影响。

图 1.34 英国赫弗德园林 图画式(写意式)

图 1.35 德国什魏争根堡花园

中国的园林，假山叠石、亭台楼阁、水池溪流，与当时欧洲人所习惯的几何形布局、绣花式花坛、整形的水池、笔直的林阴道等古典式园林形式形成鲜明对比，使欧洲人发生了浓厚的兴趣，活跃了创作思想，特别是对英国风景园的发展变化起了积极作用。十八世纪中叶以后，中国造园艺术被英国引进，形成英国造园自然化的风格，出现了法国所称的"英华园庭"，甚至把影响扩散到欧洲大陆，他们通过各种渠道，更多地介绍和了解中国的园林艺术。自此，英国的园林，大多在自然风景园的基础上再加上一些中国式园林的片断，堆几座土丘，叠几处假山，再点缀错落的树丛，造成景色的掩映曲折和层次，引二三道流水淙淙作响，穿过高高的拱桥，汇聚到湖池中，道路在假山、土丘、溪流、树丛之间弯绕；或造一些中国式的小建筑物，如亭、阁、榭、塔、桥等（图1.36），使园林更优雅、含蓄，更富有情趣，更接近自然。

(a) 英国丘园的中国塔

(b) 英国别德尔夫·格兰其的中国式庙宇

图1.36 英国园林中的中国式建筑

1.5.5 俄罗斯的园林绿化

18世纪和19世纪初俄罗斯的园林，由于受意大利、法国规则式园林的影响，许多宫廷花园的规划形式整齐庄严，这种规则式园林有明显的轴线，宽阔的绿化广场和林阴道。主体建筑前均有气势雄伟的规则式露坛，喷泉群和水池、水渠，或雕塑，并注意到规则式向自然风景的过渡。这种影响一直延续到十月革命以后的城市绿化。这种规划形式的园林群体是18世纪俄罗斯园林发展的特征（图1.37）。

18世纪后半叶，规则式风格有了显著的改变。在民间形成了一种富有民族风味的俄罗斯风情园，尽量保持自然景观，以俄罗斯建筑加强其风景的艺术效果。当时的造园大师们逐渐地把规则式园林改造成自然风景式或在大自然的基础上重新创造了新的园林布局。

图1.37 俄罗斯圣彼得堡彼得哥夫园林

俄罗斯风景园中水景占有重要地位,湖泊、池沼、河流和溪水等运用得十分广泛。

1.5.6 美国园林

美国早期的园林,也是由住宅附近的花园开始的。美国第一个城市公园是1858年奥姆斯特德和沃克斯二人合作的著名的美国纽约市中央公园(图1.38),设计者受英国自然式乡趣园的影响,意图为在城市中生活的居民提供一个具有浓厚田园风味的游憩场所。

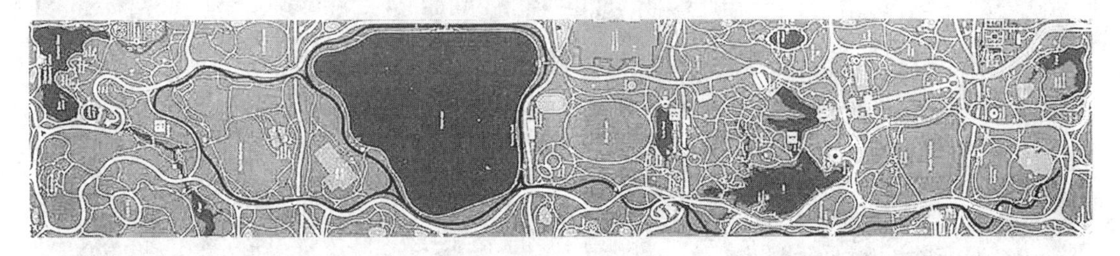

(a) 美国纽约中央公园总平面图

(b) 美国纽约中央公园景观

图1.38 美国纽约中央公园

纽约中央公园规划为自然式布局,曲线道路,不规则的草坪、树丛、湖沼和山丘,在自然式当中也掺杂了整齐式,布置有一条大的林阴道及中央林阴广场。纽约中央公园采用了回游式环路和波状小径相结合的园路系统,有四条园路与城市街道立体交叉相连,使游人在园内散步、骑马、驾车等活动与城市交通互不干扰。

纽约中央公园的建设成就,受到了群众的赞赏,继而一场建造城市公园的运动浪潮席卷全美国。在公共绿地规划理论指导下,规划实践也出现了新的突破,在波士顿市一大片不适宜建筑的沼泽地上,结合防洪排涝和环境卫生工程,在中心地区形成了景观优美、环境宜人的波士顿公园体系(Park system),即为后来被波士顿人亲昵地称为翡翠项链(Emerald Necklace)的公园系统,从波士顿公地公园到富兰克林公园绵延约16 km,由相互连接的九个部分组成,并对城市绿地的发展产生了深远的影响,各地争相效尤,使公园体系建设日臻完善。

1872年,美国国会通过了设立国家公园的法案,并建立了美国第一个国家公园——黄石国家公园(Yellowstone N. P.)(图 1.39)。美国的国家公园体系包括国家公园、国家史迹公园、国家军事公园、国家纪念物、国家战迹地公园、国家河川风景地域、国家风景保护地等。在这个系统中,国家公园是最典型的自然公园。

图 1.39 美国黄石国家公园

1.5.7 日本造园

日本庭园深受中国文化的影响,尤其是唐宋山水园和禅宗思想由中国传入日本以后,发展很快,并且结合日本国土地理条件和风俗特点,形成了日本独特的风格。日本庭园,以幽雅、古朴和清丽取胜,表现出日本民族所喜爱的纤巧,媚秀,以少胜多,小中见大的东方风情。日本人民善于利用每一平方米的空间给人创造出一种悦目爽神而又充满诗情画意的境界(图 1.40)。

图 1.40 日本园林

日本民族所特有的山水庭的主题是在小块庭地上表现一幅自然风景的全景图。这是结合自然地形地貌组织园林景观,并将外界的风景引入园林里来,是自然风景的缩小模型,完全忠实于自然,是自然主义的写实;同时又极富诗意和哲味,是象征主义的写意。

日本庭园在表现手法方面,如同书法那样分为真、行、草来表达。一般认为真(楷书)是端正的,草(草书)是豪放潇洒而风雅的,行(行书)则介乎两者之间。

日本庭园形式,大致可分为下列几种:

1. 筑山庭

又称山水庭或筑山泉水庭,主要有山和池,即利用地势高差或以人工筑山引入水流,加工成逼真的山水风景。另一种抽象的形式,称做枯山庭。在狭小的庭园内,将大山大水凝缩,用白砂表现海洋、瀑布或溪流,是内涵抽象美的表现(图 1.41)。

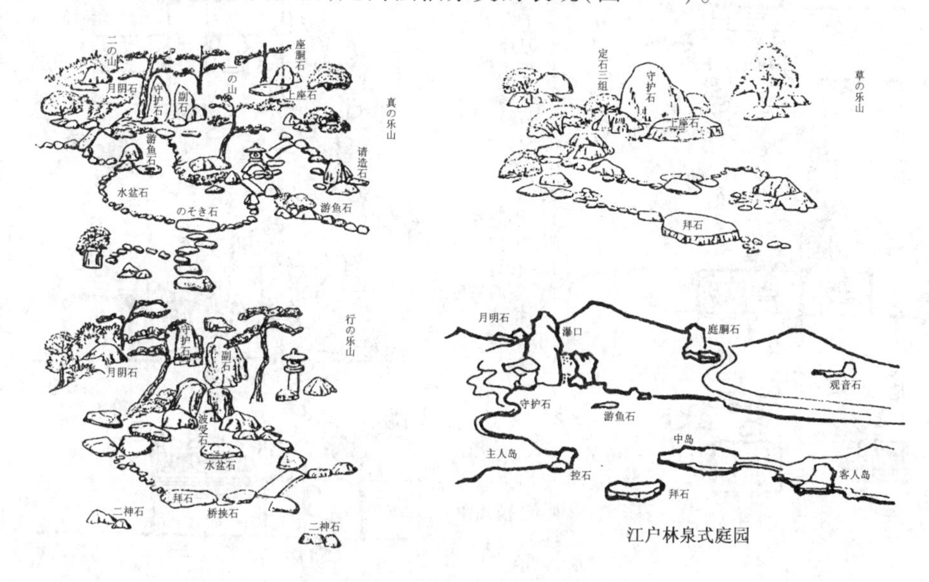

图 1.41 真、行、草筑山庭

2. 平庭

即在平坦的地面上筑园,主要是再现某种原野的风致。其中可分许多种:芝庭—以草皮为主;苔庭——以青苔为主;水庭——以池泉为主;石庭——以砂为主;砂庭——不同于石庭,有时伴以苔、水、石作庭;林木庭——根据庭园的不同要求配置各种树木(图 1.42)。

图 1.42 真、行、草平庭

3. 茶庭

四周用竹篱围起来，有庭门和小径，通到茶室，以飞石、洗手钵为观赏的主要部分，设置石灯笼，以浓阴树作背景，主要表现自然的片断和茶道的精神（图 1.43）。

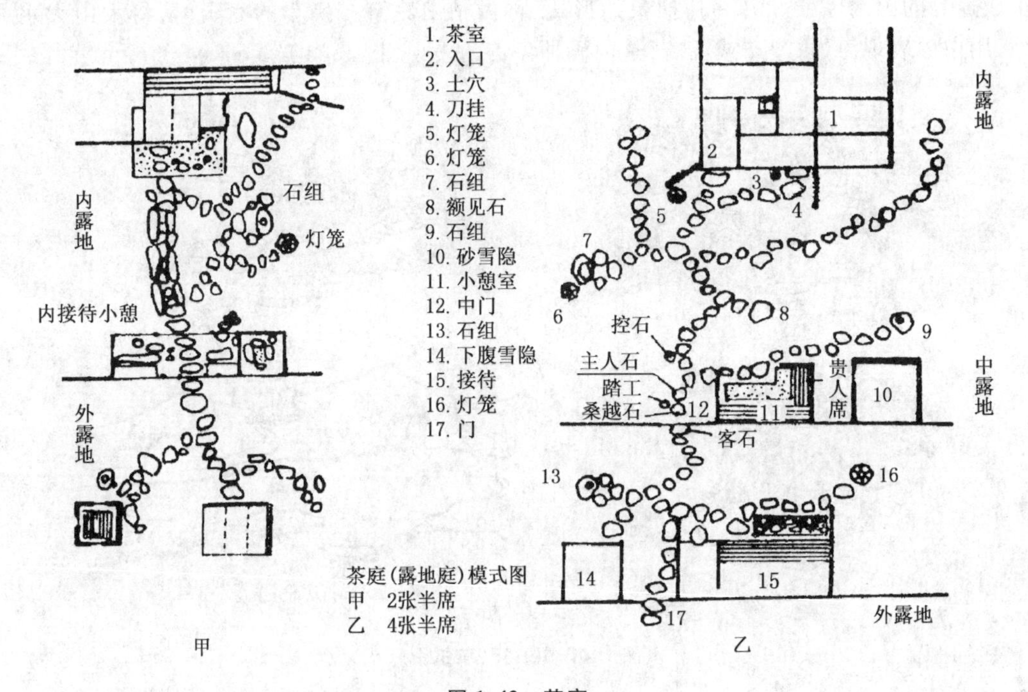

图 1.43　茶庭

1.6　西方现代园林简介

1.6.1　西方现代园林的产生

西方的传统园林多是为上流阶层服务的，它是社会地位的象征。18 世纪中叶，由于中产阶级的兴起，英国的部分皇家园林开始对公众开放。随即法国、德国等国家争相效仿，开始建造一些为城市自身以及城市居民服务的开放型园林。

真正使西方现代园林形成一种有别于传统园林风格的是 20 世纪初西方的工艺美术运动和新艺术运动及其引发的现代主义浪潮。

19 世纪中期，在英国以拉斯金（John Ruskin 1819—1900）和莫里斯（William Morris 1834—1896）为首的一批社会活动家和艺术家发起了“工艺美术运动”（Arts And Crafts Movement）。工艺美术运动是由于厌恶矫饰的风格、恐惧工业化的大生产而产生的，因此在设计上反对华而不实的设计，在装饰上推崇自然主义和东方艺术。

这个时期的一些作品有鲁滨逊设计的 Gravetye 宅邸入口花园（1885）（图 1.44），杰基尔设计的 Munstead Wood 花园（1897）（图 1.45）等。

图 1.44　Gravetye 宅邸入口花园

图 1.45　Munstead Wood 花园

在工艺美术运动的影响下，欧洲大陆又掀起了一次规模更大、影响更加广泛的艺术运动——新艺术运动（Art Nouveau）。新艺术运动是 19 世纪末 20 世纪初在欧洲发生的一次大众化的艺术实践活动，它反对传统的模式，在设计中强调装饰效果，希望通过装饰的手段来创造出一种新的设计风格，主要表现在追求自然曲线形和追求直线几何形两种形式。新艺术运动中的园林以庭园为主，对后来的园林产生了广泛的影响，它是现代主义之前有益的探索和准备，同时预示着现代主义时代的到来。

这个时期的一些作品有西班牙建筑师高迪（Antonio Gaudi 1852—1926）的巴塞罗那居尔公园（图 1.46）和德国贝伦斯（Peter Behrens 1868—1940）的作品（图 1.47）。

(a) 建筑、围墙、雕塑和地形的完美结合

(b) 绚丽的马赛克装饰墙

图 1.46　巴塞罗那居尔公园

现代主义受到现代艺术的影响甚深，现代艺术的开端是马蒂斯（Henri Matisse 1869—1954）开创的野兽派（The Wild Beasts），它追求更加主观和强烈的艺术表现，对西方现代艺术的发展产生了重要的影响。20 世纪初，受到当时几种不同的现代艺术思想的启示，在设计界形成了新的设计美学观，它提倡线条的简洁、几何形体的变化与明亮的色彩。现代主

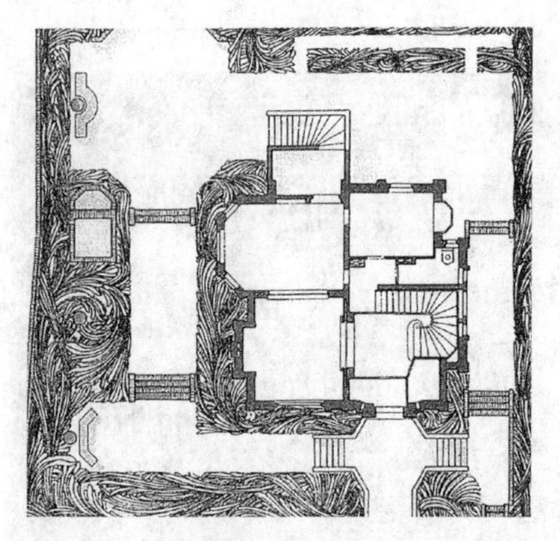

(a) 贝伦斯在达姆斯塔特的住宅和花园平面图

(b) 贝伦斯花园中石墙、白漆栏杆和入口

图 1.47　贝伦斯的作品

义对园林的贡献是巨大的,它使得现代园林真正走出了传统的天地,形成了自由的平面与空间布局、简洁明快的风格及丰富的设计手法。

1.6.2　西方现代园林的代表人物及其理论

西方现代园林设计从 20 世纪早期萌发到当代的成熟,大体走过了 20 世纪前半叶的开拓实验、中叶的深入探索及现代形式与风格的形成、后半叶的成熟及多元化趋势,逐渐形成了融功能、空间组织及形式创新为一体的现代设计风格。

20 世纪 20—30 年代美国经济大萧条,从而对"加洲花园(California Garden)"的形成起到了促进作用。

20 世纪 30—40 年代"斯德哥尔摩学派"在瑞典风景园林历史的黄金时期出现,它是风景园林师、城市规划师、植物学家、文化地理学家和自然保护者共有的基本信念。在这个意义上,它不仅仅代表着一种风格,更是代表着一个思想的综合体。

20 世纪 50—60 年代景观规划设计事业迅速发展,设计领域不断扩展。

20 世纪 70 年代,在经历了现代主义初期对环境和历史的忽略之后,环境保护和历史保护成为普遍的意识。

现代园林设计一方面追求良好的使用功能,另一方面注重设计手法的丰富性,平面布置与空间组织的多样化。特别是在形式创造方面,当代各种主义与思潮纷纷涌现,现代园林设计呈现出自由性与多元化特征。

下列几位是西方现代园林设计的代表人物:

1. 唐纳德(Christopher Tunnard 1910—1979,英国)

是英国著名的景观设计师。他于 1938 年完成的《现代景观中的园林》(*Gardens in the Modern Landscape*)一书,探讨在现代环境下设计园林的方法,从理论上填补了这一历史时期园林设计理论的空白。在书中他提出了现代园林设计的三个方面,即功能的、移情的和艺术的。

唐纳德的功能主义思想是从建筑师卢斯和柯布西耶的著作中吸取了精髓,认为功能是现代主义景观最基本的考虑。

移情方面来源于唐纳德对于日本园林的理解，他提倡尝试日本园林中布置组石的均衡构图手段，以及从没有情感的事物中感受园林精神所在的设计手法。

在艺术方面，他提倡在园林设计中，处理形态、平面、色彩、材料等方面应尽量运用现代艺术的手段。

1935 年，唐纳德为建筑师谢梅耶夫设计了名为“本特利树林”(Bentley Wood)的住宅花园，完美地体现了他提出的设计理论(图 1.48)。他的其他一些作品还有位于 Chertsey 的 St. Ann's Hill 的住宅花园(图 1.49)等。

(a) 矩形铺装露台周边景观

(b) 木格景框与亨利·摩尔抽象雕塑

图 1.48 “本特利树林”景观

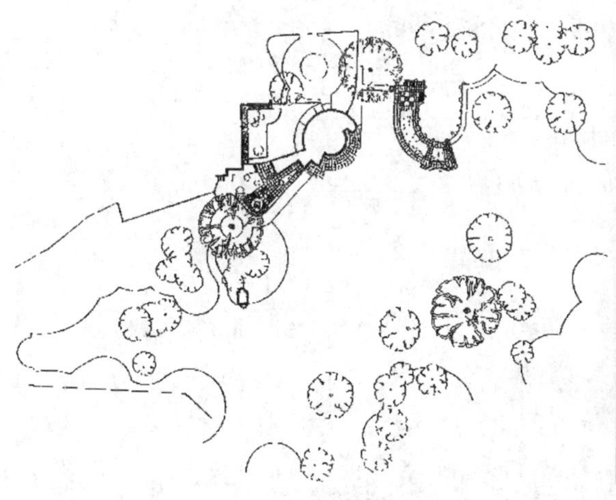

(a) St. Ann's Hill 的住宅花园平面图

(b) 住宅花园景观鸟瞰

图 1.49 St. Ann's Hill 的住宅花园

2. 托马斯·丘奇(Thomas Church 1902—1998，美国)

20 世纪美国现代景观设计的奠基人之一，也是 20 世纪少数几个能从古典主义和新古典主义的设计完全转向现代园林形式和空间设计的设计师之一。

20 世纪 40 年代，在美国西海岸，私人花园盛行，这种户外生活的新方式，被称之为“加州花园”。“加州花园”是一个艺术的、功能的和社会的构图,具有本土的、时代性和人性化的特征。它使美国花园的历史从对欧洲风格的复兴和抄袭转变为对美国社会、文化和地理的多样性的开拓,这种风格的开创者就是托马斯·丘奇。丘奇的“加州花园”的设计风格平息了规则式和自然式的斗争,丘奇最著名的作品是 1948 年的唐纳花园(Donnel Garden)(图 1.50)。1948 年的阿普托斯(Aptos)花园,是一个位于海滨的周末度假别墅的庭院(图 1.51)。

(a) 唐纳花园实景

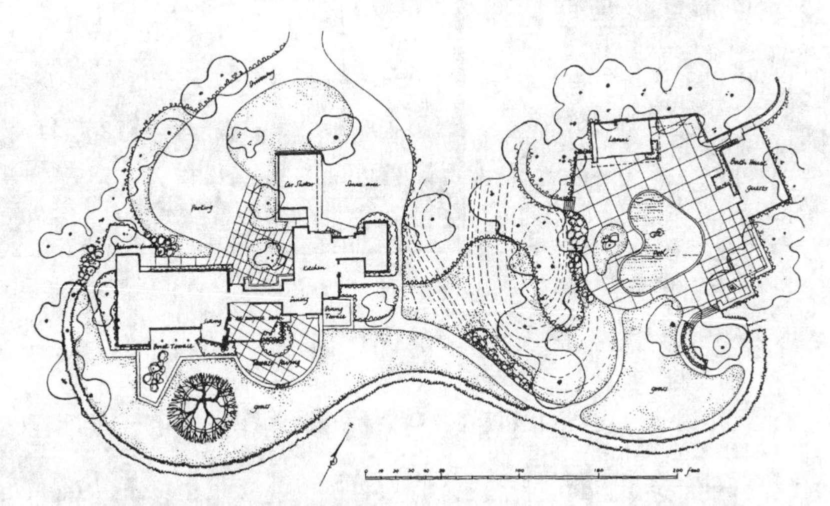

(b) 唐纳花园平面图

图 1.50 唐纳花园

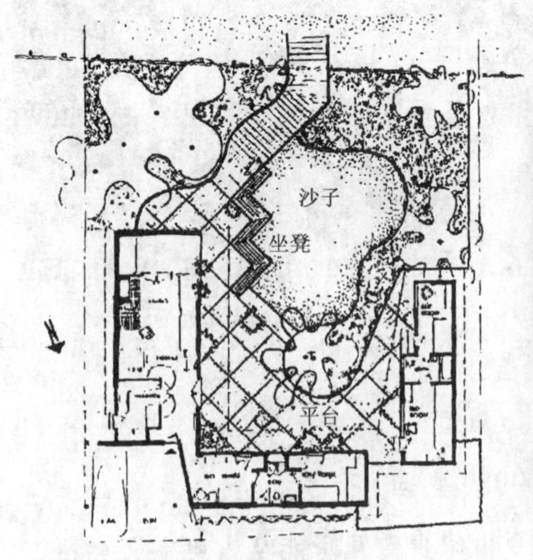

(a) 阿普托斯花园平面图

(b) 阿普托斯花园实景

图 1.51 阿普托斯花园

3. 劳伦斯·海尔普林(Lawrence Halprin 1916—　,美国)

是新一代的优秀景观规划设计师,是第二次世界大战后美国景观规划设计最重要的理论家之一。他视野开阔,视角独特,感觉敏锐,他从音乐、舞蹈、建筑学及心理学、人类学等学科吸取了大量知识,融入园林设计。这也是他具有创造性、前瞻性和与众不同的理论系统的原因。他早期的作品中有许多曲线的形式,后来又转向运用直线、折线、矩形等形式语言。

海尔普林最重要的作品是1960年为波特兰大市设计的一组广场和绿地(图1.52)。三个广场是由爱悦广场(Lovejoy Plaza)、柏蒂格罗夫公园(Pettigrove Park)、演讲堂前庭广场(Auditorium Forecourt 现称为 Ira C. keller Fountain)组成,它由一系列改建成的人行林阴道来连接。在这个设计中充分展现了他对自然的独特的理解(图1.53)。他依据对自然的体验来进行设计,将人工化了的自然要素插入环境,无论从实践还是理论上来说,劳伦斯·海尔普林在20世纪美国的景观规划设计行业中,都占有重要的地位。

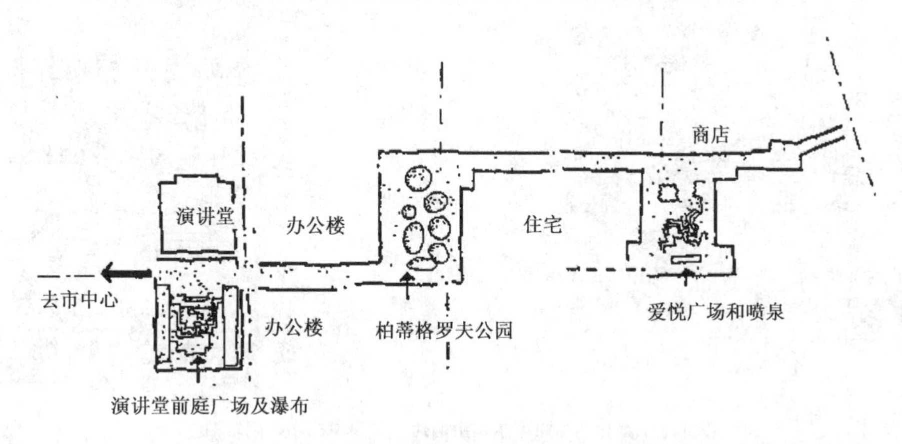

图1.52　波特兰大市系列广场和绿地平面位置图

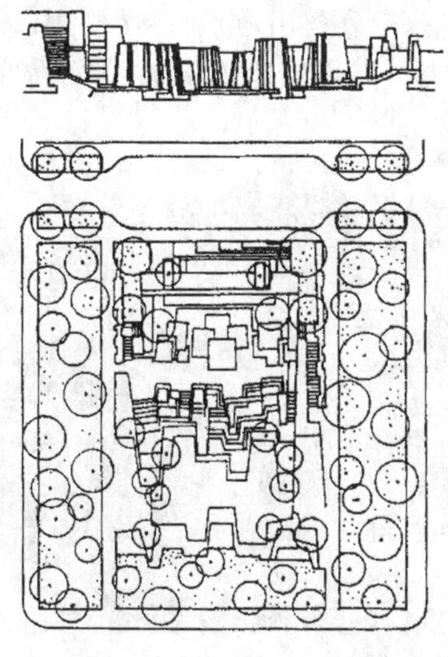

(a) 演讲堂前庭广场平面图和剖面图

(b) 演讲堂前庭广场

（c）爱悦广场象征自然等高线的不规则台地

（d）爱悦广场象征洛基山山脊线的休息廊

（e）海尔普林在加州席尔拉山的速写和爱悦广场构思草图

图 1.53　波特兰大市系列广场

在西雅图高速公路公园（Freeway Park）设计中，海尔普林充分利用地形，再次利用巨大的块状混凝土构造物和喷水，创造了一个水流峡谷的印象（图 1.54）。他的其他一些著名作品还有罗斯福总统纪念园（The FDR Memorial）（图 1.55）。

图 1.54　西雅图高速公路公园

图 1.55　罗斯福总统纪念园入口环境

4. 布雷·马克斯(Roberto Burle Marx 1909—1994,巴西)

是20世纪拉丁美洲最杰出的造园家之一。布雷·马克斯将景观视为艺术,将现代艺术在景观中的运用发挥得淋漓尽致。他的形式语言大多来自于米罗和阿普的超现实主义,同时也受到立体主义的影响,在巴西的建筑、规划、景观规划设计领域展开了一系列开拓性的探索。他创造了适合巴西气候特点和植物材料的园林风格。他的设计语言如曲线花床(图1.56)、马赛克地面(图1.57)被广为传播,在全世界都有着重要的影响。

图1.56 现代艺术博物馆景观

图1.57 柯帕卡帕那海滨大道

1948年设计的奥德特·芒太罗(Odette Monteiro)花园是他最重要的私人花园作品之一(图1.58)。其他一些著名作品还有巴西外交部大楼环境设计(图1.59)。1975年又设计了副总统官邸庭园(Residence Vice President of the Republic)。

图1.58 奥德特·芒太罗花园平面图

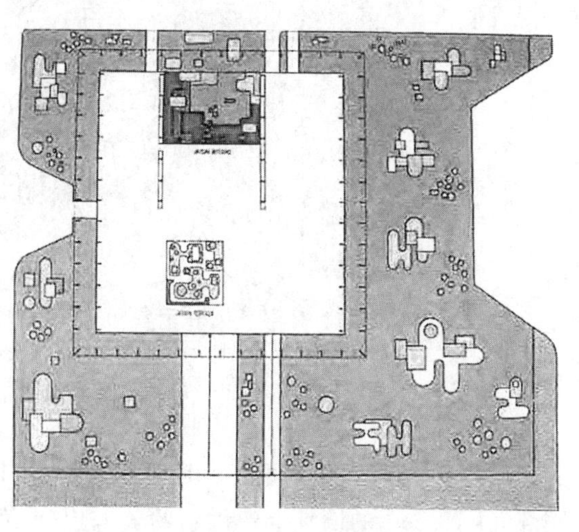

图1.59 巴西外交部大楼景观设计平面图

1.6.3　现代园林设计的多样发展

从20世纪20年代至60年代，西方现代园林设计经历了从产生、发展到壮大的过程，70年代以后园林设计受各种社会的、文化的、艺术的和科学的思想影响，呈现出多样的发展。

1. 生态主义与现代园林

1969年，美国宾夕法尼亚大学为园林教授麦克哈格(Ian McHarg 1920—2001)出版了《设计结合自然》(*Design With Nature*)，提出了综合性生态规划思想，在设计和规划行业中产生了巨大的反响。20世纪70年代后，受生态思想和环境保护主义思想的影响，更多的园林设计师在设计中遵循生态原则，生态主义成为当代园林设计中一个普遍的原则。比较著名的作品有美国华盛顿州Renton的水园(Waterworks Gardens)，这一生态花园由艺术家乔丹(Lorna Jordan)双乔尼斯(Jones & Jones)景观事务所与布劳和卡德维尔(Brown & Caldwell)工程顾问公司共同设计，体现了自然系统的自组织和能动性(图1.60)。

(a) 水园中的湿地

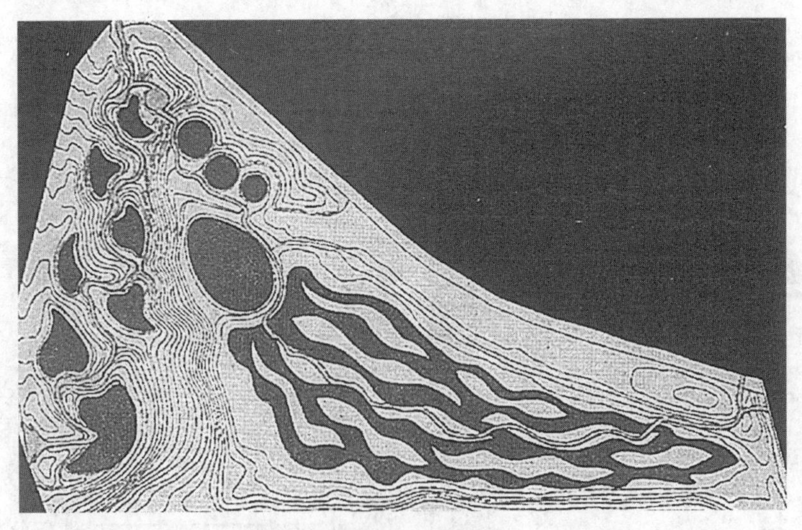

(b) 水园平面图

图1.60　华盛顿州Renton的水园

另外，1970年，景观设计师哈克(Richard Haag 1923—　)被委托在建于1906年的西雅图煤气厂8 hm^2的旧址上建设新的公园(Gas Works Park)(图1.61)。以及在德国，由众多的设计师参与完成的国际建筑展埃姆舍公园(IBA Emscher Park)、拉茨(Peter Latz)设计的杜伊斯堡风景公园(Landschaftspark Duisburg Nord)、普里迪克(Wedig Pridik)和弗雷瑟

(Andreas Preese)与建筑师及艺术家合作设计的格尔森基尔欣北星公园(NordStern Park, Gelsenkirchen)等,均通过综合的设计,将原有的工业废弃环境改造成为一种良性发展的动态生态系统,不仅保留了历史的记忆,而且恢复了生态环境,为地区更新与发展,提供了良好的生态基础。

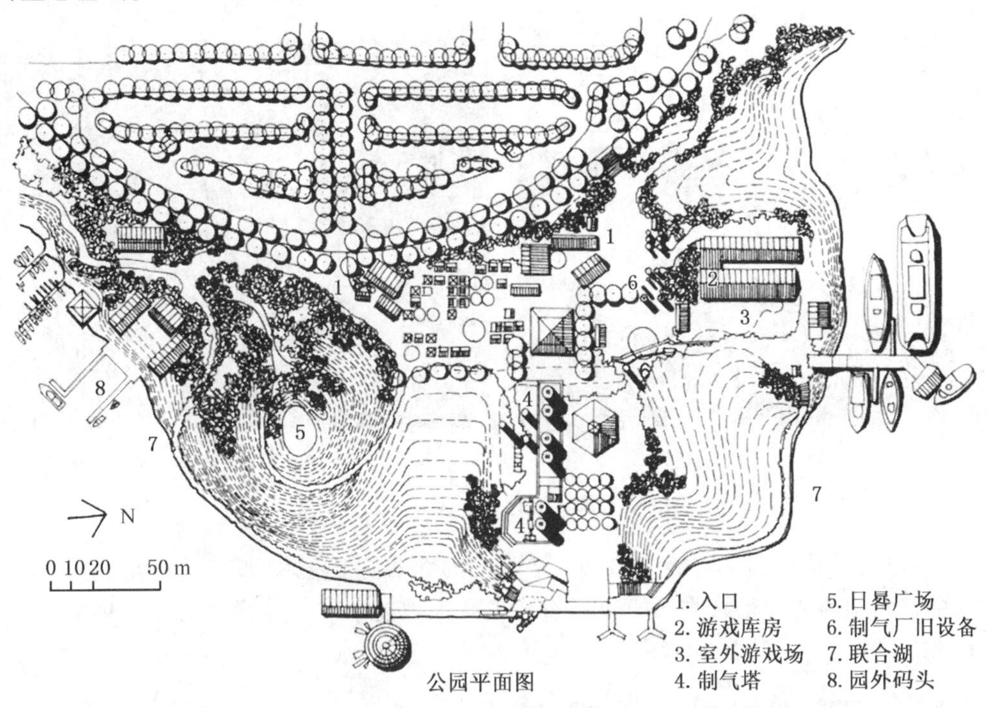

(a) 西雅图煤气厂公园总平面图

(b) 大片改良土壤的草地

图 1.61 西雅图煤气厂公园

2. 大地艺术与现代园林

20 世纪 60 年代,艺术界出现了新的思想,一部分富有探索精神的园林设计师不满足于现状,他们在园林设计中进行大胆的艺术尝试与创新,开拓了大地艺术(Land Art)这一新的艺术领域。这些艺术家摒弃传统观念，在旷野、荒漠中用自然材料直接作为表现艺术的手段，在形式上用简洁的几何形体，创作出这种巨大的超人尺度的艺术作品(图1.62)。大地艺术的思想对园林设计有着深远的影响，众多园林设计师借鉴大地艺术的手法，巧妙地利用各种材料与自然变化融合在一起，创造出丰富的景观空间，使得园林设计的思想和手段更加丰富。

(a) 史密森的大地艺术作品“螺旋形防波堤”

(b) 德·玛利亚的大地艺术作品“闪电的原野”

图1.62 大地艺术代表作品

这一时期，比较著名的作品有1991年竣工的西班牙巴塞罗那北站广场(图1.63)。詹克斯的花园中的艺术化的波动的地形设计也是大地艺术对景观设计有重要影响的作品之一(图1.64)。

图1.63 巴塞罗那北站广场鸟瞰

图1.64 詹克斯的花园中波动的地形

3. “后现代主义”与现代园林

进入20世纪80年代以来，人们对现代主义逐渐感到厌倦，于是“后现代主义(Post-modernism)”思潮应运而生。与现代主义相比，后现代主义是现代主义的继续与超越，后现代的设计应该是多元化的设计。历史主义、复古主义、折衷主义、文脉主义、隐喻与象征、非联系有序系统层、讽刺、诙谐都成了园林设计师可以接受的思想。1992年建成的巴黎雪铁龙公园(Parc Andrè - Citroen)带有明显的后现代主义的一些特征(图1.65)。

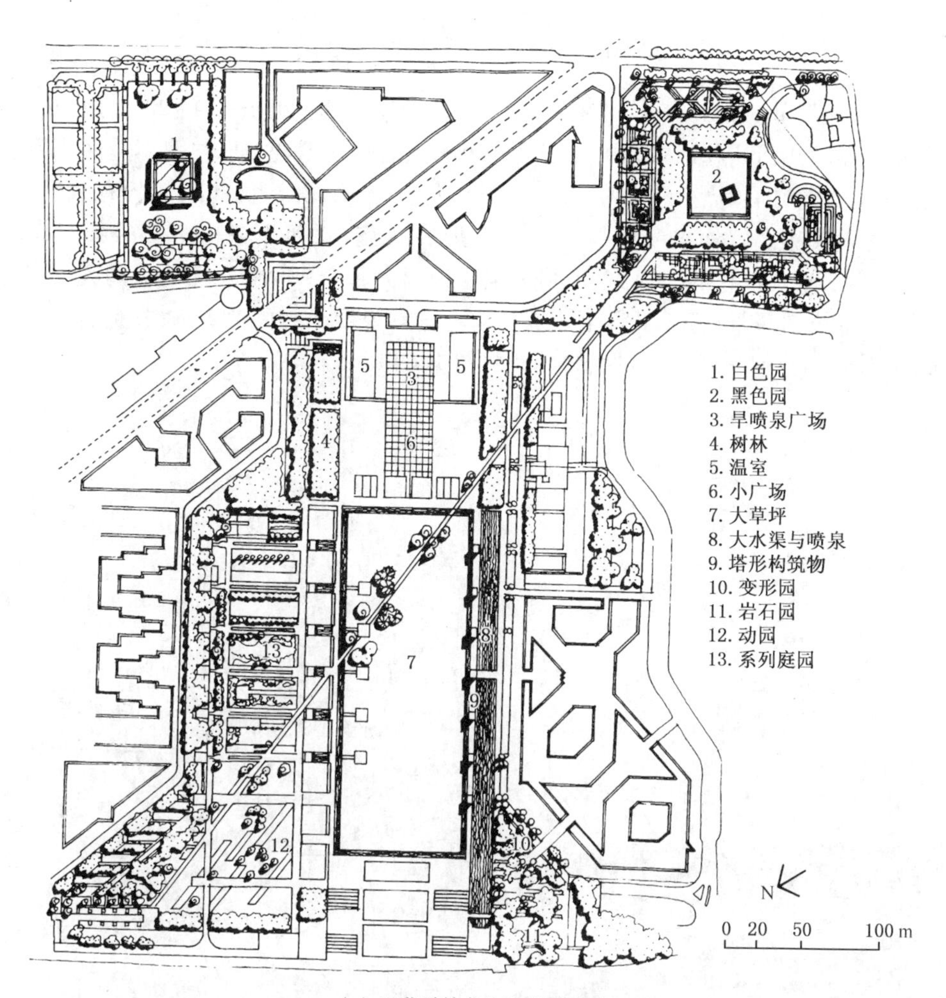

（a）巴黎雪铁龙公园总平面图

（b）雪铁龙公园塔形构筑物

（c）黑园景观

图 1.65　巴黎雪铁龙公园

4. “解构主义”与现代园林

“解构主义”(deconstruction)最早是由法国哲学家德里达提出。在20世纪80年代,成为西方建筑界的热门话题。“解构主义”是一种设计中的哲学思想,它采用歪曲、错位、变形的手法,反对设计中的统一与和谐,反对形式、功能、结构、经济彼此之间的有机联系,产生一种特殊的不安感。解构主义的风格并没有形成主流,被列为解构主义的景观作品也极少,但它丰富了景观设计的表现力,巴黎为纪念法国大革命200周年而建设的九大工程之一的拉·维莱特公园(Parc de la Viuette)是解构主义景观设计的典型实例,它是由建筑师屈米(Bernard Tschumi 1944—)设计的(图1.66~图1.69)。

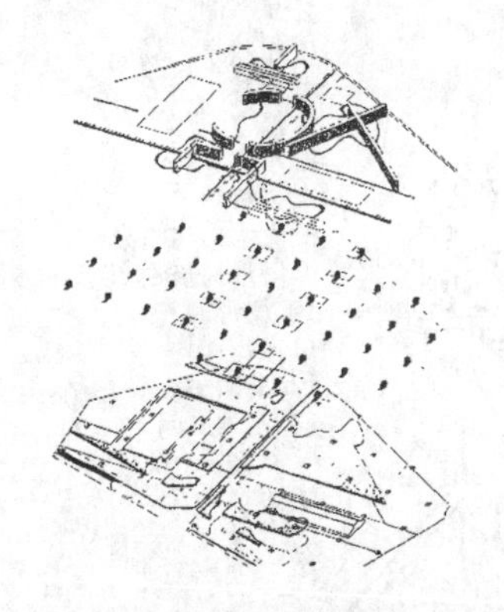

图1.66 公园中点、线、面三层要素

图1.67 拉·维莱特公园模型

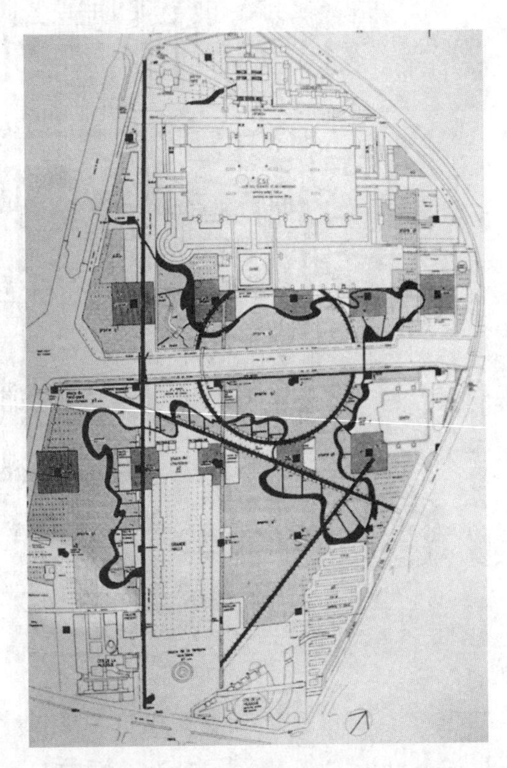

图1.68 拉·维莱特公园总平面图

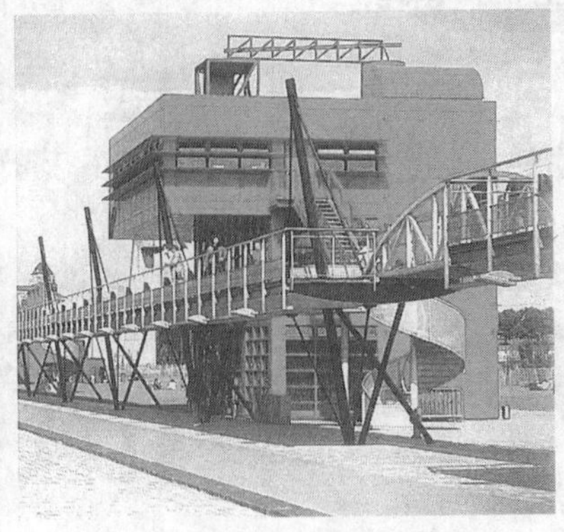

图1.69 园中形态各异的红色构筑物

5. “极简主义”与现代园林

极简主义(Minimalism)产生于20世纪60年代,它追求抽象、简化、几何秩序。以极为单一简洁的几何形体或数个单一形体的连续重复构成作品。极简主义对于当代建筑和园林景观设计都产生相当大的影响。不少设计师在园林设计中从形式上追求极度简化,用较少的形状、物体和材料控制大尺度的空间,或是运用单纯的几何形体构成景观要素和单元,形成简洁有序的现代景观。具有明显的极简主义特征的是美国景观设计师彼得·沃克(Peter Walker)的作品(图1.70～图1.72)。

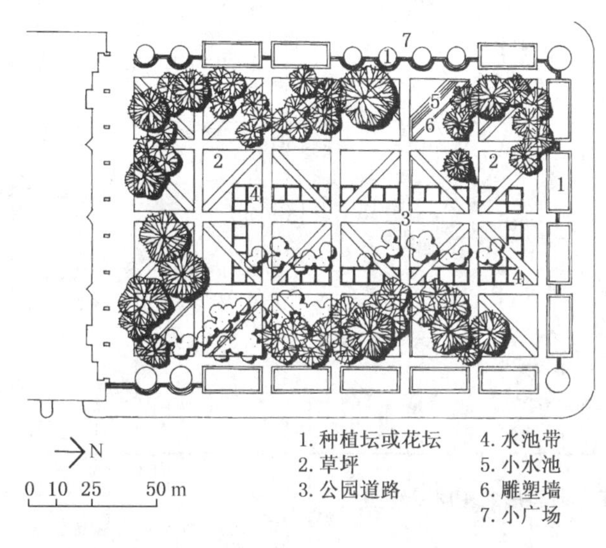

图1.70 福特·沃斯市伯纳特公园平面图

图1.71 伯纳特公园鸟瞰

(a) 入口雕塑墙

(b) 带状水渠

图1.72 伯纳特公园局部景观

西方园林的发展脉络,我们从下页的图1.73“西方造园形式发展系统图”可以得到初步的了解,同时也可从中认识到西方园林的传统风貌。

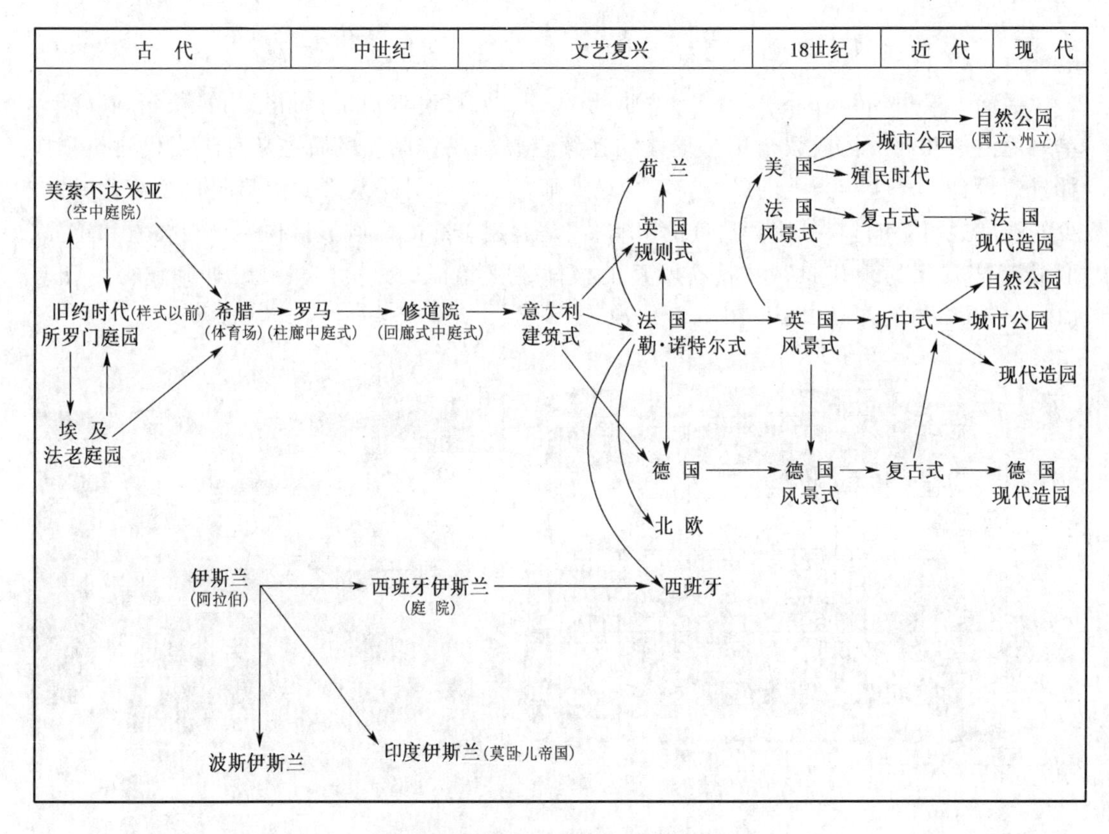

图 1.73　西方造园形式发展系统图

1.7　中西方园林艺术比较

中西方的园林艺术虽然由于中西文化的结构、形态,以及文化形成的哲学基础、思想观念不同而形成了两大不同的类型;但是,它们都具有园林艺术的共同特征——即园林艺术的同一性,故它们都是世界园林文化的一部分,同属于世界园林艺术。事实上,园林艺术是民族的、阶级的、时代的。它的个体差异性与园林艺术的同一性是一种对立统一的关系,从哲学上看,也就是个性与共性的辩证关系。

比较研究中西方园林艺术,并不是要肯定某一方或是否定另一方,更不是全盘否定双方的园林文化;而是通过对中西方园林艺术各自个性的比较研究,更好地把握园林艺术的共性、互相取长补短,促使中西方园林艺术在更多方面的交流和融合。

现在,提倡东西方文化的融合,已经成了许多文化人士的一个目标,园林艺术作为一种优秀的世界性的文化,也正朝着"世界园林"的目标迈进。

1.7.1　中西方园林艺术的共性

中西方园林艺术作为艺术的一个门类,与其它艺术有着许多相似之处,即通过典型形象来反映现实以表达作者的思想感情和审美情趣，并以其特有的艺术魅力影响人们的情绪、陶冶人们的情操。因此，无论是中国古典写意山水园林，还是法国古典主义园林，都具有共通性。

1. 就园林艺术的主体而言

众所周知，人类自身的生命运动是宇宙中为人所知的最高级的生命运动形式，而这种生命运动不只是一般地适应环境，同时也不断地创造着周围的环境，园林就是人类生命运动过程中的一种创造物，一种物化形态。园林艺术既是生命运动的时间过程，又是生命运动的空间存在，它是和人类生命运动有关的一种时空艺术，因而和人类自身有着深层的同一性，从这层意义上说，“园林艺术是人的艺术”。

园林是人设计的，由人创造，为人而造，任何特殊的园林类型，无论如何，都带有人类园林的特性。世界上各民族，虽然空间距离遥远，文化背景迥异，园林形式千姿百态，但造园的目的却是一致的，这就是补偿现实生活境域的某些不足，满足人类自身心理和生理需要。在这一点上，中西园林艺术的同一性很明显。规则式也好，自然式也罢，对中西方园林各自的主人来说，均反映了他们的人生态度、生活情趣和审美理想，都是一个理想的家园。

2. 就园林的构成要素而言

虽然中西方园林艺术的风格迥异，但其构成无一例外都是利用了植物、山石、水体和建筑等构景要素，所不同的只是在具体的使用原则和使用方法上。西方园林之所以体现出几何规则式在于它是将这些构景要素按建筑的法则来设计安排的，将植物修剪整形，将水体规则开凿，使之都具有一定的几何形状，在建筑方面则更注重其布局的严整。而中国园林之所以体现出自然风景式，在于它是用绘画的法则来布局安排这些要素的，植物、山石和水体等方面更多地采用自然的形状，并进行自然布置，建筑布局也较自由随意，常常因山就水、高低错落，因而更显得变化万千。即便如此，总还有共同的要求，例如在花木配置方面，繁花似锦、重瓣美艳、香气宜人、四季常青……，这类植物景观，不管哪个民族，无一例外都会喜欢的。

3. 就园林艺术的阶级性而言

中西方园林自产生起，都是为特权阶级服务的，或者归他们所私有。任何造园活动都需要花费大量人力、物力和财力，所以，作为一种奢侈品，任何国家的园林都受制于社会的经济基础，只有拥有大量财富，并在满足了一定物质生活需要之后，才会产生建造用以寄托精神和满足审美要求的园林的需要；而家徒四壁、食不裹腹的穷苦阶层是不可能奢谈园林的。在中外历史上，无论是中国的“半亩园”还是法国的“凡尔赛宫”，抑或古巴比伦的“空中花园”等，都是为特权阶级所享用的。因此，中西方园林艺术自产生起就是贵族的艺术，具有鲜明的阶级性。

随着历史的演变，社会的发展，文明程度和开放程度的进一步提高，森严的社会等级制度开始逐步淡化，公共园林逐渐形成。公共园林的出现使得处于社会底层的广大劳动人民也开始拥有了享受园林的权利，园林艺术由贵族化向大众化转变。在这一点上，中国是这样，西方国家也一样。

1.7.2 中西方园林艺术的差异

尽管世界各国造园艺术具有园林艺术的同一性，有着世界文化的一般内容与特征，但由于世界各民族之间存在着自然、社会、历史和心理的种种差异；形成了各民族园林艺术的不同风格。

1. 哲学思想的差异

中国古典园林自其生成以来，经过魏晋南北朝的转折期，沿着“崇尚自然”的道路一直走到中国封建社会结束，在这期间，尽管朝代几经更迭，造园艺术也时有兴衰，但中国封建社会的性质没有变，中国的文化传统和哲学思想没有变，因此，中国园林得以在“崇尚自然”的道路上不断发展、完善，终于形成了自然写意山水园的独特风格，体现了人与自然的和谐与协调。如果说儒、道、释的自然观（如“天人合一”）决定了中国古典园林崇尚自然的特质，那么，中国古典园林的写意手法则是在禅宗和宋明理学的影响下得以发展和深化的。

和中国相反，西方园林则是滋生在西方文化的肥沃土壤之中，深受西方哲学基础、美学思想和政治的影响。从西方哲学的发展历史看，以培根为代表的唯物主义经验论和以笛卡儿为代表的唯理论在16—17世纪产生了最广泛的影响。特别是笛卡儿认为应当制定一些牢靠的、系统的、能够严格确定的艺术规则和标准，这些规则和标准是理性的，完全不依赖于经验、感觉、习惯和趣味。他认为艺术中最重要的是结构，要像数学一样清晰、明确、合乎逻辑，反对艺术创作中的想象，不承认自然是艺术创作的对象和源泉。这些哲学和美学观点在法国古典主义园林中打上了鲜明的时代印记——对称规整的几何形状、宏伟壮观的气势。

2. 美学思想的差异

造园艺术和其他艺术一样要受到美学思想的影响，而美学又是在一定的哲学思想体系下成长的。从历史上看，不论是唯物论还是唯心论都十分强调理性对实践的认识作用。公元前六世纪的毕达哥拉斯学派就试图从数量的关系上来寻找美的因素，著名的“黄金分割”最早就是由他们提出的。这种美学思想一直统治着欧洲达几千年之久，她强调规整、秩序、均衡、对称、推崇圆、正方形、直线等等。欧洲几何图案形式的园林风格正是在这种“唯理”美学思想的影响下形成的。

与西方不同，中国古典园林是滋生在中国文化的肥沃土壤之中，并深受绘画、诗词和文学的影响。由于诗人、画家的直接参与和经营，中国园林从一开始便带有浓厚的诗情画意。中国古代没有什么造园理论专著，但绘画理论著作则十分浩瀚，这些绘画理论对于造园起了重要的指导作用，可以说中国园林一直是循着绘画的脉络发展起来的。画论所遵循的原则莫过于“外师造化，内发心源”。“外师造化”是指以自然山水为创作的楷模，而“内发心源”则是强调不能一味地抄袭自然山水，而要经过艺术家的主观感受以粹取其精华。

除绘画外,诗词也对中国造园艺术影响至深。自古就有诗画同源之说,诗是无形的画,画是有形的诗。诗对于造园的影响也是体现在“缘情”的一面,中国古代园林多由文人画家所营造,不免要反映这些人的气质和情操。这些人作为士大夫阶层无疑反映着当时社会的哲学和伦理道德观念。中国古代哲学“儒、道、佛”的重情义,尊崇自然、逃避现实和追求清净无为的思想汇合一起,形成一种文人特有的恬静淡雅的趣味,浪漫飘逸的风度和朴实无华的气质和情操,这也就决定了中国造园“重情”的美学思想。

3. 审美情趣的差异

中西方在审美情趣上也存在很大的差异,表现在“重人”和“重物”上。

中国人偏于抒情,重在意境的创构,把自然人化,把人自然化。意境是要靠“悟”才能获取,而“悟”是人的一种心智活动,“景无情不发,情无景不生”则是中国造园着重追求的意境。

西方人偏于写实,重在形式的塑造,认为自然是为人服务的,可以受人支配,所以他们的古典园林与西方的绘画艺术一样,“很注重建筑实体的表现,凹进凸出,注意光影变化的效果,运用数学和几何原理设计建筑立面的均衡比例以及处理分划问题;重视个体建筑完整的透视效果”。

在园林营造与鉴赏上,中国人重在理想美的寄托,西方人重在现实美的享受。

图 1.74　法国孚-勒-维贡府邸

4. 总体风格的差异

中、西园林从形式上看其风格差异非常明显。

西方园林所体现的是人工美,不仅布局对称、规则、严谨,就连花草都修整得方方正正,从而呈现出一种几何图案美,从现象上看西方造园主要是立足于用人工方法改变其自然状态(图 1.74)。

中国园林则完全不同,既不求轴线对称,也没有任何规则可循,相反却是山环水抱,曲折蜿蜒,不仅花草树木任自然之原貌,即使人工建筑也尽量顺应自然而参差错落,力求与自然融合,“虽由人作,宛自天开”(图 1.75)。

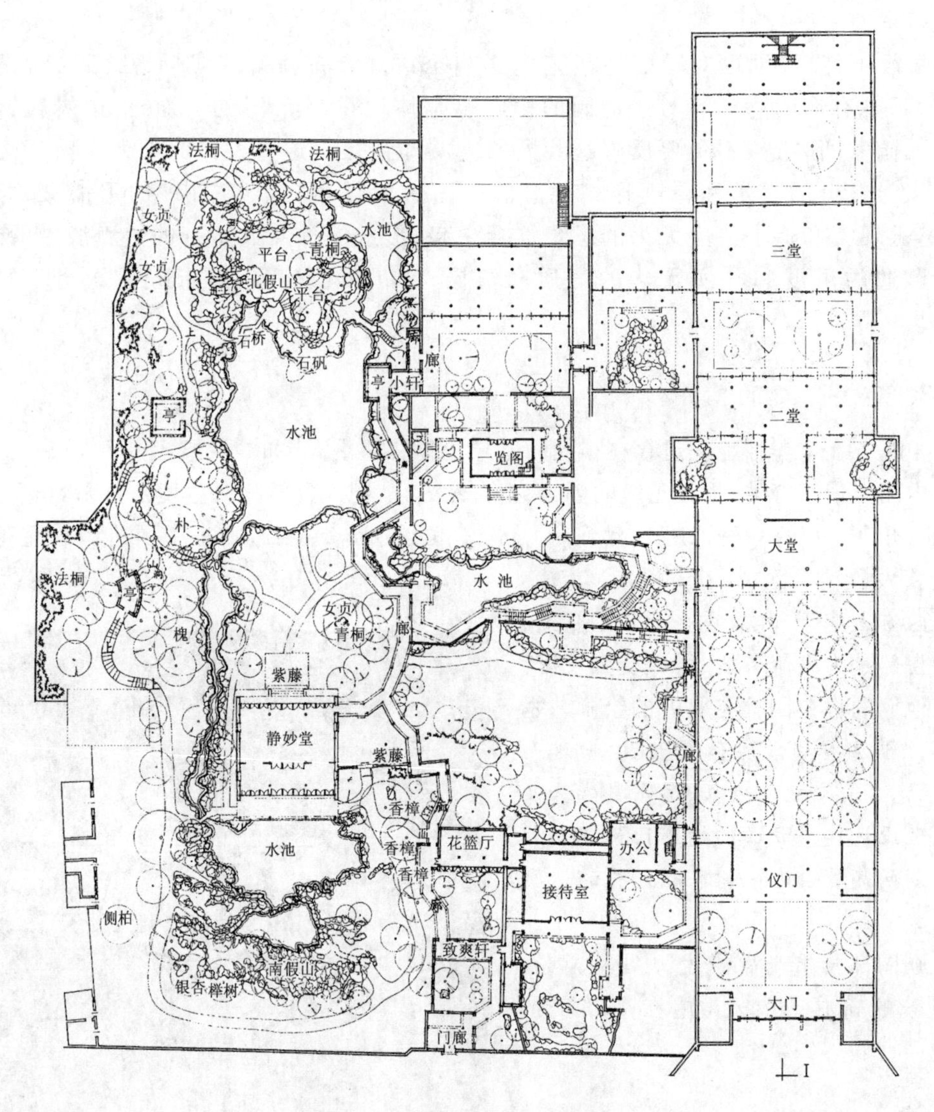

图 1.75　南京瞻园总平面图

5. 造园表现形式的差异

中西园林艺术领域中不同的造园思想、不同的艺术风格，必定会影响园林美的创造，呈现出不同的景观形态(表 1.2)。

在中国，一般是“前宅后园”，大多数园林与主人所居的规整式的住宅有一个明确的分隔，园林是独立的，自成格局的，与住宅建筑没有逻辑上的主从关系，园林的布局是自然自由的。园林中的建筑除了某些主要厅堂外，其形式和位置均视造景需要而定，受到自然风景的制约，与环境融为一体。尽管江南私家园林中建筑物占有较大的比重，但在园林里面，还是园林的构图规则统率着建筑，建筑物只起点缀风景，或供游客驻足赏景、小憩娱乐之用；自然本身还随着湖石、花树、流水等等渗透到建筑物里去，迫使建筑“园林化”，随高就低，打散体形，并且向自然敞开。

表 1.2　中西造园的差异

项　　目	中国古典园林	西方古典园林
造园布局	自然形体	几何形体
	不求对称	求对称规则
	利用地形及自然景物	不论自然形式
	人工痕迹少	以人的思想意念为主导
	以自然曲线为主	以相交直线为主
游园路线	单线	复线
	幽雅	气派
	激发游人兴致,步移景异	引起游人强烈视觉效果
	重在意境创造	重在几何形式塑造
	含蓄	开放
造园要素	花草树木少修整,重在体现自然美	花草树木着力整形,重在体现人工美
	常修造假山、水池	多筑喷水池、栏杆、雕塑
	建筑象征自然景物	景物、建筑人工化
	充满生机野趣	炫耀人力伟大
	满足生活要求	满足视觉要求
理水方式	动态水景多溪流、瀑布等	动态水景多喷泉、水阶梯等
	静止水面多湖、池塘等	静止水面多水渠、几何水池等

在西方几何式园林里,起居住功能的建筑处于花园的中心,统率着园林。不但建筑物在布局里占着主导地位,而且设计花园的建筑师把花园作为建筑与自然的过渡,是建筑艺术的延伸和观念上的加强,所以迫使园林服从建筑的构图原则,使花园“建筑化”,有明确的轴线和规整的几何图案式布局。其次,对于自然造景材料的处理,西方园林没有去表现它们原来的自然之美,而是突出了人对它们的改造和加工,是通过对这些自然之物的修造来强化人工雕琢的艺术之美。

中西园林中的植物在种类和应用方式上存在明显差异,由于文化寓意上的差异,中西园林在常用的植物种类上明显不同。一般来说,中、西各式园林中植物的艺术表现方式有几何式与自然式之分。前者如意大利式和法国古典主义花园,其植物配置无论是总体布局还是单株体形,都是以几何的形式美,或曰建筑美为标准。在花园里,人们并不欣赏树木花草本身的美,它们只不过是有着各种颜色和质地的材料,用来铺砌成平面的图案,或者修剪成各种象形的“绿色雕塑”。花园的美,是这种图案和几何体的建筑美,这种园林,只有靠人工的喷泉来给它一股生气,一股活力。

自然式植物配置采用的是自然生长的植物形态,作自由式布置。与造园风格相适应,又有写实和写意两种式样。17 世纪初叶,英国经验主义哲学家培根在《说花园》中所提倡,并在其私园中实现的植物配置,就是采取“完全的野趣,土生土长的乔木和灌木”,使“园圃尽可能像荒野般自然”,这是一种极端的自然主义思潮。18 世纪欧洲在中国园林进一步影响下所产生的自然风景园林,其模仿自然原野的植物配置力求数量、布局和空间尺度的形似,也有自然主义的倾向。

中国园林中的植物配置同是所谓“自然式”,但与西方的“自然式”不同,其模仿自然,着重于神似。其配置方式,主要是融于山水景象中,采取一种不同于欧洲的特殊的自然配置方法。中国古典园林艺术中的植物配置是从景象艺术构成出发,对园林植物题材的认识比较深刻,能从植物的生态习性、外部形态深入到植物的内在性格,加以“拟人化”,谓之“得乎性情”,着重于植物的文化精神和园林意境的创造。为了求得与叠山、理水“小中见大”艺术风格的统一,往往采用夸张、象征的手法,三五株树便是一个丛林,这就是自然写意主义的布置方法。

在中国古典园林中,没有花境、花带等以量取胜的景点,也极少应用草花,大多是用“韵胜”、“格高”的种类,以情取胜,在园林中着重欣赏植物的个体美,以孤植方式多,且极少修剪,主要欣赏的是植物的自然姿态和风韵。这导致中国古代园林中以植物命名的胜景甚多,极其普遍,如万壑松风、梨花伴月、桐剪秋风、梧竹幽居、罗岗香雪等,充分反映出中国古代“以诗情画意写入园林”的特色。

1.7.3 中西方园林艺术的交流与融合

中西方园林艺术之所以能够相互交流、相互融合,是因为它们在本质上存在共同之处,构成了世界园林艺术的共性,这不仅可能游离于不同风格的园林艺术的差异之中,而且还能够跨越民族的、阶级的、地域的、历史的一切障碍,成为人类文化和心理结构的建构模式。正是园林艺术的这一共性,促进了中西方园林艺术和园林文化的交流与融合。

中西方园林艺术的交流,最早可追溯到盛唐时的丝绸之路,此后经马可·波罗的宣传,很多欧洲人开始仰慕中国园林之美。中国园林对欧洲的真正影响,则是在 17 世纪末到 18 世纪初,曾参与绘制圆明园 40 景图的法国画家王致诚对中国园林的全面介绍,才使欧洲人更为详细准确地了解到中国园林的艺术风格。

中国园林,在明清时代已受到西方文化的影响。清代,在都城郊外修建了号称万园之园的圆明园。它是中西园林艺术的融合。园中的山水布置与庭院设计都是中国式的,而大量的雕塑、阁楼却是西式的。圆明园虽被八国联军毁了,但从残柱断梁中还可以看到西方的纹饰图案。

中西文化的交流、融合是势不可挡的。中西园林文化的重建、发展,应是园林背后的文化意识、观念的重建。首先应基于各自合理内核的一面,然后针对各自的不足之处相互汲取对方有价值的一面。具体的说就中国文化而言,重视社会、道德的合理性,扬弃个体的软弱性,汲取西方文化重视个体独创性、科学性的合理内核,抛弃个体的封闭、隔绝性,只有这样,中国园林创作才有可能在新的时期呈现出新的风采。

1.8 园林理论与实践的拓展

近年来,随着经济的发展,我国城市化的脚步愈来愈快,城市景观环境也越来越受到重视,城市景观建设进入了一个加速发展的时期。各种城市广场、公园、景观大道如雨后春笋般出现在城市之中,园林学的实践与理论研究都取得了许多进步,园林的内涵和外延正随着时代、社会和生活的发展,随着相关学科的发展,不断丰富和扩大着。

园林内涵的扩大引发了诸多方面质的变化。这些变化不仅反映在园林面积的扩大,还表现在形式、风格以及布局上的改变,尤其园林在现代更担负了提高生态环境质量的任务,因而提高生态系统质量可谓是新时期园林的主要目的之一,应加强以生态学原理指导园林的规划设计。园林内涵的扩大,使园林不再是单纯的一个一个园子进行建设,而是要从狭隘的造园转入整个城市的园林化,乃至大地园林化。同时,在对园林的欣赏上,现代城市人得自园林的感受已由单纯的艺术欣赏转为对园林空间物质与精神上的双重享受,因而现代城市园林从大体上而言,应当体现的是一种舒展大方的自然气息。

园林不是僵化、固定不变的,而是动态和发展的。现代城市园林是多功能活动的综合体,是多层次空间的组合体,也是生态学、社会心理学等多学科渗透的边缘科学。在时代转换的巨变之中,城市园林的发展陷入困境是正常的,重要的是对出路的探索,尽管可能会有曲折与反复,但前进的步伐必然不会停止,城市园林大有可为,作为园林工作者的我们任重而道远。

1.8.1 理论研究的拓展

园林学的内涵是随着人们对景观和环境问题的认识和理解的发展以及不同时代社会需求的变化而不断发展变化的,与今天人们对景观的理解和认识相对应,园林学的研究也兼具三个方面:

首先是景观形态的研究,通过借鉴地理学中对景观的地质成因及地形演变规律的研究,结合美学技能,掌握景观载体,也就是说景观的外在要素如地质、地貌、地形、水体、植被的造型能力,使之合乎自然形态规律,达到与自然环境在“形体上”高度协调的目的;其次是景观生态的研究,目的是使景观能够有序的可持续发展,植物生长永远良好,天空、水体总是纯净、清澈,即与自然环境整体协调;再者是景观的人性化、社会化研究,探索人与人、人与自然、工作与休闲、家庭与社会、历史与现代等的和谐交融所需要的理想场所。

这三个方面的内容有机地组合在园林学理论的方法论、技术论中,影响着风景园林师对自然因素和人文因素的理解和选择,并最终积累和体现在园林学的价值观念中。方法和技术可以解决各种尺度的问题,然而不同的社会和文化,不同的环境特征,决定着我们对各种方法和技术的取舍,决定着我们应该怎么做、会怎么做的仍然是我们的价值观,正确的评价仍然是园林学走向未来的正确道路所必需的。自然科学、社会科学、方法论和技术论都可学而得之,而价值观必须依靠经验与感知的累积。

有一点很清楚,那就是没有其他任何一门科学或艺术,包括生态学、社会学、建筑学、园艺学,能单独地为园林规划设计提供足够的学识基础,每一个学科在实际操作中的作用和关联往往取决于实践项目的性质。这一切使得人们现在倾向于将园林学看作是一个沟通科学和艺术,注重人与土地的关系,与整个人居环境相关的、结合文化和自然的不断拓展其领域的学科,并在人与自然的关系这一领域中发挥着不可估量的重要作用。

1.8.2 实践范畴的拓展

在实践中,园林学的设计范畴已经逐步拓展到公园规划设计、居住区及其景观规划设计、绿地系统规划、城市景观总体规划,甚至区域景观规划、国土及地球景观规划等方面。在不同尺度的土地上建立着人与自然多样化的联系。在大的尺度上,这些设计策略包括以一系列统计的、数学的、抽象的理性分析模型与方法来推定的大地利用模式规划,这通常导向自然物理实在的形而上学的解释;在小的尺度上,景观经常像一个环境玩具一样运作着,模式化地表达出人类对自然景观的抽象理解。有时,这些独特的计划除了满足人类某些现实的或者潜在的需求之外,也导致了与自然景观并无多少物质联系的人工幻想的环境的产生。

时至今日,作为对人类社会逐渐远离自然环境的回应,园林学决不再是建筑庭院的放大版本,而是一个实践主题几乎涵盖人与自然环境关系的方方面面的实践学科。在某种意义上,我们可以说园林学是对我们生活的时代中人与自然的关系和相互作用的可取方式的诠释和表现,并且随着我们对人与自然关系的认识的深入而不断发展。风景园林师在进行着物质实践的同时,也在描绘着人类的生存理想。

对于园林学的实践内容,大致可以分为彼此有联系的四项任务。

第一项是景观评价与规划

这项工作的目的是对人类大规模土地利用的过去与当前需求进行分析研究,它需要以生态学与自然科学知识为基础。通常由一组专家共同进行工作,除了园林师外,还有土壤学家、地质学家、生态学家和经济学家。景观评价与规划要求确定土地利用的开发规模与类型,提出建议性的规划方案或政策措施,如住宅区、工厂与农场的区位选址,高速公路的选线,以及供游憩的土地资源、风景名胜地和人类聚居环境的环境景观规划。这种研究时所思考的土地区域在概念上常与自然地理的区域相符,如主要河流的流域或者其他法定的土地单元,但这些土地单元与行政区划也许并不相符。此外,规划的功能往往不是综合的,而是集中在土地和环境的某项主要用途上,如流域规划和游憩规划等。

第二项是场地规划和城市设计

场地规划是风景园林师传统的工作,其作用是把基地的特征与基地利用的过程和要求创造性地结合起来,研究土地上景观要素与设计在功能和美学上的关系,对场地的适应性、功能关系和流线组织进行分析和设计,强调工程技术、基地自然条件与地方性文脉的和谐关系。城市设计是城市更新与城市建设规划中的一部分,其内容可分成街道与林荫路规划设计、城市滨水地段开发与规划、政治与商业中心规划设计、邻里更新、建筑组群以及城市广场、公园规划设计等。

第三项是园林景观详细设计

其作用是在用地规划的面积范围内体现景观的主要特性,凭借景观元素、材料和植物的三维空间组合进行设计,如入口广场、台地、街头绿地、庭院、花园和停车场等限定性空间的设计。

第四项是园林景观保护与管理

园林学与建筑设计专业最大的差异就在于风景园林师所要处理的许多对象是活生生的,有的已经存在数百万年并且还要继续变化与发展下去;因此,良好的保护和后期管理尤为重要。良好的保护和管理现存的景观和景观资源,是景观自身维护的需求,也是当代和下一代人生存和发展的需求。其中不仅包括大的国土景观资源保护与管理,也包括小的景观如城市公园、广场、街头绿地花园的维护和管理。

园林学的这四项任务彼此间有着密切的关系。小尺度的景观如花园或公园的规划设计取决于总体规划的决策安排,并将最终影响大环境;大尺度的土地规划决策或城市设计准则的制定则建立于对其用地上的建筑群、道路和公共设施的详细设计技术的掌握之上。

为了对规划设计负责和保持对发展辩护的敏感,一方面,风景园林师必须对土地规划、城市设计和建筑设计的尺度都要有所了解;另一方面,任何一个人都不可能独自掌握和控制园林学中的所有方面。实践中,一个特定的工程通常由具备各自特定知识或技能的专家设计小组来统一领导或管理,分别对景观资源的保护与利用、道路和工程管线、自然生态系统、野生动物栖息地、交往空间、建筑物等子项进行规划与安排。

1.8.3 设计理念的多元化

处在一个有多元文化、充满变数、追求个性的时代,就整个行业而言,任何单一化的、片面强调某一方面的设计理念或设计方法,都将遭到社会的抛弃。现代园林景观设计理念层出不穷,我们应该更多地关注那些主流设计师的理论与实践,而不要片面地追随“先锋”、“前卫”的设计理论,或者只留意那些具有很强视觉冲击力的作品,而应博采众长,以收相辅相成之功效。

总的来说,现代园林的设计理念主要表现在以下几个方面:

1. 场所精神

尊重场地、因地制宜,寻求与场地和周边环境的密切联系、形成整体的设计理念,已成为现代园林景观设计的基本原则。今日的景观设计开始表现出对自然和场所的尊重,开始走向将多场所的“解读和书写”作为设计出发点,强调对场所的充分理解和深入体验。当然,这种对场所的理解和体验,意味着并非将场所作为静止的形态,而是将其作为不断变迁和发展,并具有丰富内涵的事物来理解和体验。

风景园林师的作用并非在于刻意创新,更多的在于发现,在于用专业的眼光去观察、去认识场地原有的特性,发现它积极的方面并加以引导,就像“万能布朗”所说的,每一个场地都有巨大的潜能,要善于发现场地的灵魂。最好的设计看上去就像没有对场地经过设计,只是对场地景观资源进行充分发掘、利用而已。设计中尊重场所特征的目的在于延续和增强场所的生命与活力,而不仅仅是保留现状,对于场所现有文脉的正确态度是尊重而不是遵从,植根于场所文脉而有着新的开掘的景观设计更为大多数人所认同。

2. 地域特色

所谓“地域性”景观,就是指一个地区自然景观与历史文脉的总和,包括它的气候条件、地形地貌、水文地质、动植物资源以及历史、文化资源和人们的各种活动、行为方式等等。

景观地域性的核心问题要求景观环境为当地人提供一种认同感、归属感,使人体验到自己所在地域的地方文化特色与传统。一个能够为我们提供认同性的景观环境应该是环境上、文化上、象征意义上的表达,是独特文化形成的,文化形成的景观不仅仅只是视觉风格上的事情,而是文化、人的行为、环境等因素完整融合的产物,独特的文化特性或风格不是可以刻意模仿和贴在设计表面的,它是深深地融入独特文化模式的结果。

地域文化既然是地域的，就在一定程度上意味着是独特的。自然环境和地方气候的差异性、传统的场所精神、地方建筑技术与材料的独特性都造就了景观独特的地域化风格。地域主义景观设计师注重场所精神、尊重自然环境，力求唤起人们对自然的复归和对历史文脉的传承，使之适用于人们的实际需求与情感，是功能也是自然与人情的，更是独特的。

3. 空间塑造

园林景观是由两部分组成：一是由景观元素构成的实体；一是由实体构成的空间。实体比较容易受到关注，而空间往往容易被忽略。尤其是我们目前的设计方法，常常只注重那些硬质实体景物，对软质实体景物相对忽视，对空间的形态、外延以及邻里空间的联系等等注重不够，形成各种堆砌景物的设计方法。因此，注重空间结构和景观格局的塑造，强调空间胜于实体的设计理念，针对视觉空间领域进行整体设计的方法，对我们来说显得尤其重要。老子在《道德经》的第十一章说："……故有之以为利，无之以为用。"也就是说，实体"有"之所以给人带来物质功利，是因为空虚处"无"起着重要的配合作用。

4. 生态优先

近几年来，保护生态环境的呼声日益高涨，生态作为一种有着丰富内涵的隐喻和价值观念进入到园林学的讨论中，许多风景园林师逐渐接受用生态学的理念理解他们现在所从事职业的某些方面。在今天的园林学中，生态已经成为具有某种独立意味的概念，"生态"的规划设计已经在某种程度上成为具有肯定和积极意义的价值判断。生态学在我们的专业实践中不再仅仅是一种技术手段，而且成为一种价值取向的标尺，从而使得我们对生态伦理和世界观的探讨成为必然。

风景园林师必须十分注重生态理念在园林景观设计中的运用，更多地了解生物，认识所有生物互相依赖的生存方式，将各个生物的生存环境彼此连接在一起。这实际上要求我们具有整体意识，小心谨慎地对待生物环境，反对孤立的、盲目的整治行为；不能把生态理念简单地理解为大量种树、提高绿量。

我们要尊重自然，以自然为师，研究自然的演变规律；要顺应自然，减少盲目的人工改造环境，减低园林景观的养护管理成本；要根据区域的自然环境特点，营建园林景观的类型，避免对原有环境的彻底破坏；要尊重场地中其他生物的需求；要保护和利用好自然资源，减少能源消耗等等。要明确荒地、原野、废墟、渗水、再生、节能、野生植物、废物利用等等是构成园林景观生态设计理念中的关键词汇。

5. 功能主义

符合人的生活方式，满足一定的功能要求，这样的景观才有存在的价值。一个健康的景观系统具有功能上的整体性和连续性，只有从系统的整体性出发来研究景观的结构、功能和变化，才能得出科学的评价。一般说来，园林绿地的功能包括四方面，即使用功能、精神功能、生态功能和经济效益。

在现代主义者看来，强调景观设计在社会生活中的功能和作用的功能主义避免了在感伤主义的自然式庭园和理想主义的规则式庭园之间的无端摇摆。它包含了合理的精神，创造出了以人的游憩和体验为目的的景观。他们坚信景观设计必须是与人的现实需求相一致的，景观必须是为人的。虽然可能指向各种各样的目的，但是景观设计的终极关怀是创造为人使用的外部场所。现代主义者相信景观设计的职责在于解决现代生活中的种种问题，相信景观设计来自于对场地、朝向、功能安排、流线、空间序列、结构和技术等相关联的特有问题的调查、分析与处理。更为巧妙地创造更为实用的景观成为他们所努力追求的目标。从古典园林对美的纯粹追求转向“问题陈述”（功能）的景观设计，那些曾经有着无上地位的美学原则的价值降低了，而注重社会的需求和人的体验则成为价值体系的基石。

1.9 园林设计师的职责与情怀

修建园林的目的是创造出适宜于人类使用和观赏的空间环境，而园林自身又处于自然和社会环境中。在这里，园林、人、环境应该被看作是一个不可分割的整体，脱离开人对环境的要求，园林便失去了存在的意义。因此，仅仅停留在对园林自身的了解是远远不够的，我们还必须从人与环境的角度、从园林与生活的角度进一步了解园林和园林学，了解一个风景园林师所应负有的全部职责与情怀。

1.9.1 园林与环境

人类本身是自然的一部分，原始的自然环境是抚育人类的摇篮。当人类从自然山林空间走向聚居、走向城市空间时，人类始终在追求改善自身的生存环境和居住条件。

自古以来人类的活动就可以分为两类：一类要在人为的环境中进行；另一类则必须在自然环境中进行。单就生活本身来讲，人类不会满足于蜷缩在咫尺户内，同时要求有良好的户外环境。从最早出现的“囿”到“庭”、“苑囿”等在奴隶和封建社会常见的园林形式，其所涉及的环境内容相对较简单。今天，由于现代工业的高度发展、人口的急剧增长及人类对大自然环境的破坏，人类要求的生存环境已不仅局限于某个庭园、公园、城市，而是整个地球。

人类社会的发展和人类在物质、精神需求上的提高，促进了园林学科的产生和发展，而今它已经形成了一个园林设计、居住区规划设计、城市设计及规划乃至区域景观及生态规划等相对独立而又互相联系的学科体系。它完整地反映出由家庭、邻里、社区、村镇和城市等不同层面所共同构成的人类庞大聚居系统对环境的需要，从而使当今的园林工作者，面临着十分广阔而多样的业务内容。

1. 园林环境的相对性和整体性

任何园林环境都是相对于一定的内容而言的。如园林建筑中的柱、屋顶、地面构成了园林建筑的环境内容；园林建筑和植物、山石、水体等构成某一景点的环境内容；而多个景点共同组合构成一个园林作品。因此，风景园林师所面临的每个具体内容都有其完整的意义。而从相对意义来看，景点和园林又分别是园林和城市这个更大环境层次中的局部。局部是整体的组成要素，二者相互依存。当我们评论任何一项园林设计时，总不能脱离它与周围环境的关系。在一定的情况下，局部和整体还可能会存在这样或那样的矛盾；因此，在当前树立整体环境意识，处理好局部与整体的关系，显得尤为重要。

2. 自然环境与人工环境

园林是科学与文化、技术与艺术的结合,从这个角度而言,它是一项人工产品。而优美的自然环境是人类永恒追求的目标。古代的园林有更多的机会选择自然条件较好的地段,即所谓"相地合宜,构园得体",易于创造出人工和自然环境相融合的园林。而在现代园林创作中,供选择的环境受到制约,园林更多的可能是在治疗城市的"疮疤",这就需要因地制宜,充分利用科技和艺术手段,努力营造出自然环境,达到人与自然沟通的目的。

3. 园林环境的内与外

任何园林都存在于某一自然环境的包围之中,受周围环境的制约,而园林在创造出内部空间环境的同时,又会对其周围环境产生一定的影响。园林的设计应结合周围环境共同考虑,在体量、造型、色彩、材料等方面均要与之协调,同时也应注意利用外部环境,通过借景、框景、漏景等造景手法,使园林环境内外相联、相映,以增加景观层次(图 1.76、1.77)。

(a) 颐和园借西山景观

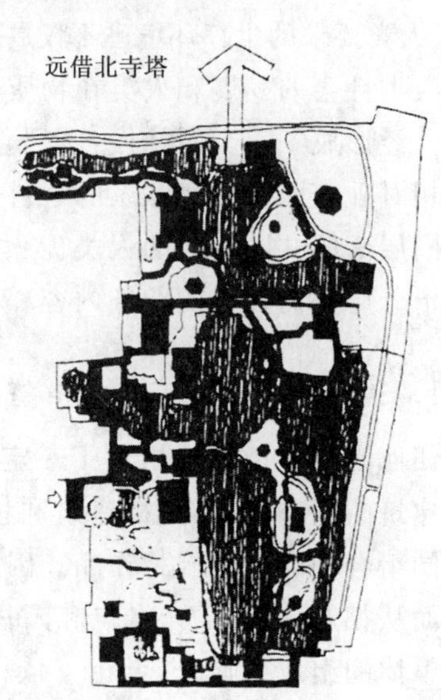

(b) 苏州拙政园远借北寺塔塔影的景观

图 1.76　借景

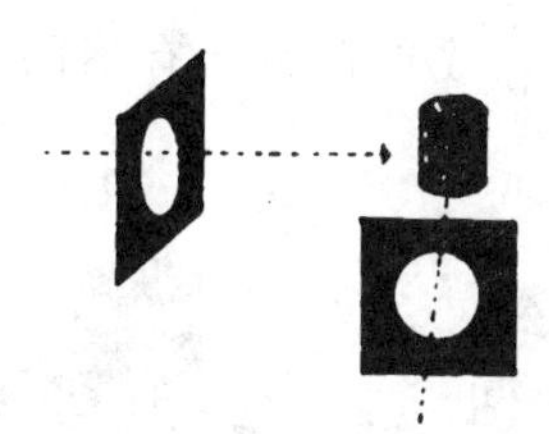

（a）以同一对象而形成对景或框景关系

（b）自怡园面壁亭看螺髻亭，以面壁亭本身结构为框，从而构成良好的框景关系

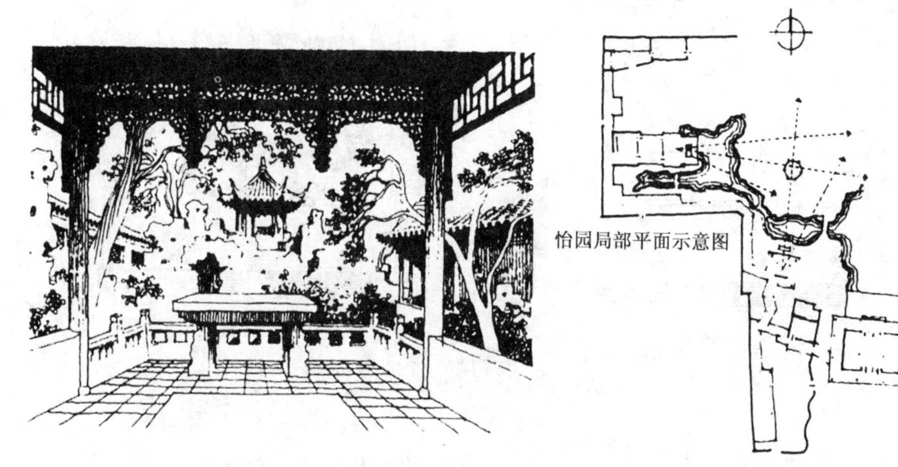

（c）自怡园旱船前部敞厅看螺髻亭，也可构成良好的框景关系。这表明若利用得宜，同一对象可分别从不同角度而形成不同的框景关系

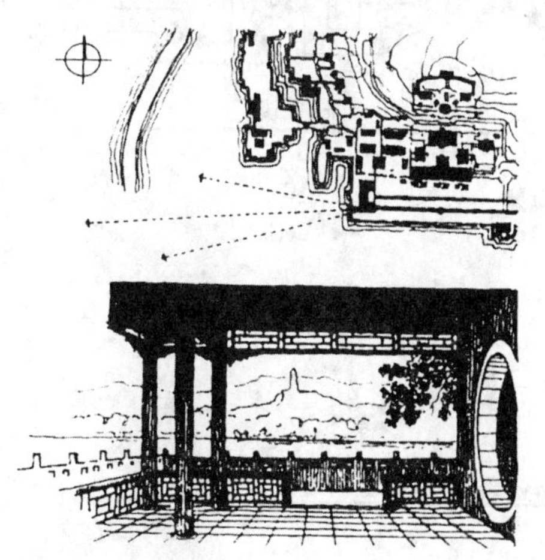

（d）自颐和园长廊西端敞轩看西山，把园外景色引入园内，兼有借景和框景两重意义。此外，通过右侧圆洞门又可对应石丈亭院内山石之景，可以说把借景、框景、对景三者合为一体

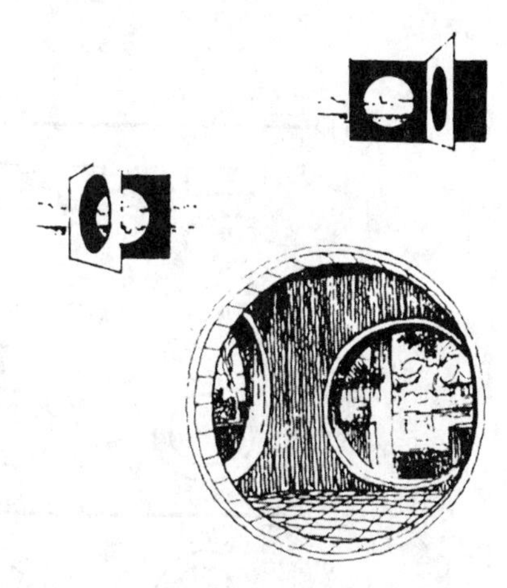

（e）拙政园梧竹幽居亭，四面均为圆洞门，透过重重门洞可看到拙政园中部园景，空间层次极富变化

图 1.77　借景、框景、对景

4. 心理环境

园林是为人们提供室外活动的空间,人们在长期的生活实践中,所形成的行为模式和心理体验,会在不同的活动中对园林环境提出不同的要求。如私密性的活动要求相对封闭的空间;老年人的活动则要求较安静的园林环境。反过来,不同的园林环境又会对人产生不同的制约和影响。而且,即使是同一园林环境,不同的人或人群也会有不同的反映(图1.78)。

(a) 栏杆、绿篱对人的行为形成“有形约束”　　(b) 通过地面标高和坡度变化形成“道德约束”

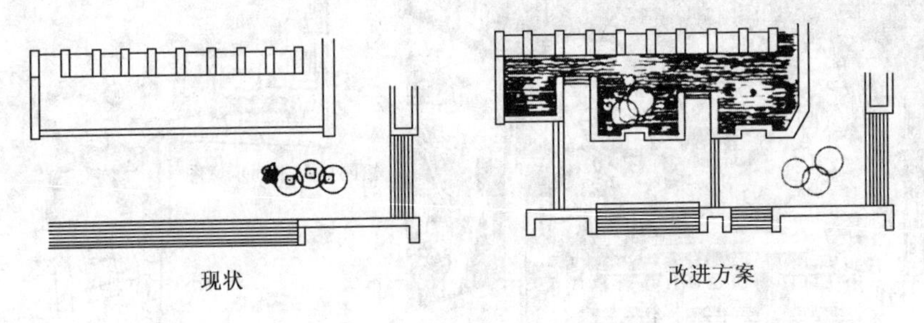

(c) 相对丰富、有一定自由选择范围的环境

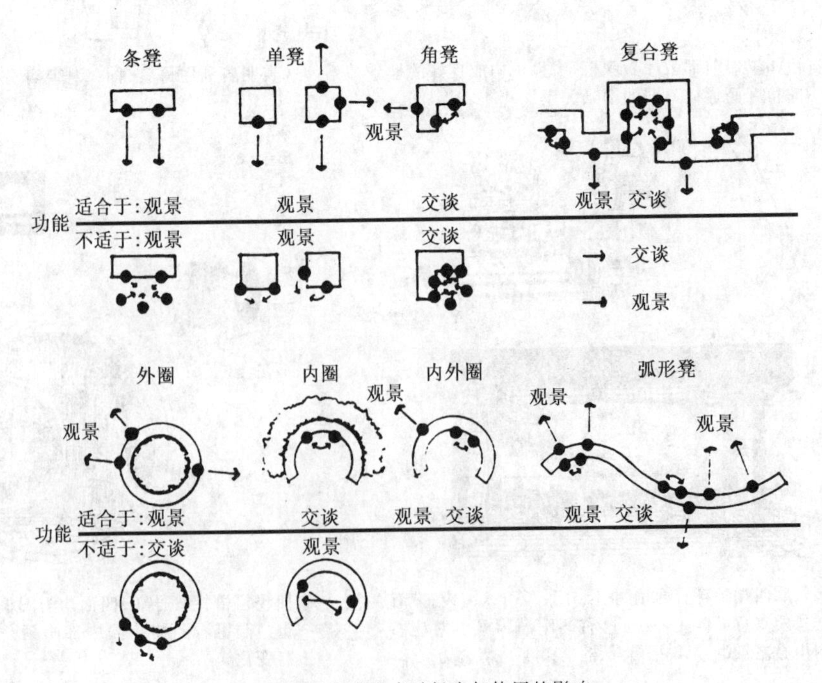

(d) 不同坐凳形式对行为与使用的影响

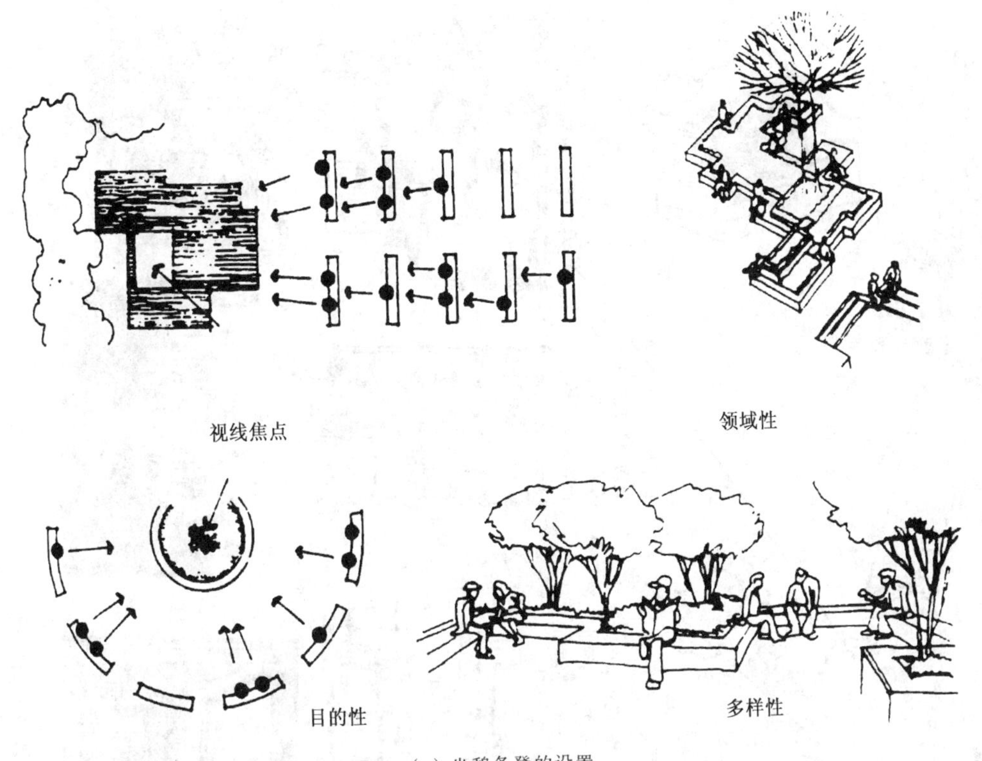

（e）坐憩条凳的设置

图 1.78　园林设计与心理环境

现代社会的生活内容和行为方式远比从前丰富和复杂，从环境行为的角度进一步认识人与园林环境的关系，这对提高园林环境的质量有着十分积极的意义。这一部分内容在园林与生活这一小节中有详细的叙述。

5. 园林环境的地域性

园林环境的存在与当地的气候条件、资源、地形地貌等有着密切的联系。每一地区都有其自然和文化的历史进程，两者相适应而形成地方特色，园林往往代表了地方精神，如世界三大园林体系——东亚园林、西亚园林和欧洲园林，各自体现了独特而强烈的地区特色（图 1.79）。现代社会中，虽然科学技术的发展、信息资料的快速传递以及生活方式的变迁和沟通，对园林的地区特色造成了强大冲击，但不同地域所造成的园林环境特色，经过时间的积累已转化为文化上和心理上的认同，所以园林环境应结合地域情况，反映地区特色才具有长久的生命力。

从上述各点中可以看出，园林环境的形成包含着多方面的因素和内容，风景园林师在不同的分工和具体工作中，尽管所涉及的环境、所遇到的环境因素不尽相同，但都应该树立整体的环境意识。只有根据实际情况进行综合分析，从人的生活出发，从整体环境着眼，才能做到园林、人、环境的和谐统一。

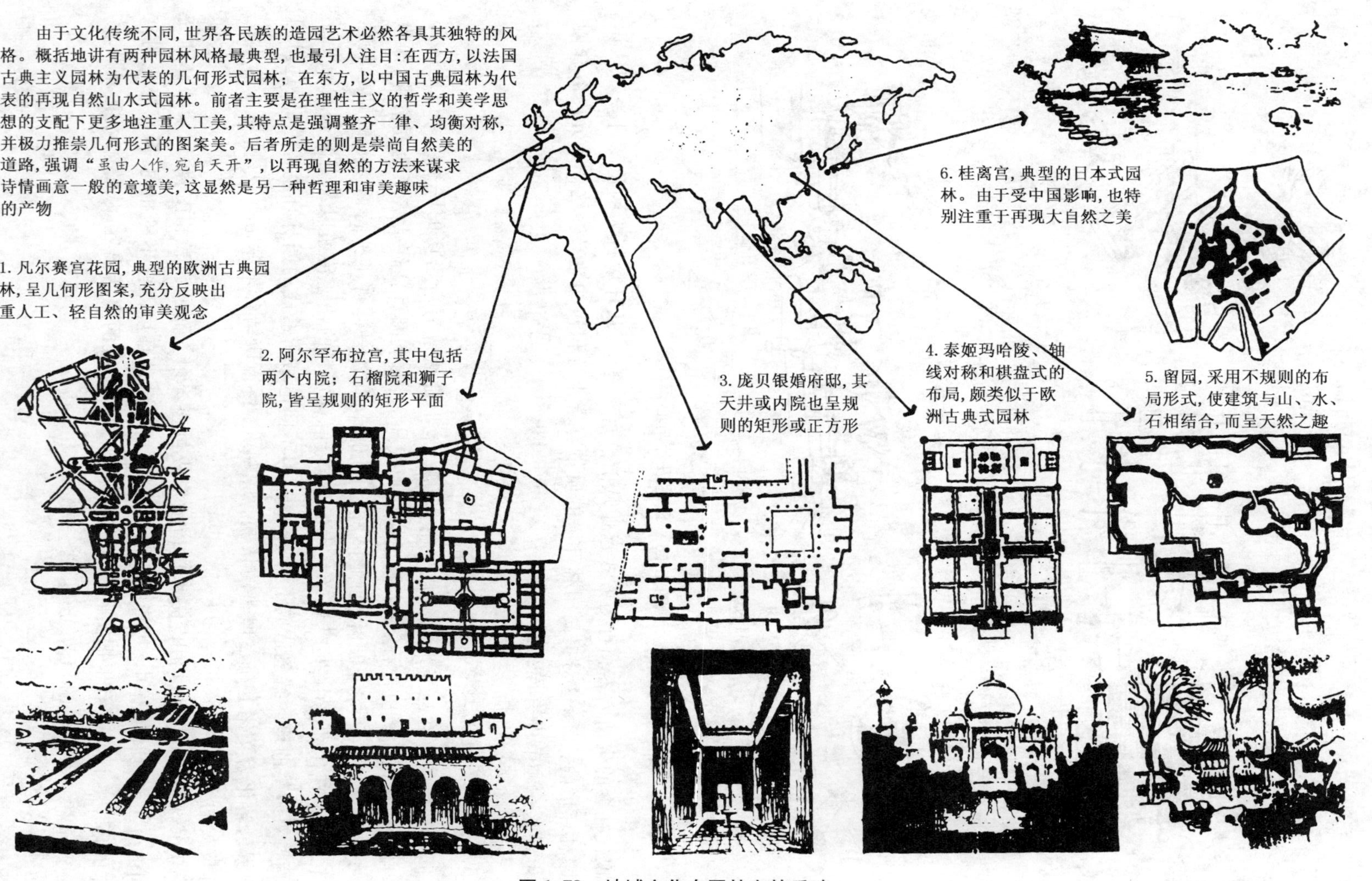

图 1.79　地域文化在园林上的反映

1.9.2 园林与生活

由于人们文化修养和思想意识等因素的差异。在物质富裕达到一定水平时,更多的要求是精神丰富。国外曾调查,在形成美丽的城市景观所必备的条件中,赞成绿化的人数占绝对优势。人们要求打破城市中建筑林立,交通拥挤的单调环境,要求在业余时间有足够的游憩场所。

周岚等在对南京普通市民所做的关于城市美含义的调查显示:百姓对城市美含义的理解是以物质环境为载体所传达的各种信息的综合印象和表达,而安全、舒适、便捷和方便等功能性标准是百姓衡量城市空间美丑的基本乃至首要因素,因为城市不是一件纯粹的艺术品,而首先是人类生产和生活的空间。城市绿地的设置本身就是为了满足人们对更美好生活的向往和追求,那么它同样也要把功能性的基本要求放在第一位,为此在进行城市绿地景观的规划设计时也要从人性视点出发,了解人们对绿地功能上最基本的要求,倡导对人性的关怀。

1. 园林绿地的社会效益

1) 园林绿地的心理功能

园林绿地对市民具有不可取代的心理功能,在德国公园绿地被称为"绿色医生"。在城市中使人镇静的绿色和蓝色较少,而使人兴奋和活跃的红色、黄色在增多。绿地的光线可以激发人们的生理活力,使人们在心理上感觉平静。绿色使人感到舒适,能调节人的神经系统。立体的、多层次、多元化的设计能增加绿化面积,增加绿色视野,创造城市的整体环境美,出现赏心悦目的景观,调节人体的生理机能,提高工作效率。另外观赏植物可以陶冶情操,美化生活,提高文化修养,对促进两个文明建设产生着难以估量的社会效益。

2) 园林绿地的教育作用

日常接触绿色自然所受到的教育,其价值不可低估。儿童通过自身观察草木和捕捉昆虫的经历,不仅能获得生物学的知识,而且还能养成独立判断事物、认识事物的良好习惯。

绿色自然也可以说是训练人们进行调查研究的极好教材。丰富优美的绿色自然,往往会激发人的感情,使之创造出美妙的文章、诗歌、绘画、音乐等文学和艺术作品。

城市中有各种类型的公园绿地,除植物园、动物园可对人们进行科普教育外,还有其他形式的公园也起着教育作用,如日本、瑞士等国家在儿童活动的公园内,模拟城市街道进行交通规则的教育,使少年儿童从小懂得社会公德与法制。

3) 园林绿地的游憩功能

游憩是社会心理需求的一个组成部分。近年,居民生活从温饱型迈向小康型,家庭劳动减轻,业余时间增多;加上休假制度的逐步完善,居民的空闲时间大大增加,随着文化水平的提高,人们的精神享受要求也更高了,游憩不再只是儿童的需要,也成为成人生活中的必需。游憩是劳动生产力再生产所必须的一个环节,如果城市中没有足够的游憩用地,居民正常的心理需求不能得到满足,不仅劳动生产力的再生产遇到障碍,影响城市经济效益,而且还会影响到社会治安,这是众所周知的。国际现代建筑学会拟定的《雅典宪章》指出,

“居住、工作、游憩、交通”是城市四项基本职能,游憩是和居住、工作并列的,交通实际是保证这三者发展的必要条件。

游憩形式多样,但对城市居民来说,回到大自然中去,是人类发展史中长期形成的一种生态特需。人们都爱在绿地中开展各种游乐、体育活动,远比在枯燥的建筑中或空地上更觉得有生气。绿色空间的作用,是其他事物所不能替代的。

2. 科技进步与人性关怀的迷失

科学技术在迅速进步,城市在不断扩展,但社会发展并不与此同步,对经济利益最大化的追求,导致城市土地的高密度、高容积率开发,使人们失去让心灵休息与安静的场所,城市空间的社会、文化和心理价值的丧失,加速了人感情的衰退、人情味的淡化。

久居都市的人们大都向往自然、要求回归自然,开放空间建设的最根本任务就是更多地把自然引入城市,让城市的阳光更亮些、空气更清新些、水体更清澈些、树木更茂盛些,能让城市人多看到一些活蹦乱跳的动物和形形色色、生机盎然的各类植物。然而,当前各地或多或少地出现了一些令人焦虑的非人性化的现象,在一定程度上违背了作为城市开放空间最基本的功能需求。

空间环境对人的最大意义就在于能否满足人的需要。当人的需要得到满足时,环境是其积极的组成部分;相反,则会引发生理、心理上的不良反应,导致人性的失落。作为园林规划师在城市开放型休闲空间的设计上,只有充分考虑人的需要,真正做到以人为本,才能创造出人们喜欢、乐于在其中进行活动的休闲空间,才能为人们提供舒适、安全的城市生活环境。而作为文明中心的城市,只有当其满足所有市民基本需要的时候,才是一个健康、宜人的城市。我们应积极创设优美的园林环境,满足市民的“归属与爱”、“自我实现”的需要,充实闲暇生活内容,形成一个人性回归、积极向上的健康社会,把城市这个生产物质财富的“工厂”转变为健康生活的“源地”。

3. 人与园林环境的关系

随着城市的扩大,人工环境不断增加,人们越来越渴望在城市绿地中寻回失去的大自然。城市生活紧张繁忙,人们希望在绿地中找一个安静的地方放松一下。不同的人对城市绿地环境有着不同的需求,老年人对绿地的第一要求便是有个锻炼身体的好场所;儿童们总是最关心绿地里的各类游戏设备;年青人则希望在欣赏风景,放松心情的同时能获得一些私密性的空间。

从心理学的角度看,人不仅是环境中的一个客体,受环境的影响,同时也能主动地创造环境。环境定义的本身即包含着主体与外界事物相互影响的一面,人与空间环境之间始终存在着积极的互动关系。环境心理学深化了人们对环境与行为关系的认识:人与环境处在一个互动共生的生态系统之中,人在塑造环境的同时也会受到来自环境的有力制约;环境通过影响人的生理、心理活动,而使行为作出适应性调整,使人具备新的品质。

人对环境的体验可通过三种感知方式(层次)获得:一是,对形体环境的直观体验——视觉感知;二是,在环境中运动的体验——时空感知;三是,由对环境的体验而产生推理与联想——逻辑感知。在对环境的感知中,三种感知方式(层次)互相交织,相辅相成。

造园本身就是在创造一种环境,一种供人游览、休息、娱乐及欣赏的环境。园林本身的欣赏价值及使用功能的满足即通过环境的创造来体现,而在环境创造里,园林四大要素作为一种环境的物化表现,起着至关重要的作用,它从细处着手,传达着绿地的精神内涵,体现着对人性的关怀。

城市绿地是一个多层次、多功能的空间,它集休息、娱乐、健身、观演、文化等等为一体,是人们社会生活发生的舞台,城市绿地景观不仅仅是让人参观的,更深层次上的意义是供人使用、让人们的行为活动成为其中的一部分。因此,它的实质是以参与活动的人为主体的一个公共性的开放的活动场所,强调人在其中的体验、强调人在其中的活动,它最基本的功能就是为城市居民提供一个聚会、休闲的活动空间。不言而喻,绿地中各个不同阶层、不同个性的市民或旅游者进行各种形式的交往,形成了特有的人文景观,并体现出城市特有的文化生活内涵。可以说,城市绿地的生命在于绿地中的人和他们的活动,而绿地中最富魅力、最能引起人们关注和感兴趣的因素也来源于人们在其中的行为活动。正如扬·盖尔所指出:"建筑物之间的活动并不仅仅是简单的行为如过往交通、休闲性活动或社交性活动而已,而是涵盖了整个活动序列,也因为这种组合使得都市里或住宅区的公共空间变得多彩多姿、深具意义和魅力。"

1.9.3 风景园林师的素质修养

为人类保护大自然环境和以人造自然改善城市的生态环境和景观,是风景园林师的根本和天职。风景园林师的职责不是在一张白纸上画一张最美丽的图画,而是在一张固有的自然文脉的基础上勾画出相互关联的有秩序的图画,这就对风景园林师的社会责任与个人素质提出了更高的要求。

1. 合理的知识结构

园林是一门综合的学科,要自如地驾驭对一个场所的设计,要求设计师在相关的自然知识、工程素养和艺术文化上有所积累。要求设计师具备一定的自然科学知识,如生物(特别是植物)、地理、气候、生态等;同时要求设计师要具有一定的社会、经济、文学、行为心理学、历史、艺术、民俗方面的知识。只有这样我们才能创造属于这片土地的、具有一定功能和美学品质的环境。

设计师要把存在于场所的特征与气氛表达出来必须依赖一定的物质技术手段,因此设计师应该对场所的自然材料(包括材料的质感、色彩、力学性质、特殊用途等各方面)全面了解,对当地的园林营建的传统技术、地方的装饰工艺及当前的先进技术工艺等了然于胸,能够针对不同工程环境采取灵活多变的对策。

2. 求实的工作态度

设计不是画图,不是形式与技巧的炫耀,我们反对不顾场地现实、没有深入场地调研分析的"闭门造车"式的设计,反对一切没有实际根据的"风格"或"主义"的园林设计。

最真实的设计是从项目周边及内部的现实入手,区别对待不同区域和场地的设计。设计中受到的限制来自于现有的环境或自然与社会的条件,由于这些客观条件的不同,我们的环境设计有可见与不可见的因素制约着。因此,设计师应该顺应这些不同条件,也就是说要理解空间和社会限制如何成为首要的设计因素，如果忽视了这一环节，后面的形式、技巧、工程技术再好，最终的景观也是空中楼阁。

事实上，设计的天才们是那些懂得如何尊重自然、社会和现有环境，同时善于思考和勇于创新的人，也就是说设计要遵从“环境共生”法则。

3. 开放的理论系统

中国景观规划设计在全球化背景下正面临着前所未有的发展机遇，也正经历着一个空前复杂、充斥着各种干扰的创作境遇。风景园林师要在了解传统、继承和发展传统的基础上，以开放的心态学习、借鉴外国景观规划设计优秀品质，致力于在当前世界多元化图景中建立一种富有想象力和创造性的当代中国景观。要使景观的发展跨越障碍，实现可持续，则要求景观设计做出相应的拓展，首先应该是观念上的拓展，要形成开放的理论系统。

4. 良好的职业道德

设计师的职责是寻求人与环境间有机的联系，创造一个为人们可利用的、喜爱的、具有一定艺术品质的环境。从环境的角度来说，设计师应该尊重场所内部的生态环境，并考虑对外部环境的影响，避免以牺牲生态环境为代价来达到其他方面的目的。从功能的角度来说，设计的场所是为该地域的广大人群服务的，要考虑绝大数人的需求，要遵循普遍的规律，创造标准化的或有序的人类活动场地，反对为体现少数人的意志而做出漠视广大人民现实需求的设计。

设计师应该综合考虑项目的可建设性和可操作性，我们是一个发展中的国家，建设资金、资源有限，同时地区经济及资源分布差异很大，设计师一定要根据当地的经济现实和资源条件来考虑方案的可行性，尽一切可能节约资金成本，减少资源的浪费。

在当前我国高速城市化进程中，在社会官本位思想严重的现实面前，设计师更要坚持应有的职业道德和社会良知。

2 园林的构成要素

园林设计师通常利用种种自然设计要素来创造和安排室外空间以满足人们的需要，其中地形、水、建筑和植物是园林的四大基本物质构成要素，它们相辅相成，共同构成园林空间。从本质上看，它们覆盖在地表上，构成了环境的表象，决定了外部空间的质感、色彩、细节乃至形式。其中地形是园林中诸要素的基底和依托，是构成整个园林景观的骨架，地形布置和设计的恰当与否会直接影响到其他要素的设计；水是园林中最活跃的要素，极富变化和表现力，常赋于园林生机；植物材料作为设计要素正是园林的特征之一，植物本身种类繁多、造型丰富，再加上春花秋实等季相变化，为园林设计提供了用之不竭的源泉；园林建筑具有实用和造景双重功能，并且往往是园林空间的焦点。

夜间景观是对景观的二次塑造，园林灯光设计的关键是要通过光影效果，更好地突出地形地貌、植被、水景等造景元素，营造一种更为别致的景观，并为人们营造一种场所，一种氛围，这种氛围是园林绿地灯光设计最具魅力的地方。因此，灯光从一定意义上已成为园林设计中的第五大要素。

2.1 地形

在运用各种要素进行设计时，地形是最重要，也是最常用的要素之一。地形是所有室外活动的基础，它在设计的运用中既是一个美学要素，又是一个实用要素。

2.1.1 地形的概念与类型

1. 地形的概念

在测量学中，对地表面呈现着的各种起伏状态叫地貌，如山地、丘陵、高原、平原、盆地等；在地面上分布的所有固定物叫地物，如江河、森林、道路、居民点等；地貌和地物统称为地形。而在园林绿地设计中习惯称为"地形"者，实系指测量学中地形的一部分——地貌，我们按照习惯称为地形地貌，既包括山地、丘陵、平原，也包括河流、湖泊。

简而言之，地形就是地表的外观。风景区范围的地形包括高山、丘陵、山谷、草原以及平原等复杂多样的类型，这些地表类型一般称为"大地形"；从园林范围来讲，地形包含土丘、台地、斜坡、平地，或因台阶和坡道所引起水平面变化的地形，这类地形统称为"小地形"；起伏最小的地形叫"微地形"，它包括沙丘上的微弱起伏、波纹，或是道路上不同质地石块的变化。总之，地形是外部环境的地表地貌，是建造园林的重要基础。

2. 地形的类型

地形可通过各种途径来加以归类和评估。这些途径包括它的规模、特征、坡度、地质构造以及形态。其中的形态对于园林设计师来说,是涉及到土地的视觉和功能特性的最重要的设计因素之一。

从形态的角度来看,景观就是虚体和实体的一种连续的组合体。所谓实体即是指那些空间制约因素(也即地形本身),而开阔空间则指的是各实体间所形成的空旷地域。在外部环境中,实体和虚体在很大程度上是由下述不同地形类型所构成的:平地、凸地、山脊、凹地以及山谷。为了便于讨论我们暂且将其分割开来,而实际上这些地形类型总是彼此相连,相互融合,互助补足的,如同图2.1和图2.2所展示的那样。

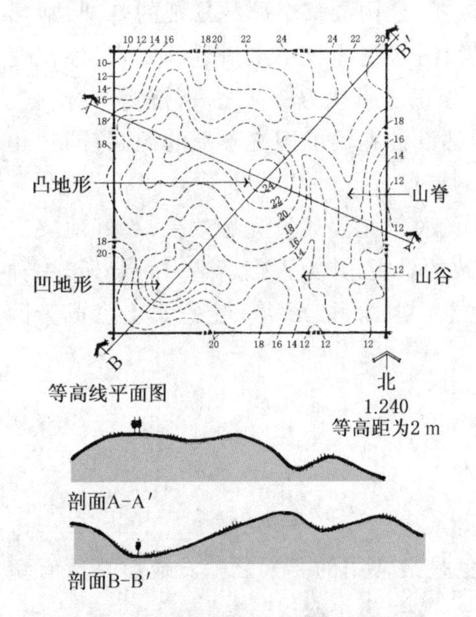

图2.1 各类地形的相互融合

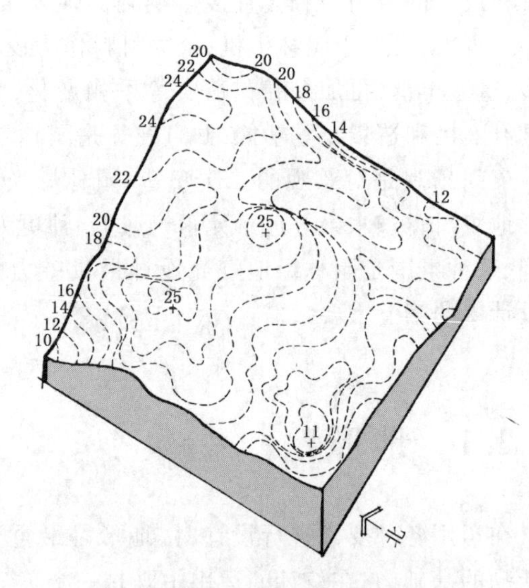

图2.2 地形的等高线轴测图表达

1)平坦地形

理论上平坦地形的定义,就是指任何土地的基面应在视觉上与水平面相平行,而实际上在外部环境中,并无这种绝对完全水平的地形统一体,这是因为所有地面上都有不同程度的甚至是难以觉察的坡度。因此,这里所使用的“平坦地形”术语,指的是那些总的看来是“水平”的地面,即使它们有微小的坡度或轻微起伏,也都包括在内(一般平地的坡度约为1% ~7%)。

平地是较为开敞的地形,视野开阔,可促进通风、增强空气流动,生态景观良好,是人们集体活动较为频繁的地段,也方便人流疏散,可创造开阔的景观环境,方便人们欣赏景色和游览休息(图2.3)。

图2.3 宽阔的平坦地

总的说来，平地按地面的材料可分为：

(1) 土地面　可用作文体活动的场地，如在树林中的场地(即林中空地)，有树阴的蔽隐，宜于夏日活动和游憩。

(2) 沙石地面　有些平地有天然的岩石、卵石或砂砾，可视其情况用作活动场地或风景游憩地。

(3) 铺装地面　可用作游人集散的广场，观赏景色的停留地点，进行文体活动的场地等。

(4) 种植地面　在平地上植以花草树木，形成不同的用途与景观。大片草坪有开朗的感觉，可作为文体活动和坐卧休息的场地；平地可种植花卉，形成花境，供游人观赏；平地植树形成树林，亦可供观赏游憩之用。

2) 凸地形

凸地形是一种正向实体，同时是一负向被填充的空间。与平坦地形相比较，凸地形是一种具有动态感和进行感的地形，它是现存地形中，最具抗拒重力而代表权力和力量的因素(图 2.4)。凸地形的表现形式有土丘、丘陵、山峦以及小山峰等，包括自然的山地和人工堆山叠石所成的假山(人们常把园林中人工创造的山称为假山)。凸地形最好的表示方式，即以环形同心的等高线布置围绕所在地面的制高点。

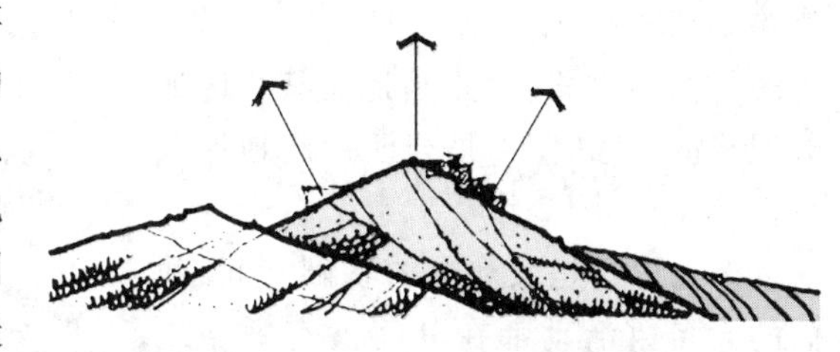

图 2.4　凸地形作为景观的焦点

园林中的凸地形往往是利用原有地形，适当改造而成的。因凸地形常能构成风景，组织空间，丰富园林景观，故在没有山的平原城市，也常用挖湖的土方堆成山丘，希望在园林中设置山景。

凸地形根据所用主要材料的不同，可以分为土山、石山和土石混合山。

(1) 土山　可以利用园内挖出的土方堆置，投资比石山少。上山的坡度一般由平缓逐渐变陡，故山体较高时占地面积较大。

(2) 石山　由于堆置的手法不同，可以形成峥嵘、妩媚、玲珑、顽拙等多变的景观。并且因不受坡度的限制，山体在占地不大的情况下，亦能达到较大的高度。石山上不能多植树木，但可穴植或预留种植坑。石料宜就地取材，否则投资太大。

(3) 土石混合山　以土为主体的基本结构，表面再加以点石，因基本上还是以土堆置的，所以占地面积比较大，如在部分山坡使用石块挡土，则可局部减少占地。依点置和堆叠的山石数量占山体的比例不同，山体呈现为以石为主或以土为主，山上之石与山下之石宜通过置石联系起来。相对而言，土石混合的山用石量比石山少，且便于种植构景，故现在造园中常常应用。

3) 山脊

与凸地形相类似的另一种地形叫脊地。脊地整体上呈线状，与凸地形相比较，其形状更紧凑、更集中，可以说是更“深化”的凸地形。与凸地形相类似，脊地可限定户外空间边缘，调节其坡上和周围环境中的小气候。在景观中，脊地可用来转换视线在一系列空间中的位置，或将视线引向某一特殊焦点。脊地在外部环境中的另一特点和作用是充当分隔物，其作为一个空间的边缘，犹如一道墙体将各个空间或谷地分隔开来，使人感到有“此处”

和“彼处”之分。从排水角度而言,脊地的作用就像一个“分水岭”(图 2.5),降落在脊地两侧的雨水,将各自流到不同的排水区域。

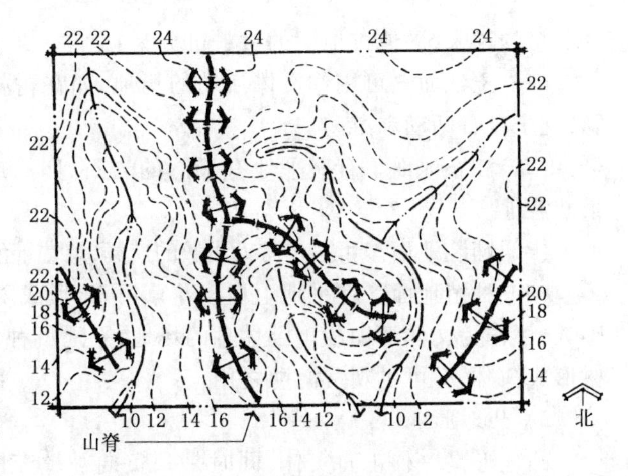

图 2.5 山脊也是一个分水岭

4) 凹地形

凹地形在景观中可被称之为碗状洼地,它并非是一片实地,而是不折不扣的空间,当其与凸地形相连接时,它可完善地形布局。在平面图上,凹地形可通过等高线的分布而表示出来,这些等高线在整个分布中紧凑严密,最低数值等高线与中心相近。凹地形的形成一般有两种方式:一是当地面某一区域的泥土被挖掘时;二是当两片凸地形并排在一起时(图 2.6)。

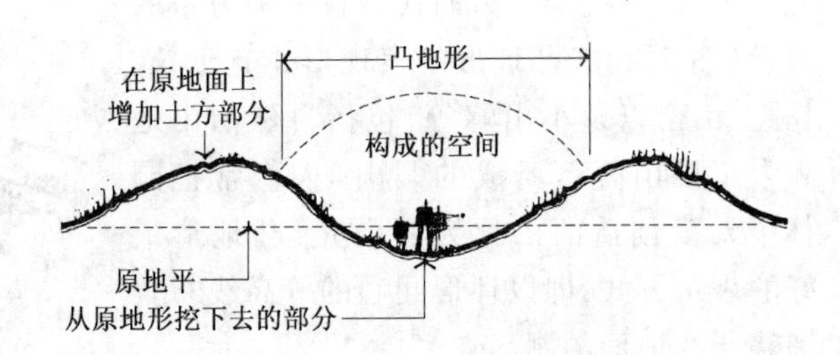

图 2.6 在平地上创造凹地形的方法

凹地形乃是景观中的基础空间,我们的大多数活动都在其间占有一席之地,它们是户外空间的基础结构。在凹地形中,空间制约的程度取决于周围坡度的陡峭和高度,以及空间的宽度。凹地形是一个具有内向性和不受外界干扰的空间,与凸地形相比,带来的视觉感受截然不同(图 2.7)。

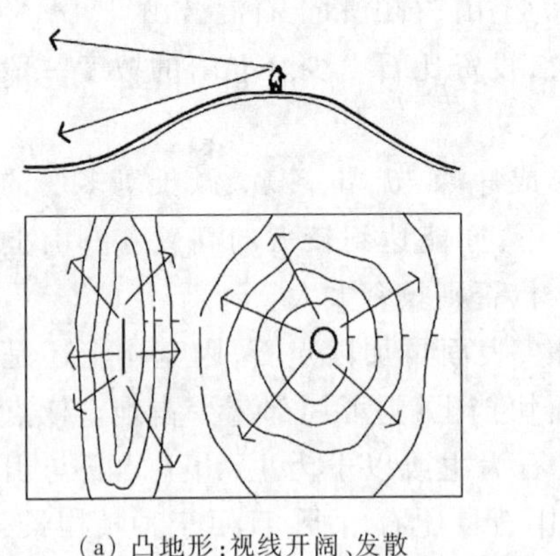

(a) 凸地形:视线开阔、发散

(b) 凹地形:视线封闭、积聚

图 2.7 凸地形与凹地形的视线比较

5) 谷地

谷地综合了某些凹面地形和脊地地形的特点。与凹面地形相似,谷地在景观中也是一个低地,是景观中的基础空间,适合安排多种项目和内容;但它又与脊地相似,也呈线状,具有方向性,其在平面图上的表现是等高线上的标高点是向上指向(也就是说,它们指向较高数值的等高线)。由于谷地的方向特性,因而它也极适宜于在景观中开展各种运动。

2.1.2　地形的功能与作用

在景观中,地形有很重要的意义,因为地形直接联系着众多的环境因素和环境外貌。此外,地形也能影响某一区域的美学特征,影响空间的构成和空间感受,也影响排水、小气候、土地的使用,以及影响特定园址中的功能作用。下面将从地形的实用功能、骨架作用、造景作用以及美学功能这四个方面来详述。

1. 地形的实用功能

1）满足园林功能要求

园林中各种活动内容很多,景色也要求丰富多彩。地形应当满足各方面的要求,如游人集中的地方,体育活动的场所要平坦;登高远眺要有山岗高地;划船、游泳、养鱼、栽藕需要河湖;为了不同性质的空间彼此不受干扰,可利用地形来分隔。地形起伏,景色就有层次,轮廓线有高低,景色变化就丰富。此外还可以利用地形遮蔽不美观的景物,并阻挡狂风、大雪、飞沙等不良气候的危害等。

2）改善种植和建筑物条件

地面标高过低或土质不良都不适宜植物生长;地面标高过低,平时地下水位高,暴雨后就容易积水,会影响植物正常生长,如果需要种植湿生植物应该留出部分低地。因此可利用地形起伏改善小气候,有利于植物生长。建筑物和道路、桥梁、驳岸、护坡等无论在工程上还是艺术构图上都对地形有一定要求,所以要利用和改造地形,创造有利于植物生长和营造建筑物的条件。

3）解决排水问题

园林中可利用地形排除雨水和各种人为的污水、淤积水等,使其中的广场、道路及游览区,能在雨后短时间内恢复正常交通及使用。利用地面排水能节约地下排水设施,地面排水坡度的大小,应根据地表情况及不同土壤结构性能来决定(图2.8)。

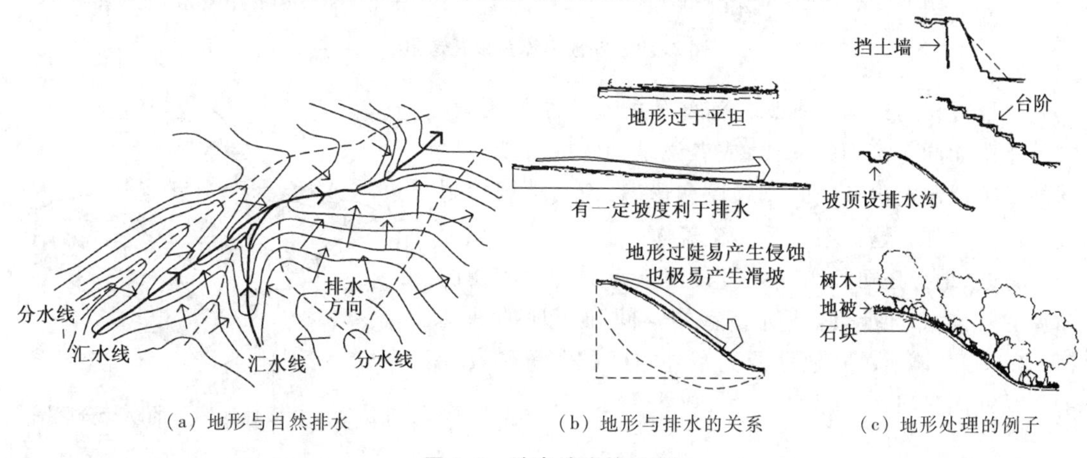

(a) 地形与自然排水　(b) 地形与排水的关系　(c) 地形处理的例子

图2.8　地表坡度的处理

4）改善小气候

地形可影响园林某一区域的光照、温度、风速和湿度等。从采光方面来说,地形的正确使用可形成充分采光聚热的南向地势,从而使各空间在一年的大部分时间,都保持较温暖宜人的状态。从风的角度而言,凸地形、脊地或土丘等都可用来阻挡刮向某一场所的冬季寒风(图2.9)。反过来,地形也可用来收集和引导夏季风。

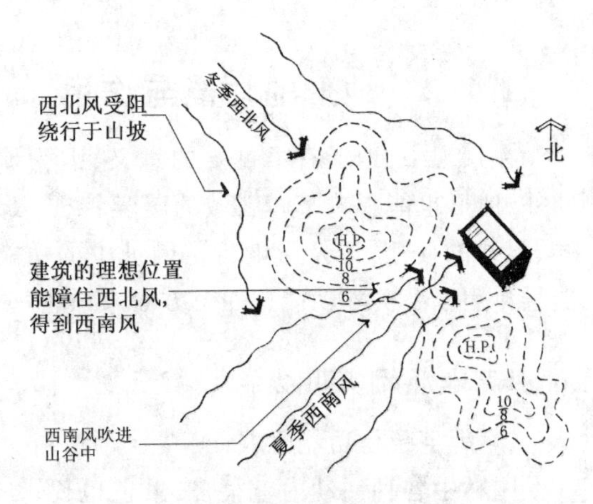

图2.9　地形使建筑得风或障风

2. 地形的骨架作用

地形是园林中其他自然设计要素的承载体,就像剧场里的舞台、电影的屏幕一样,所不同的是在很多场合下,它可以成为主角。所有设计要素和外加在景观中的其他因素都在某种程度上依赖地形,并相联系(图2.10)。可以说,几乎任何设计要素都与地面相接触。因此,某一特定环境的地形变化,就意味着该地区的空间轮廓、外部形态,以及其他处于该区域中的自然要素的功能变化。地面的起伏、坡度和方位都会对依附其上的一切因素产生影响。

(a) 地形的起伏产生了林冠线的变化

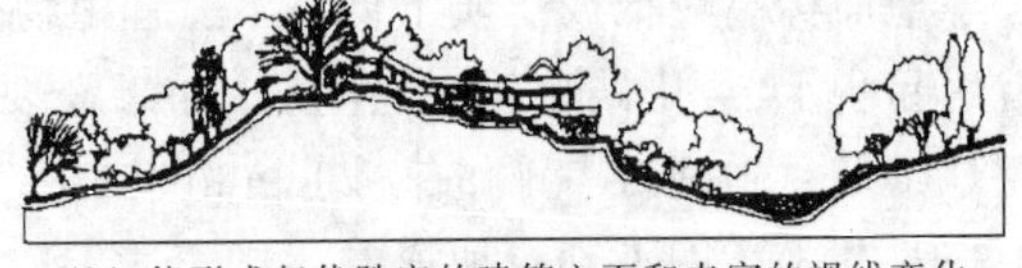

(b) 能形成起伏跌宕的建筑立面和丰富的视线变化

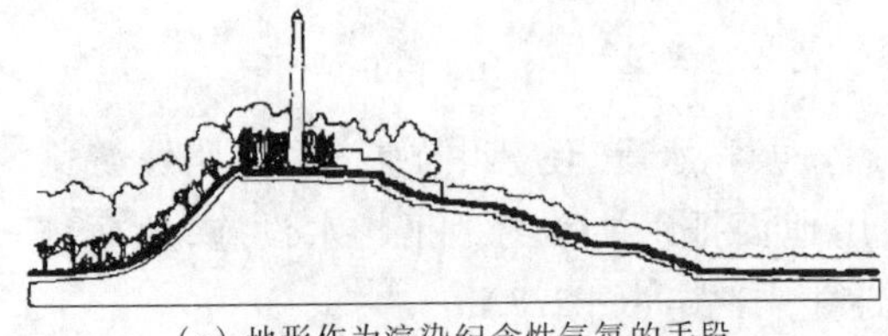

(c) 地形作为渲染纪念性气氛的手段

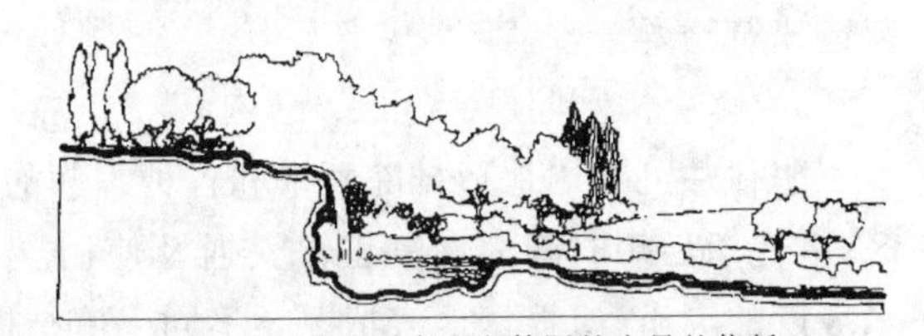

(d) 地形作为瀑布山洞等园林水景的依托

图2.10　以地形作为依托造景

地形被认为是构成景观任何部分的基本结构因素,它的作用如同建筑物的框架,或者说是动物的骨架。地形能系统地制定出环境的总顺序和形态,而其他因素则被看作是叠加在这构架表面的覆盖物。

另外,地形还可作为其他设计因素布局和使用功能布局的基础或场所,它是所有室外空间和用地的基础(图2.11)。地形对其他涉及到室外空间的布置和设计的一系列因素将产生影响。

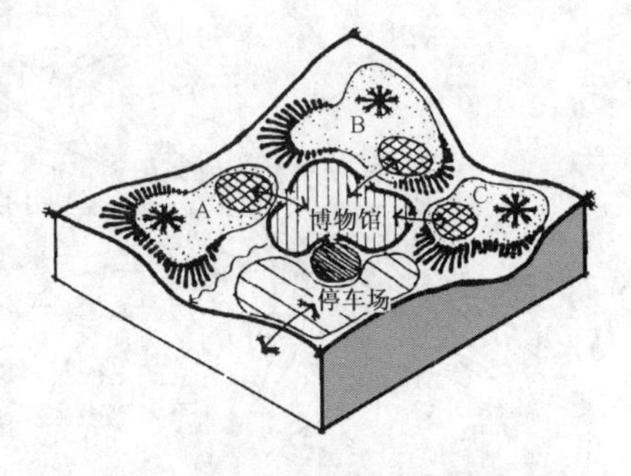

图2.11　在原地形图上的功能分区图

3. 地形的造景作用

1) 分隔空间

利用地形可以有效地、自然地划分空间,使之形成不同功能或景观特点的区域。在此基础上若再借助于植物则能增加划分的效果和气势。利用地形划分空间应从功能、现状地形条件和造景几方面考虑,它不仅是分隔空间的手段,而且还能获得空间大小对比产生的艺术效果(图 2.12)。

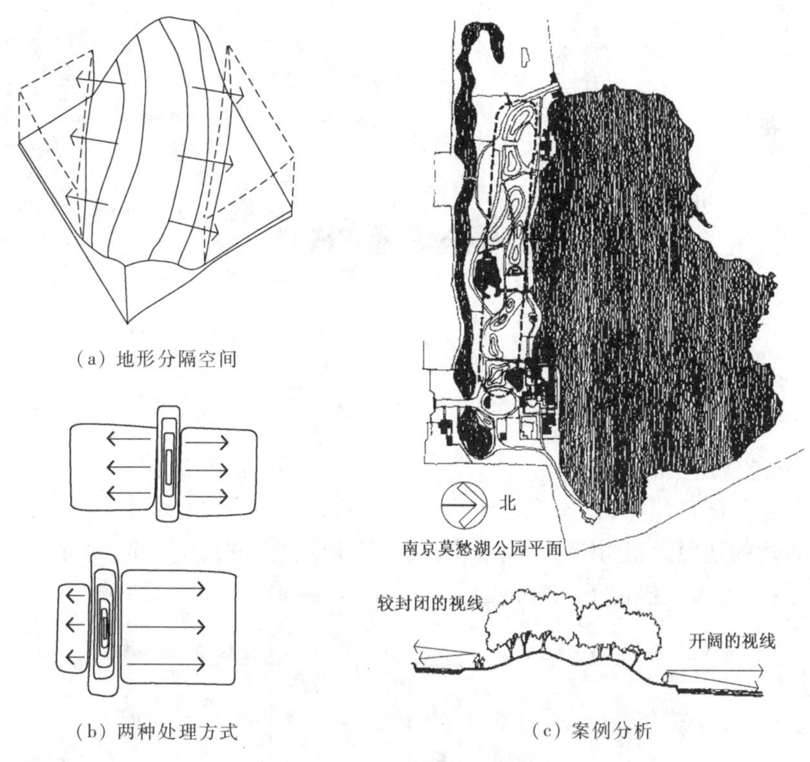

图 2.12 利用地形分隔空间

2) 控制视线

地形可用来控制人的视线、行为等,但必须达到一定的体量,具体可采用挡和引的方式。地形的挡与引应尽量利用现状地形,若现状地形不具备这种条件则需权衡经济和造景的重要性后采取措施。引导视线离不开阻挡,引导既可是自然的,也可是强加的(图 2.13、2.14)。

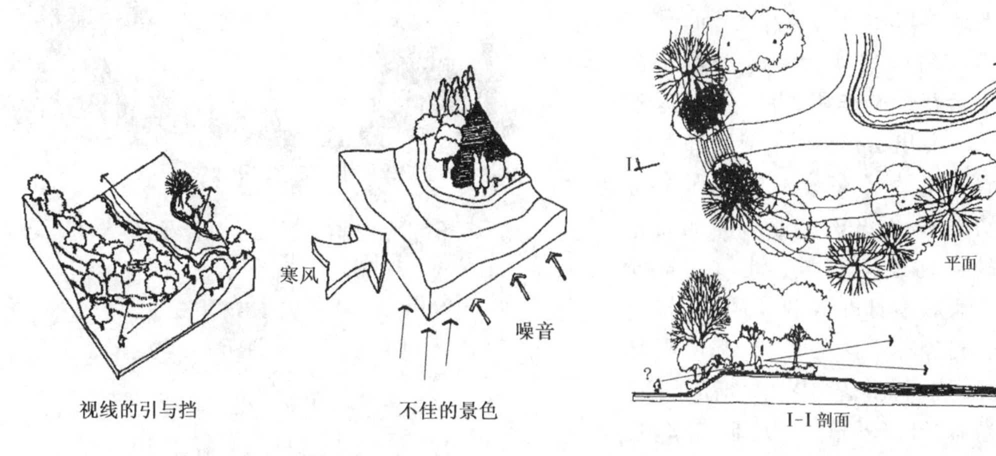

图 2.13 地形的挡与引

图 2.14 利用地形高差阻挡视线的园景

3）背景作用

凸、凹地形的坡面均可作为景物的背景，但应处理好地形与景物和视距之间的关系，尽量通过视距的控制，保证景物和作为背景的地形之间有较好的构图关系（图2.15）。

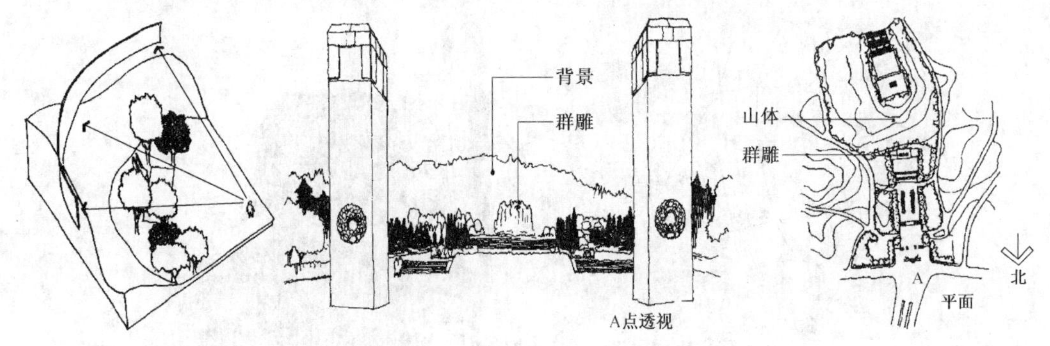

（a）地形作背景　（b）南京雨花台北大门入口景区A点透视效果　（c）南京雨花台北大门入口景区

图2.15　地形的背景作用

4）影响旅游线路和速度

地形可用在外部环境中，影响行人和车辆运行的方向、速度和节奏。在园林设计中，若需人们快速通过的地段，可使用平坦地形；而要求人们缓慢经过的空间，则宜采用斜坡或一系列高差变化；当需游人停留下来时，就会又一次使用平坦地形（图2.16）。

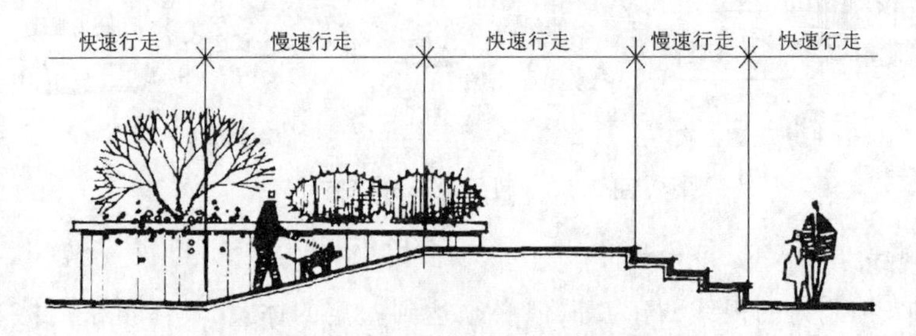

图2.16　行走的速度受地面坡度的影响

5）地形造景

地形不仅始终参与造景，而且在造景中起着决定作用。虽然地形在造景中起着骨架作用，但本身的造景作用并不突出，常常处在基底和配景的位置上。为了充分发挥地形本身的造景作用，可将构成地形的地面作为一种设计造型要素。地形造景强调的是地形本身的景观作用，可将地形组合成各种不同的形状，利用阳光和气候的影响创造出艺术作品，可将其称之为“地形塑造”、“大地艺术”或“大地作品”（图2.17～图2.19）。

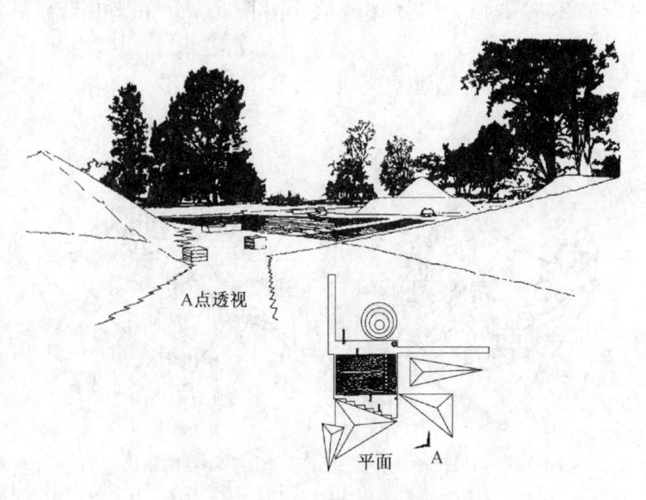

图2.17　E.克莱默设计的诗园

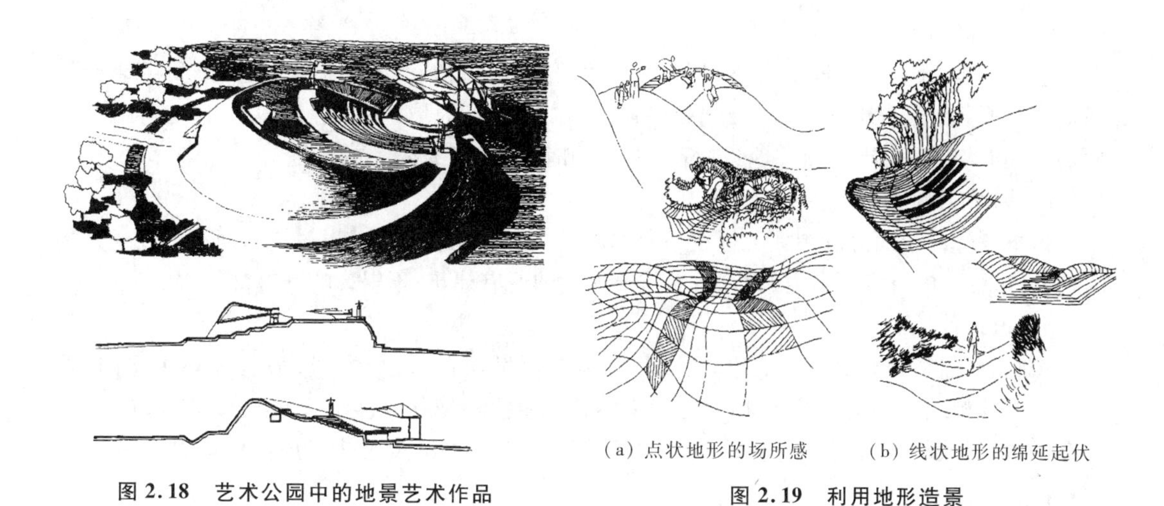
(a) 点状地形的场所感　(b) 线状地形的绵延起伏

图 2.18　艺术公园中的地景艺术作品

图 2.19　利用地形造景

4. 地形的美学功能

地形有许多潜在的视觉特性,在大多数情况下,土壤是一种可塑性物质,它能塑造成具有各种特性和美学价值的悦目的实体和虚体。作为地形的土壤,我们可将其修整为柔软、具有美感的形状,这样它便能轻易地捕捉视线,并使其穿越于景观;借助于岩石和水泥,地形便可被浇铸形成具有清晰边缘和挺括平面的形状结构。地形的每一种功能,都可使一个设计具有明显的视觉特性和视觉差异感。

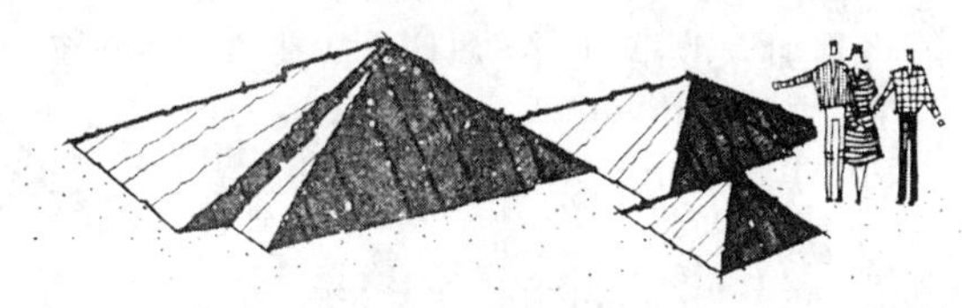
图 2.20　地形的美学功能

地形能以引人注目的造型和光影图案而成为雕塑

地形不仅可被组合成各种不同的形状,而且它还能在阳光和气候的影响下产生不同的视觉效应。阳光照射某一特殊地形,并由此产生的阴影变化,一般都会产生一种赏心悦目的效果(图 2.20)。当然,这些情形每一天、每一个季节都在发生变化。此外,降雨和降雾所产生的视觉效应,也能改变地形的外貌。

2.1.3　地形设计

1. 地形设计应考虑的因素

1) 园林绿地与城市的关系

园林的面貌、立体造型是城市面貌的组成部分。当园林的出入口按城市居民来园的主要方向设置时,出入口处需要有广场和停车场,一般应有较平坦的用地,以与城市道路合理地衔接。

2) 地形的现状情况

地形设计以充分利用为主,改造为辅。要因地制宜,尽量减少土方量,建园时最好达到园内填挖的土方平衡,节省劳动力和建设投资。但对有碍园林功能发挥的不合理的地形则应大胆地加以改造。

3）园林绿地的功能活动要求

不同的使用空间对地形有不同的要求，如群众文体活动场地需要平地，拟利用地形作观众看台时，就要求有一定大小的平地和外面围以适当的坡地；安静游览的地段利用地形分隔空间时，常需要有山岭坡地；进行水上活动时，就需要有较大的水面等。

4）园林工程技术上的要求

地形设计应全面考虑园林工程技术上的要求，如不使陆地有内涝，避免水面有泛滥或枯竭的现象；岸坡不应有塌方滑坡的情况；对需要保存的原有建筑，不得影响其基础工程等。

5）植物种植的要求

植物有阳性、阴性，水生、沼生，耐湿、耐旱以及生长在平原、山间、水边等等之不同，处理地形应与植物的生态习性互相配合，使植物的种植环境符合生态习性的要求。同时，对保存的古树、大树，要保持他们原有地形的标高，以免造成露根或被淹埋而影响植物的生长和寿命。

2. 各类地形的具体运用

1）平坦地形的处理

平坦地形没有明显的高度变化，总处于静态、非移动性，并与地球引力相平衡（图2.21），给人一种舒适和踏实的感觉，成为人们站立、聚会或坐卧休息的理想场所。但是，由于平坦地形缺乏三维空间，会造成一种开阔、空旷、暴露的感觉，没有私密性，更没有任何可遮风蔽日、遮挡不悦景色和噪音的屏障。由此，为了解决其缺少空间制约物的问题，我们必须将其加以改造，或给加上其他要素，如植被和墙体（图2.22）。

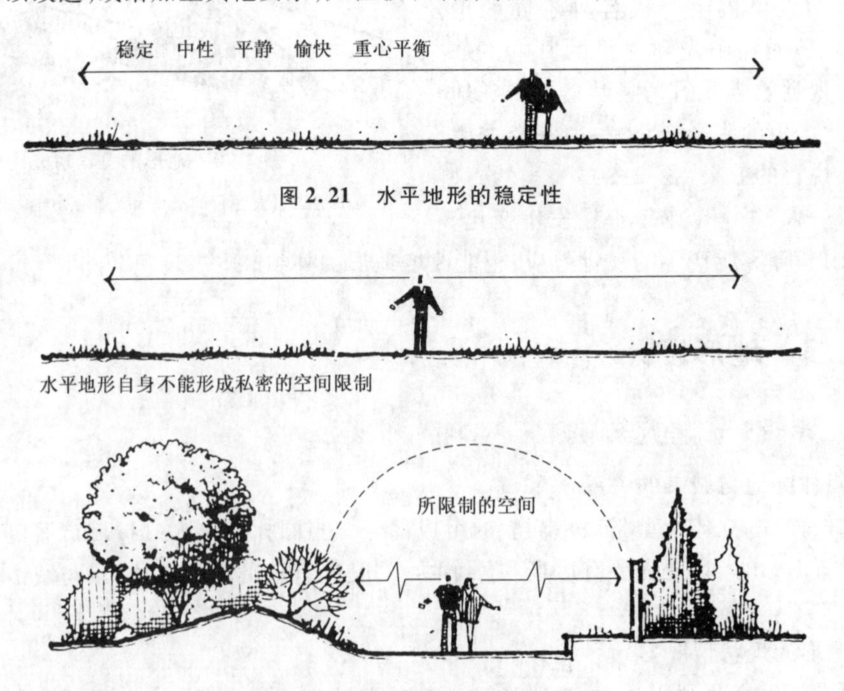

图2.21　水平地形的稳定性

图2.22　平坦地形的空间塑造

平地在视觉上空旷、宽阔，视线遥远，景物不被遮挡，具有强烈的视觉连续性。平坦地形本身存在着一种对水平面的协调，它能使水平线和水平造型成为协调要素，使它们很自然地符合外部环境（图 2.23）。相反，任何一种垂直线型的元素，在平坦地形上都会成为一突出的元素，并成为视线的焦点（图 2.24）。

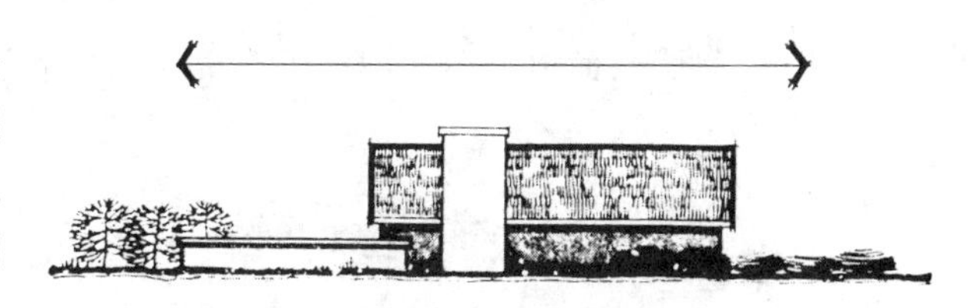

图 2.23　水平的形状与水平地形的协调性

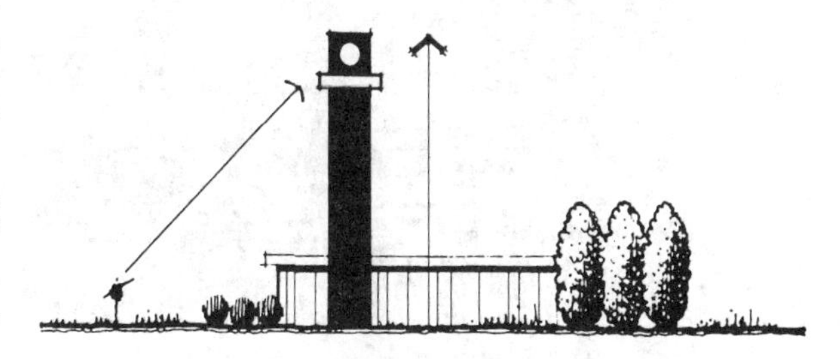

图 2.24　垂直形状与水平地形的对比

由于平坦地形的这些特性，使得其在处理上也有其特殊之处。总的来说，平地可作为广场、交通、草地、建筑等方面的用地，以接纳和疏散人群，组织各种活动或供游人游览和休息。在使用平坦地形时应注意以下几点：

（1）为排水方便，要求平地有 3% ~5% 的坡度，造成大面积平地有一定的起伏。

（2）在有山水的园林中，山水交界处应有一定面积的平地，作为过渡地带，临山的一边应以渐变的坡度和山体相接，近水的一旁以缓慢的坡度，徐徐伸入水中，造成冲积平原的景观。

（3）在平地上可挖池堆山，可用植物分隔、作障景等手法处理，打破平地的单调乏味，防止一览无余。

2）凸地形的处理

作为景观中的一个正向点，凸地形具有多种美学特征和功能作用。凸地形在景观中可作为焦点物或具有支配地位的要素，特别是当其被较低矮、更具中性特征的设计形状所环绕时，尤为如此；它也可作地标在景观中为人定位或导向。

如果在凸面地形的顶端焦点上布置其他设计要素，如楼房或树木（图 2.25），那么凸面地形的这种焦点特性就会更加显著。这样一来，凸面地形的高度将增大，从而使其在周围环境中更加突出并与地面高度结合，共同构成一个众所周知的地标。

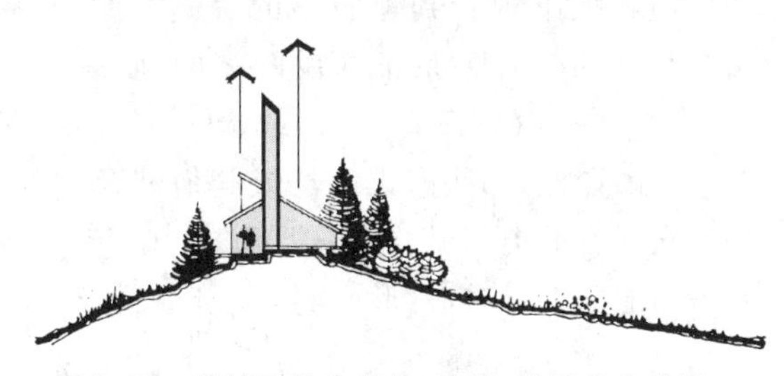

图 2.25　凸地形结合植物、建筑，增强焦点作用

图 2.26 显示的是凸面地形的另一个特性。它表明，任何一个立于该凸地顶部的人，将自然地感到一种外向性。根据其高度和坡度陡峭，可以在低处找到一被观赏点，吸引视线向外和鸟瞰。然而实际上，更多的注意力从高地形上被引向景观中的另一些点，而不是人们所规定的那一场所。

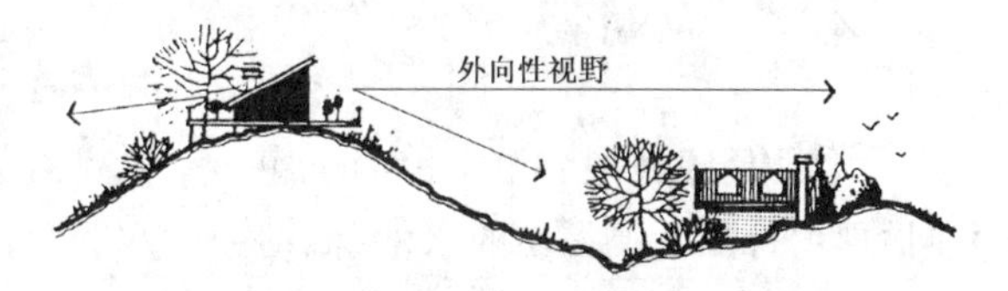

图 2.26　凸地形提供了外向性视野

由此可见,凸面地形通常可提供观察周围环境的更广泛的视野(图2.27)。

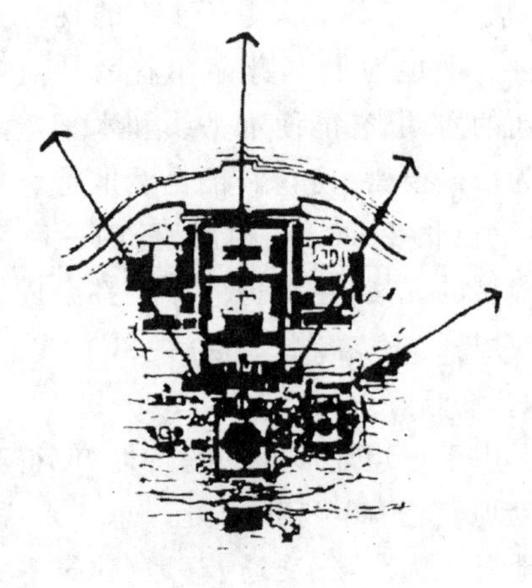

图2.27　凸地形提供了观察周围环境的更广泛的视野

简言之,凸面地形是一种神奇的因素,故在景观中有许多引人注目和丰富多彩的用途,它具有不可忽视的特性,因此我们必须小心慎重地运用。

3) 凹地形的处理

凹面地形是一个具有内向性和不受外界干扰的空间。它可将处于该空间中任何人的注意力集中在其中心或底层,如图2.28所示。凹地形通常给人一种分割感、封闭感和私密感。

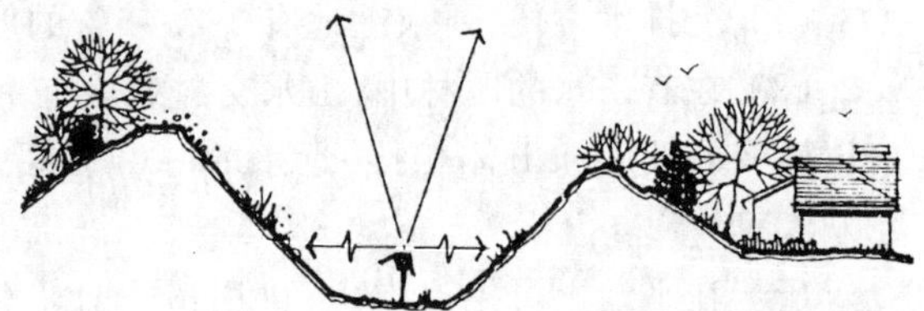

图2.28　地形的边封闭了视线,造成孤立感和私密性

由于凹地形具有封闭性和内倾性,从而成为理想的表演舞台,人们可从该空间的四周斜坡上观看到地面上的表演。演员与观众的位置关系正好说明了凹地形的"鱼缸"特性(图2.29)。

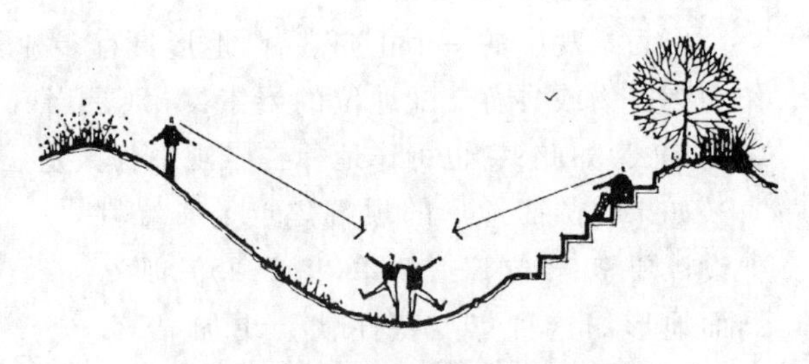

图2.29　在凹地形中视线内向和向下

正因如此,那些露天剧场或其他涉及到观众观看的类似结构,一般都修建在有斜坡的地面上,或自然形成的洼地形之中。

2.2　水体

水景是园林中一个永恒的主题。水是富有高度可塑性和弹性的设计元素,它能形成不同的形态,如平展如镜的水池、流动的叠水和喷泉等,丰富的水景设计带给人们不同的空间感受和情感体验。在水景设计中,可充分利用水的各种特性,如不同深度水色的变化、水面的反光、倒影、水声等,再结合周围环境,给园林增加活力和乐趣。

水体具有特殊的魅力，听大海波涛、流水潺潺、瀑布轰鸣、泉水叮咚，看湖光山色、池塘鱼草都使人心情愉快，或舒适、或激昂。水体还为娱乐和体育竞技提供了场所，如划船、游泳、垂钓、漂流、冲浪等。因此，人们本能地喜水、爱水、亲水，对水充满了渴望和眷恋。人们的一切活动都离不开水，在居住环境和休憩环境的选择上也是十分注意这一点的，一个依山傍水、植物茂密的地段往往成为人们的眷恋之处（图2.30）。只要有了水，一切都活了起来，水已成为园林和城市建设的灵魂。

图2.30　傍山面水的世外桃源

2.2.1　水体的形态

园林中的水体，多数是将天然水体进行人工改造或掘池后形成的，所创造的水体水景形式多样，归纳起来可按不同方式作如下划分：

1. 按水体的形式分

1）自然式水体水景

自然式水体是保持天然的或模仿天然形状的水体形式，如河、湖、溪、涧、潭、泉、瀑布等。自然式水体在园林中随地形而变化，有聚有散，有直有曲，有高有低，有动有静。

2）规则式水体水景

规则式水体是人工开凿成的几何形状的水体形式，如水渠、运河、几何形水池、水井、方潭以及几何体的喷泉、叠水、水阶梯、瀑布、壁泉等，常与山石、雕塑、花坛、花架、铺地、路灯等园林小品组合成景。

3）混合式水体水景

是规则式水体与自然式水体的综合运用，两者互相穿插或协调使用。

2. 按水流的形态分

1）静水

不流动的、平静的水，如园林中的海、湖、池、沼、潭、井等。粼粼的微波、潋滟的水光，给人以明洁、恬静、开朗、幽深或扑朔迷离的感受。

2）动水

如溪、瀑布、喷泉、涌泉、水阶梯、曲水流觞等，给人以清新明快、变幻莫测、激动、兴奋的感觉。动水波光晶莹，光色缤纷，伴随着水声淙淙，不仅给人以视觉，还能给人以听觉上的美感享受。动水在园林设计中有许多用途，最适合用于引人注目的视线焦点上（图2.31）。

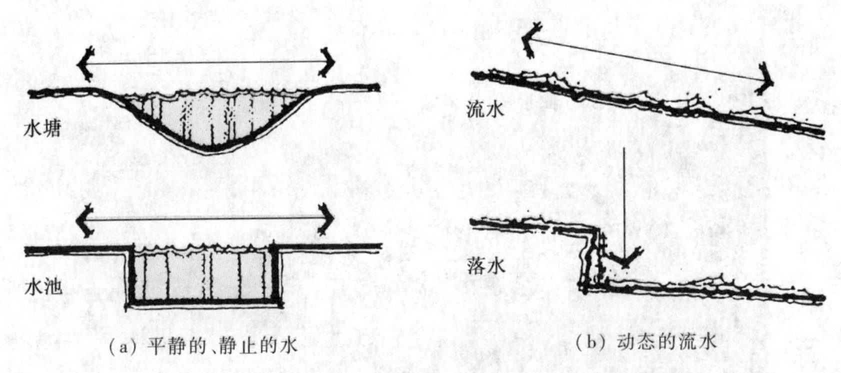

(a) 平静的、静止的水　　(b) 动态的流水

图2.31　动水与静水

3. 按使用功能分

按使用功能可分为纯观赏性的水体和开展水上活动的水体。

1）供观赏的水体

可以较小，主要为构景之用，水面有波光倒影，又能成为风景透视线，水体可设岛、堤、桥、点石、雕塑、喷泉、水生植物等，岸边可作不同处理，构成不同景色。

2）开展水上活动的水体

一般水面较大，有适当的水深，水质好，可以将活动与观赏相结合。

2.2.2　水的四种基本设计形式

总体来说，水景设计中的水有平静的、流动的、跌落的和喷涌的四种基本形式（图2.32）。平静的水体属于静态水景，指湖泊、水池、水塘等；流动的水体有溪流、水坡、水道、水洞等；跌落的水体包括瀑布、水帘、壁泉、水梯、水墙等；喷涌的水体指喷泉、涌泉等（图2.33）。它们都属动态水景，给人以变幻多彩、明快、轻松之感，并具有听觉美。

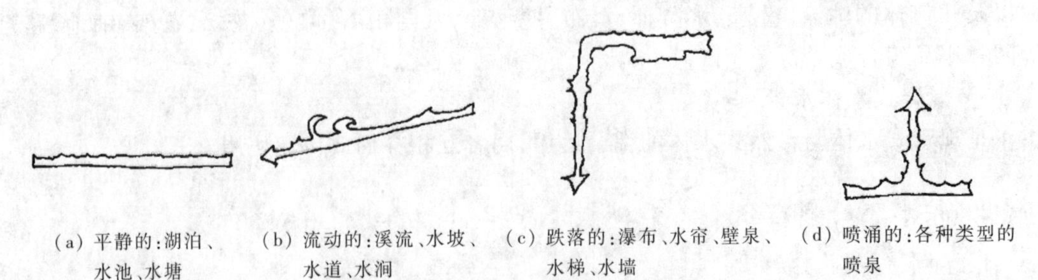

(a) 平静的：湖泊、水池、水塘　　(b) 流动的：溪流、水坡、水道、水洞　　(c) 跌落的：瀑布、水帘、壁泉、水梯、水墙　　(d) 喷涌的：各种类型的喷泉

图2.32　水的四种基本设计形式

(a) 平静的水体　(b) 流动的水体

(c) 跌落的水体　(d) 喷涌的水体

图 2.33　水的四种基本设计形式之实例

水的四种基本形式反映了水从源头(喷涌的)过渡到流动的或跌落的,再到终结的、平静的一般趋势。在水景设计中可利用水的这种运动过程创造水景系列,融不同形式的水于一体,处理得体则会有一气呵成之感。

2.2.3　水体的特征

水是整个设计中最迷人和最激发人兴趣的因素之一,与其他设计因素相比较,水有着大量的、自身所独具的特性,影响着园林设计的目的和方法。

1. 水的可塑性

水本身无固定的形状,其形状由容器所造就。如图2.34所示,水体边际物体的形态,塑造了水体的形态和大小,水体的丰富多彩,取决于容器的大小、形状、色彩和质地等。因此,园林理水设计实际上是设计一个"容器"。水是一种高塑性的液体,其外貌和形状也受重力影响,由于重力作用,高处的水向低处流,形成流动的水;而静止的水也是由于重力,使其保持平衡稳定,一平如镜。

图2.34 水体边际物形态对水体的塑造

2. 透明性

水本身无色,但水流经水坡、水台阶或水墙的表面时,这些构筑物饰面材料的颜色会随着水层的厚度而变化,所以,水池的池底若用色彩鲜明的铺面材料做成图案,将会产生很好的视觉效果(图2.35)。

图2.35 水的透明性

3. 水的音响

运动着的水,无论是流动、跌落,还是撞击,都会发出各自的音响。依照水的流量和形式，可以创造出多种多样的音响效果，来完善和增加室外空间的观赏特性；而且水声也能直接影响人们的情绪，或使人平静温和，或使人激动、兴奋。水声包括涓涓细流、叮咚滴水、噗噗冒泡、哗哗喷涌、隆隆怒吼、澎湃冲击或潺潺流淌等各种迷人的音响效果。因此，水的设计包含了音响的设计，无锡寄畅园的八音涧就是基于水的这个特性而创作的。

4. 水的倒影

平静的水面像一面镜子，在镜面上能不夸张地、形象地再现周围的景物（如土地、植物、建筑、天空和人物等），所反映的景物清晰鲜明，如真似幻，令人难以分辨真伪（图2.36）。当水面被微风吹拂，泛起涟漪时，便失去了清晰的倒影，景物的面象形状碎折，色彩斑驳，好似一幅印象派或抽象派的油画。

图2.36　水的倒影

5. 水能呈现白沫

喷涌的水因混入空气而呈现白沫，如混气式喷泉喷出的水柱就富含泡沫。另外，驳岸坡面表面粗糙则水面会激起一层薄薄的细碎白沫层（与坡面的倾角有关）。若坡面上设计几何图案浮雕，则水层与坡面凸出的图案相激，会产生独特的视觉效果（图2.37）。

图2.37　水呈现白沫效果

6. 人的亲水性

图 2.38　人的亲水性

人在本能上是喜爱接触水的(图 2.38),尤其是小孩子,对水的喜爱更为强烈,无论是否有人鼓励,小孩总是喜欢玩水,可以把大量时间消耗在戏水上。炎炎夏日若是泡在水中,更觉得十分舒畅、愉快。

总之,水对人有强烈的吸引力。景园设计时,应把握住地点、时间与手法巧妙理水,能使园景更加引人入胜。

2.2.4　水体的功能与作用

水在室外空间的设计和布局中至关重要,自古就有"园不离水"、"无水难成园"的说法,园林中应尽可能布置一些水景。水的功能是多种多样的,有些属于实用上的需求,有些用途则与设计中的视觉感受有关,能直接提高人的审美情趣。

1. 水体的实用功能

1）提供消耗

水可供人和动物消耗。某些运动场地、野营地、公园中都需要消耗大量的水,所以如何合理地安排水源、水的运输方法和使用手段,提高水的使用价值,便成了水体设计的关键。

2）供灌溉用

水常具有的实用功能是灌溉各类园林绿地,也可将肥料溶于水中,凭借灌溉系统来施肥,这种方法既方便又可节省时间和费用。

3）调节气候

大面积的水域能影响其周围环境的空气温度和湿度。在夏季,由水面吹来的微风具有凉爽作用;而在冬天,水面的热风能保持附近地区温暖。这就使在同一地区有水面与无水面的地方出现不同的温差。

较小水面也有着同样的效果,水面上水的蒸发,使水面附近的空气温度降低。如果有风刮到人们活动的场所,则更加强了水的增湿效果。

4）控制噪音

水能使室外空间减弱噪音,特别是在城市中有较多的汽车、工厂的嘈杂声,可经常用水来隔离噪音。利用瀑布或流水的声响来减少噪音干扰,造成相对宁静的气氛(图 2.39)。

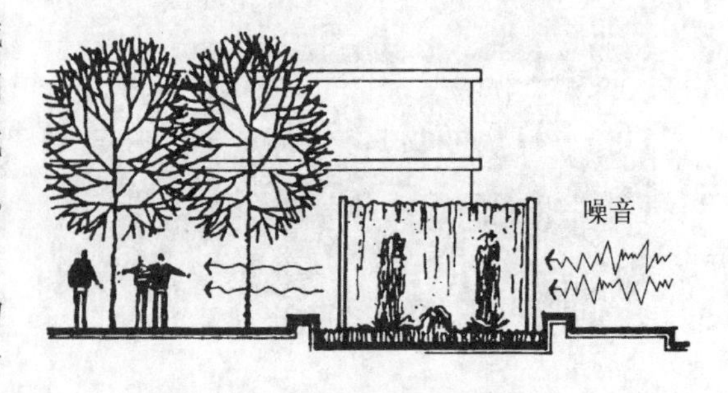

图 2.39　水可以降低噪音

5）提供娱乐

在景观中,水的另一作用是提供娱乐场所,可用以开发游泳、划艇、滑水和溜冰等活动(图 2.40)。

图 2.40　水体提供娱乐场所

2. 水体的美学观赏功能

水除了以上较为一般的使用功能外，还有许多美化环境的作用。大面积的水面，能以其宏伟的气势，影响人们的视线，并能将周围的景色进行统一协调。而小水面则以其优美的形态、美妙的声音，给人以视觉和听觉上的享受。

水体景物的美和功能都相当突出，不仅能提供视觉欣赏，而且还可提供听觉欣赏和触觉欣赏，例如一条迂回在乱石间的溪涧，溪水击石溅起雪白的水花，淙淙作响，触摸一下那汩汩的流水舒适惬意。溪涧布置得好，将增加景园的观赏价值，提高它的享用程度。

如果水体观赏价值突出，就可作为园中的主景，也可随具体情况而作陪衬的副景，呈现其特有的倒影景致。水体的柔和与广阔，常使人视野开阔，心情畅快。

3. 水体的景观建造功能

1）基底作用

大面积的水面视域开阔、坦荡，有托浮岸畔和水中景观的基底作用。当水面不大，但在整个空间中仍具有面的感觉时，水面仍可作为岸畔或水中景物的基底，产生倒影，扩大和丰富空间（图 2.41）。

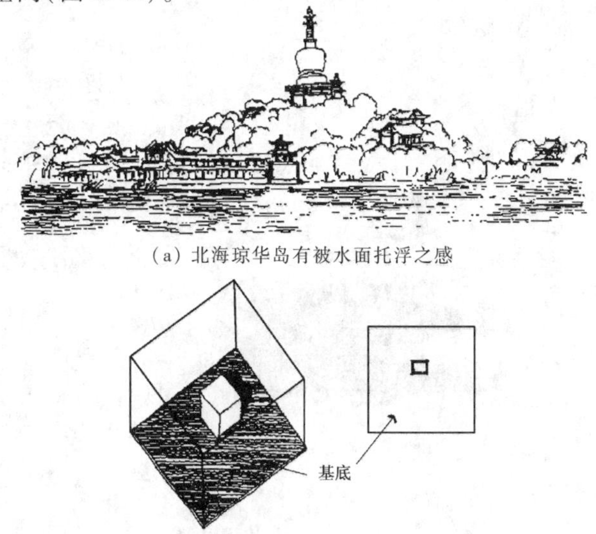

（a）北海琼华岛有被水面托浮之感

（c）水陆图底关系

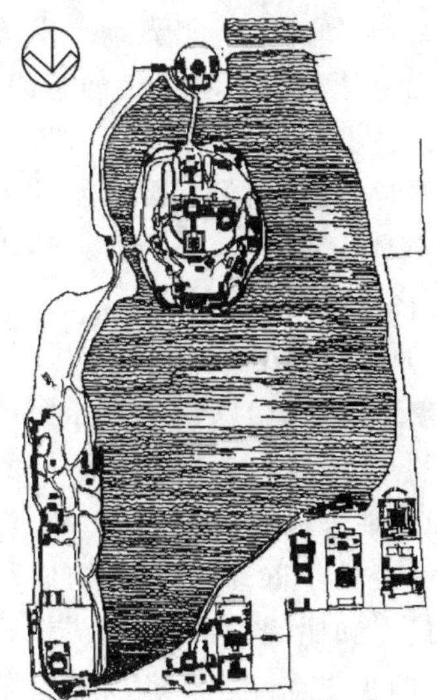

（b）北海公园平面图

图 2.41　水体的基底作用

2）系带作用

水面具有将不同的园林空间、景点连接起来产生整体感的作用；将水作为一种关联因素又具有使散落的景点统一起来的作用，前者称为线型系带作用，后者称为面型系带作用（图 2.42）。

当众多零散的景物均以水面为构图要素时，水面就会起到统一的作用，如扬州瘦西湖（图 2.43）。另外，有的设计并没有大的水面，而只是在不同的空间中重复安排水这一主题，以加强各空间之间的联系。

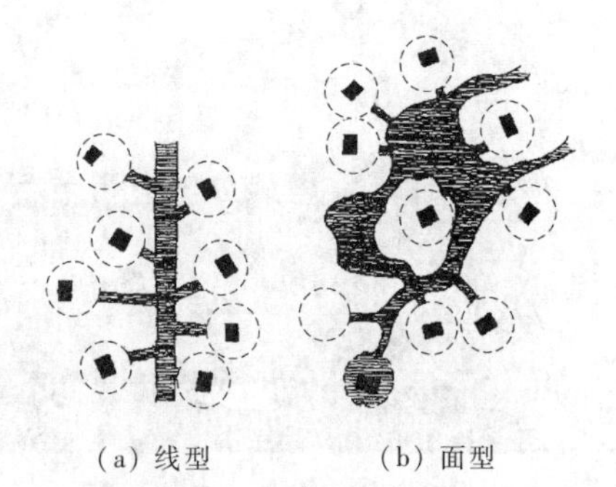

图 2.42 水面系带作用示意图

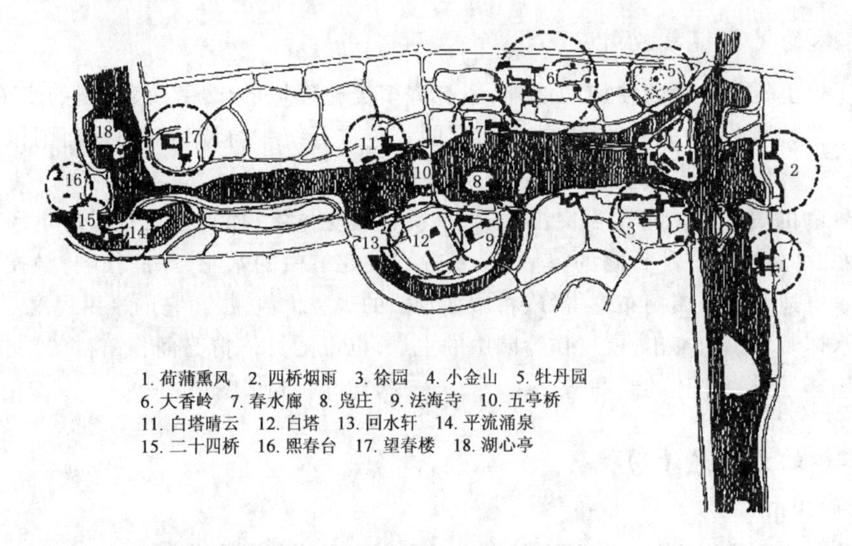

图 2.43 扬州瘦西湖及其沿岸景点分布

水还具有将不同平面形状和大小的水面统一在一个整体之中的能力。无论是动态的水还是静态的水，当其经过不同形状和大小、位置错落的容器时，由于它们都含有水这一共同而又唯一的元素而产生了整体的统一（图 2.44）。

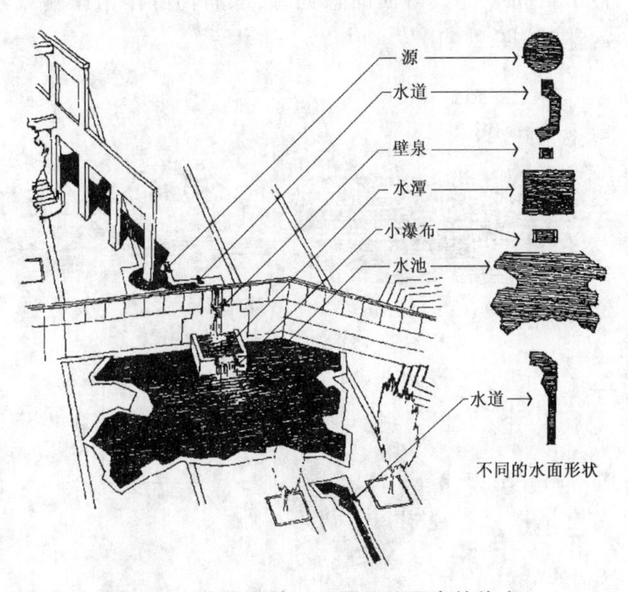

图 2.44 水具有统一不同平面要素的能力

3）焦点作用

喷涌的喷泉、跌落的瀑布等动态水体的形态和声响能引起人们的注意，吸引住人们的视线（图 2.45）。

在设计中除了处理好它们与环境的尺度和比例关系外，还应考虑它们所处的位置。通常将水景安排在向心空间的中心上、轴线的交点上、空间的醒目处或视线容易集中的地方,使其突出并成为焦点(图2.46)。可以作为焦点水景布置的水景设计形式有:喷泉、瀑布、水帘、水墙、壁泉等。

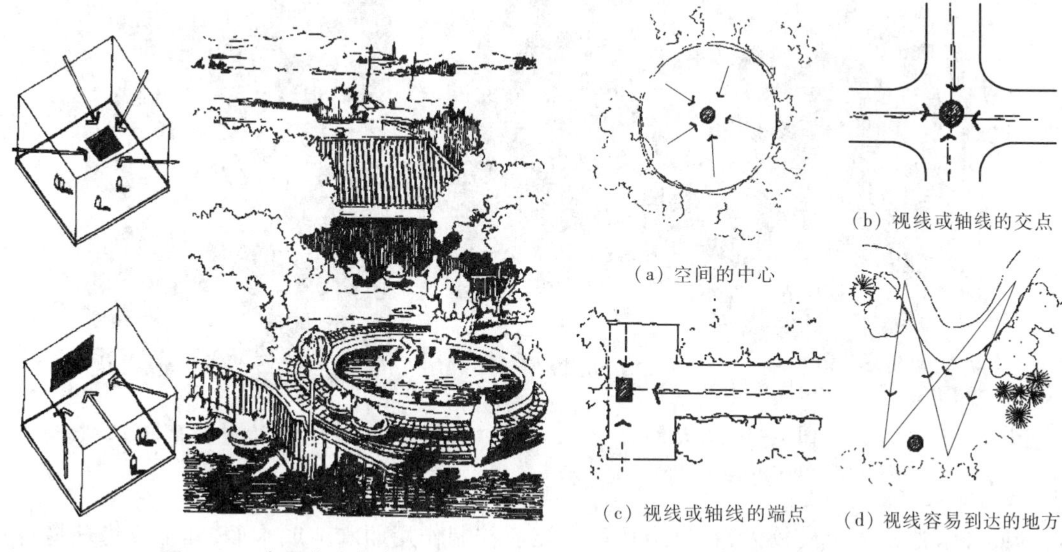

图2.45　水景作为焦点

图2.46　水景作为焦点的几种布置方式

4) 整体水环境设计

这是一种以水景贯穿整个设计环境,将各种水景形式溶于一体的水景设计手法。它与以往所采用的水景设计手法不同,这种从整体水环境出发的设计手法,将形与色、动与静、秩序与自由、限定和引导等水的特征和作用发挥得淋漓尽致,并且开创了一种能改善城市气候、丰富城市景观和提供多种目的于一体的水景类型(图2.47)。

图2.47　爱悦广场水景鸟瞰图

2.2.5　水景设计

园林水景丰富多彩,总体来说常见的理水形式有水池、喷泉、瀑布等。

1. 水池

水池是水景设计常用的组景方式,根据规模的大小一般可分为点式、面式和线式三种形式。

1) 点式水池

指较小规模的水池或水面。它在整个环境中起点景的作用,往往会成为空间中的视觉焦点,并丰富、活跃环境气氛。由于点式水池较小,布局较灵活,因此它既可单独设置,也可与花坛、平台等设施组合设置(图 2.48)。

图 2.48　点式水面

图 2.49　水与植物

2）面式水池

面式水池是指规模较大,在整个环境中能起控制作用的水池或水面,其常成为环境空间中的视觉主体。根据所处环境的性质、空间形态、规模,面式水池的形式也可灵活多变,既可单独设置,随意采用规则几何形式或不规则形,也可多个组合成复杂的平面形式,或叠成立体水池。

面式水池在园林中应用较为广泛,面式水池的水面可与其它环境小品如汀步、桥、廊、舫、榭等结合,让人置身于水景中,同时水面也可植莲、养鱼,成为观赏景观(图 2.49)。

3）线式水池

指细长的水面,有一定的方向感,并有划分空间的作用。线式水面中,一般都采用流水,可将许多喷泉和水体连接起来,形成富有情趣的景观整体。线式水池一般都较浅,人们可涉足水中尽情玩乐,直接感受到水的凉爽、清澈和纯净。另外,也可与石块、桥、绿化、雕塑以及各种休闲设施结合起来,创造丰富、生动的环境空间(图 2.50)。

图 2.50　线式水面

2. 喷泉

喷泉是人工构筑的整形或天然泉池,以喷射优美的水形取胜。在现代城市环境中,出现的主要是人工喷泉,多分置在建筑物前、广场中央、主干道交叉口等处,为使喷泉线条清晰,常以深色景物为背景。喷泉以其独特的动态形象,成为环境空间中的视觉中心,烘托、调节环境气氛,满足人们视觉上的审美感受。

喷泉的景观非常优美,而现代喷泉的喷头是形成千姿百态水景的重要因素之一。喷泉的形式多种多样,有蒲公英形、球形、涌泉形、扇形、莲花形、牵牛花形、雪松形、直流水柱形等(图 2.51)。近年来,随着光、电、声波及自控装置在喷泉上的运用,已有音乐喷泉和间歇喷泉、激光喷泉等新形式出现，更加丰富了游人在视、听上的双重美感。

图 2.51　喷泉组景

3. 瀑布

人工瀑布是人造的立体落水景观，是优美的动态水景。天然的大瀑布气势磅礴，予人以“飞流直下三千尺，疑是银河落九天”之艺术感染，园林中只能仿其意境。由瀑布所创造的水景景观极为丰富，由于水的流速、落差、落水组合方式、落坡的材质及设计形式的不同，瀑布可形成多种景观效果，如向落、片落、棱落、丝落、左右落等多种形式。不同的形式，传达不同的感受，给人以视觉、听觉、心理上的愉悦（图 2.52）。

图 2.52　瀑布

总之，水池、喷泉、瀑布这三种理水形式都具有各自不可替代的特点，而在城市环境中，这三种形式有时共同展现在人们面前，有时突出其中的一二种形式，隐蔽其他形式（图 2.53）。设计者完全可以根据不同的环境设计要求，创造出满足人们不同需要的水景。

图 2.53　水景的整体效果

2.3　园林植物

以植物为设计素材进行园林景观的创造是风景园林设计的显著特点。有生命的植物材料与建筑材料是截然不同的，因此，利用植物材料造景就必须要考虑植物本身的生长发育特性，还要考虑植物与生境及其他植物之间的生态关系；同时还应满足功能需要、符合审美及视觉原则。总之，以植物材料为基础的种植设计必须既讲究科学性又讲究艺术性。

作为一个园林设计师，我们需要通晓植物的特性，如植物的尺度、形态、色彩和质地，并且还要了解植物的生态习性和栽培技术。风景园林师的智慧应闪烁在通晓植物的综合观赏特性，熟知植物健康生长所需的生态条件，以及对植物所生长的环境效应的了解方面。

2.3.1　园林植物的概念与分类

1. 园林植物的概念

园林植物是指人工栽培的观赏植物，是提供观赏、改善和美化环境、增添情趣的这一类植物的总称。也指在园林建设中所需要的一切植物材料，包括木本植物和草本植物。

2. 园林植物的分类

园林植物的分类方法很多，从方便园林规划和种植设计的角度出发，常依其外部形态分为乔木、灌木、藤本、竹类、花卉和草地六类。

1）乔木

一般来说，乔木体形高大、主干明显、分枝点高、寿命比较长。依其体形高矮常分为大乔木（20 m 以上）、中乔木（8 ~ 20 m）和小乔木（8 m 以下）。从一年四季叶片脱落状况又可分为常绿乔木和落叶乔木两类，其中叶形宽大者，称为阔叶常绿乔木或阔叶落叶乔木

(图 2.54);叶片纤细如针或呈鳞形者则称为针叶常绿乔木和针叶落叶乔木(图 2.55)。

(a) 阔叶落叶乔木——银杏

(b) 阔叶常绿乔木——香樟

图 2.54 阔叶乔木

(b) 落叶针叶乔木——水杉夏景

(a) 常绿针叶乔木——雪松

(c) 落叶针叶乔木——水杉冬景

图 2.55 针叶乔木

乔木是园林中的骨干植物,无论在功能上或艺术处理上都能起主导作用。诸如界定空间、提供绿荫、防止眩光、调节气候等。其中多数乔木在色彩、线条、质地和树形方面随叶片的生长与凋落可形成丰富的季节性变化,即使冬季落叶后也可展现出枝干的线条美。

2) 灌木

灌木没有明显的主干,多呈丛生状态,或自基部分枝(图 2.56)。一般树高 2 m 以上者称大灌木,1～2 m为中灌木,高度不足1 m者为小灌木。灌木也有常绿灌木和落叶灌木之分。灌木主要作下木、植篱或基础种植。灌木能提供亲切的空间,屏蔽不良景观,或作为乔木和草坪之间的过渡,同时它对控制风速、噪声、眩光、辐射热、土壤侵蚀等也有很大的作用。灌木的线条、色彩、质地、形状和花是主要的视觉特征,其中以开花灌木观赏价值最高、用途最广,多用于重点美化地区。

(a) 观叶灌木色块布置

(b) 法国规则式庭院中常绿灌木整型式迷宫布置

图2.56 灌木种植效果

3) 藤本植物

指具有细长茎蔓,并借助卷须、缠绕茎、吸盘或吸附根等特殊器官,依附于其他物体才能使自身攀援上升的植物(图2.57)。其根可生长在最小的土壤空间,并能产生最大的功能和艺术效果。它可以美化无装饰的墙面,并提供季节性的叶色、花、果和光影图案等;功能上还可以提供绿阴,屏蔽视线,净化空气,减少眩光和辐射热,并防止水土流失等。

图2.57 藤本植物的造景功能

蔓性蔷薇缠绕铁质构架,形成绚丽的景观通道

图2.58 紫竹、黄金间碧玉竹

4) 竹类

竹类为禾本科竹亚科常绿乔木、灌木或藤本状植物,秆木质,通常浑圆有节,皮翠绿色,但也有方形竹、实心竹和茎节基部膨大如瓶、形似佛肚的佛肚竹以及其他皮色,如紫竹、金竹、斑竹、黄金间碧玉竹(图2.58)等。竹类花不常见,一旦开花,大多数于花后全株死亡。

竹类大者可高达 30 m,用于营造经济林或创造优美的空间环境;小者可盆栽观赏或作地被植物,亦有用作绿篱者,它是一种观赏价值和经济价值都极高的植物类群。

5）花卉

指姿态优美、花色艳丽、花香馥郁和具有观赏价值的草本和木本植物,通常多指草本植物而言。根据花卉生长期的长短及根部形态和对生态条件的要求可分为:一年生花卉、二年生花卉、多年生花卉(宿根花卉)、球根花卉和水生花卉五类。草本花卉是园林绿地建设中的重要材料,可用于布置花坛、花境、花缘、切花瓶插、扎结花篮、花束、盆栽观赏或作地被植物使用,而且具有防尘、吸收雨水、减少地表径流、防止水土流失等多种功能(图 2.59)。

(a) 睡莲

(b) 一年生草花基础种植,衬托主题雕塑

(c) 草花花境布置

(d) 苋草科植物布置成孔雀造型立体花坛

图 2.59　各类花卉及种植效果

6）草坪植物

指园林中用以覆盖地面,需要经常刈剪,却又能正常生长的草种,它以禾本科植物为主(图 2.60)。草坪在园林植物中,属于植株最小,质感最细的一类。用草坪植物建立的活动空间,是园林中最具有吸引力的活动场所,它既清洁又优雅,既平坦而又广阔,游人可在其上散步、休息、娱乐等。草坪还有助于减少地表径流,降低辐射热和眩光,防止尘土飞扬,并柔化生硬的人工地面。草坪是所有园林植物中持续时间最长而养护费用最大的一种,因此,在用地和草种选择上必须考虑适地适草和便于管理养护。

图 2.60 疏林草地的作用

疏林草地景观优美,同时也是富有吸引力的活动场所

2.3.2 园林植物的功能与作用

植物在景观中能充当众多的角色,其中观赏特性是一个重要因素,同时我们也应该了解其他可以利用的功能作用,以便在室外环境布局中能充分利用植物。

在景观中,植物的功能作用表现为构成室外空间,遮挡不利景观的物体、护坡,在景观中导向、统一建筑物的观赏效果以及调节光照和风速等等。在任何一个设计中,植物除上述功能外,它还能解决许多环境问题,如净化空气、保持水土、涵养水源、调节气温,以及为鸟兽提供巢穴。在改善提高环境质量方面,植物有助于提高房屋、建筑及地皮的不动产价值。据估计一个设计完美的住所,加上周围配植优美的植物花草,房地产价值会提高30%。因此,如果植物能被充分利用,会是一项一本万利的投资,而决非一次性消费品。

现在,首先应认识植物的各种功能,并加以分门别类,才能更好地了解和应用植物。一般植物在室外环境中能发挥四种主要功能:环境功能、美学功能、生产功能及造景功能。

1. 园林植物对环境的改善和防护功能

1)改善环境的作用

园林植物对环境起着多方面的改善作用,表现在:改善空气质量(平衡碳氧、减菌效益、吸收有毒气体、阻滞尘埃)、蒸腾吸热(遮阳降温)、净化水质、降低噪音等(图2.61)。

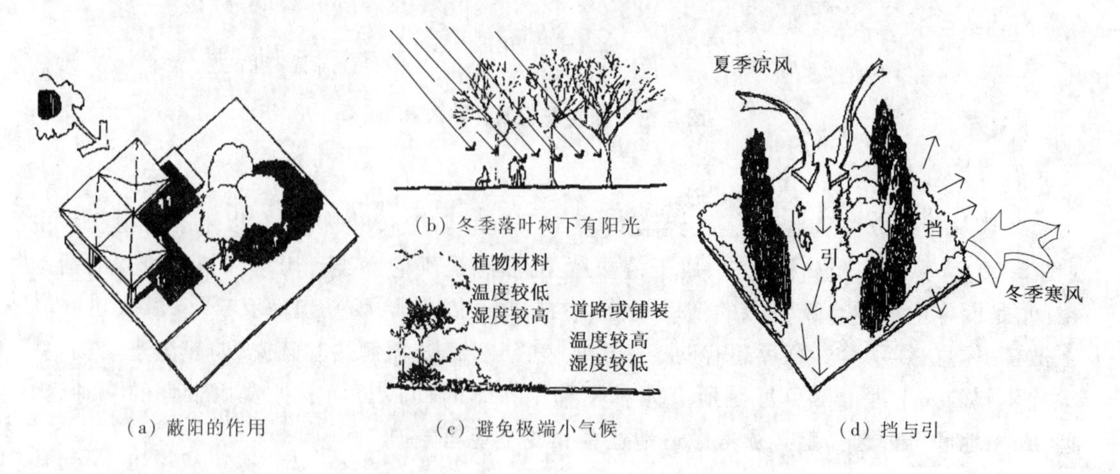

(a) 蔽阳的作用 (b) 冬季落叶树下有阳光 (c) 避免极端小气候 (d) 挡与引

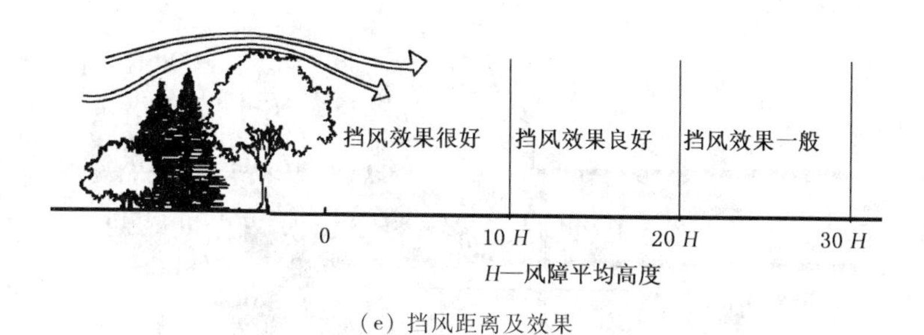

(e) 挡风距离及效果

图 2.61 利用植物改善小气候条件

2）保护环境的作用

园林植物对环境的保护作用主要表现在：涵养水源保持水土、防风固沙、其他防护作用有防止火灾蔓延、净化放射性污染、防雪林、防浪林等等；还能监测大气污染，能反映出二氧化硫、氟化氢、氯化氢、光化学气体及其他有毒物质的污染状况。

2. 园林植物的美学功能

绿地植物既是现代城市园林建设的主体，又具有美化环境的作用。植物给予人们的美感效应，是通过植物固有的色彩、姿态、风韵等个性特色和群体景观效应体现出来的。人们对于植物的美感，随着时代、观者的角度和文化素养的不同而有所差别。季节与年龄的变化，丰富和发展着植物的美；光线、气温、风、雨、霜、雪等气象因子作用于植物，使植物呈现朝夕不同、四时各异、千变万化、丰富多彩的景色变化。从美学的角度来看，植物可以在外部空间中，将一幢房屋的形状与其周围环境联结在一起，统一和协调环境中其他不和谐因素，突出景观中的景点和分区，减弱构筑物粗糙呆板的景观，以及限制视线等。当然，我们不能将植物的美学功能，仅局限在将其作为美化和装饰材料的意义上。下面我们将详细叙述植物的其他重要美学作用。

1）完善作用

植物通过重现房屋的形状和块面的方式，或通过将房屋轮廓线延伸至其相邻的周围环境的方式，而完善某项设计和为设计提供统一性。例如，一个房顶的角度和高度均可以用树木来重现，这些树木具有房顶的同等高度，或将房顶的坡度延伸融会在环境中（图 2.62）。反过来，室内空间也可以直接延伸到室外环境，方法就是利用种植在房屋侧旁、具有与天花板同等高度的树冠（图 2.63）。所有这些表现方式，都能使建筑物和周围环境相协调，从视觉和功能上看是一个统一体。

图 2.62 植物与建筑互补，植物延长建筑轮廓线

图 2.63　树冠的下层延续了房屋的天花板，使室内外空间融为一体

2）统一作用

植物的统一作用，就是充当一条普通的导线，将环境中所有不同的成分从视觉上连接在一起。在户外环境的任何一个特定部位，植物都可以充当一种恒定因素，其他因素变化而自身始终不变。正是由于它在此区域的永恒不变性，便将其他杂乱的景色统一起来。这一功能运用的典范，体现在城市中沿街的行道树，在那里，每一间房屋或商店门面都各自不同（图 2.64），如果沿街没有行道树，街景就会分割成零乱的建筑物。而另一方面，沿街的行道树，又可充当与各建筑有关联的联系成分，从而将所有建筑物从视觉上连接成一个统一的整体。

（a）无树木的街景杂乱无章，协调性差

（b）有树木的街景，由于树木的共同性将街景统一了起来

图 2.64　植物的统一作用

3）强调作用

植物的另一美学作用，就是在一户外环境中突出或强调某些特殊的景物。植物的这一功能是借助它们截然不同的大小、形态、色彩或与邻近环绕物不相同的质地来完成的。植物的这些相应的特性格外引人注目，它能将观赏者的注意力集中到其所在的位置。因此，鉴于植物的这一美学功能，它极其适合用于公共场所出入口、交叉点、房屋入口附近或与其他显著可见的场所相互联合起来（图 2.65）。

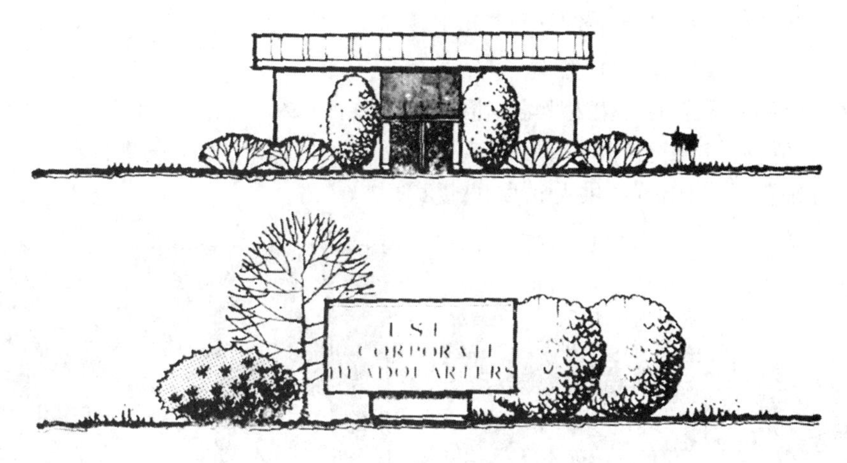

图 2.65　植物的强调作用

4）识别作用

植物的另一个美学作用是“识别作用”，这与强调作用极其相似。植物的这一作用，就是指出或“认识”一个空间或环境中某景物的重要性和位置（图 2.66）。植物特殊的大小、形状，色彩、质地或排列能发挥识别作用，能使空间更显而易见，更易被认识和辨明。

图 2.66　植物的识别作用

5）软化作用

植物可以用在户外空间中软化或减弱形态粗糙及僵硬的构筑物。无论何种形态、质地的植物，都比那些呆板、生硬的建筑物和无植被的城市环境更显得柔和。被植物所柔化的空间，比没有植物的空间更诱人，更富有人情味。

3. 园林植物的生产功能

园林植物的生产功能是指大多数的园林植物具有生产丰富物质、创造经济价值的作用。园林植物的全株或是一部分，如叶、根、茎、花、果、种子以及其所分泌的乳胶、汁液等，许多是可以入药、食用或是作工业原料用，其中许多属于国家经济建设或是出口贸易的重要物资，他们在生产上的作用是显而易见的；另一方面，园林植物能提高园林的质量，增加游人量，增加经济收入，并使游人在精神上得到休息，这亦是一种生产功能，从园林建设的目的性和实质来看，这方面的生产功能比前者更为重要。

4. 园林植物的造景功能

植物造景功能的整体把握和对各类植物景观功能的深刻领会是营造植物景观的基础

和前提。园林植物的造景功能分为以下几个方面：

1）利用园林植物表现时序景观

园林植物随着季节的变化表现出不同的季相特征。利用园林植物表现时序景观，必须对植物材料的生长发育规律和四季的景观表现有深入的了解，根据植物材料在不同季节中的不同状态来创造园林景色，供人欣赏、感受（图2.67）。

(a) 春花烂漫

(b) 夏日苍翠

(c) 秋日绚烂

(d) 冬日苍虬

图2.67 园林植物表现时序景观

2）利用园林植物形成空间变化

植物是园林景观营造中组成空间结构的主要成分。植物像建筑、山水一样，具有构成空间（表2.1）、分隔空间、引起空间变化的功能。造园中运用植物组合来划分空间，形成不同的景区和景点。设计者往往根据空间的大小、树木的种类、姿态、株数多少及配置方式来组织空间景观。

表2.1 栽植形成的不同空间效果

说　明	图　例
平面上以植被暗示空间，藉由材料的改变，来暗示空间的边缘	

续表 2.1

说　明	图　例
空间垂直面以树干来暗示空间	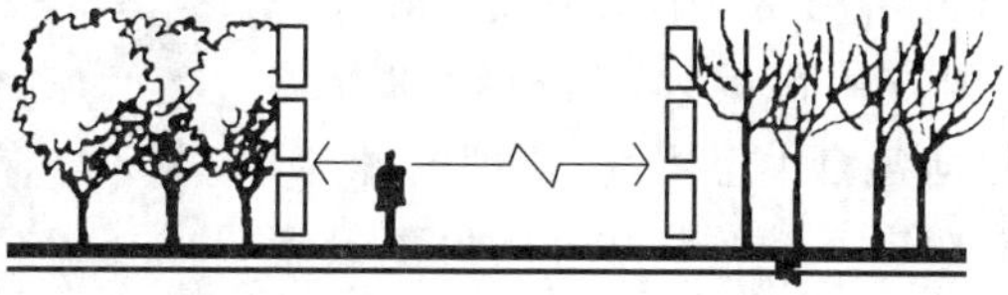
枝叶浓密的植被可从垂直空间上造成封闭感	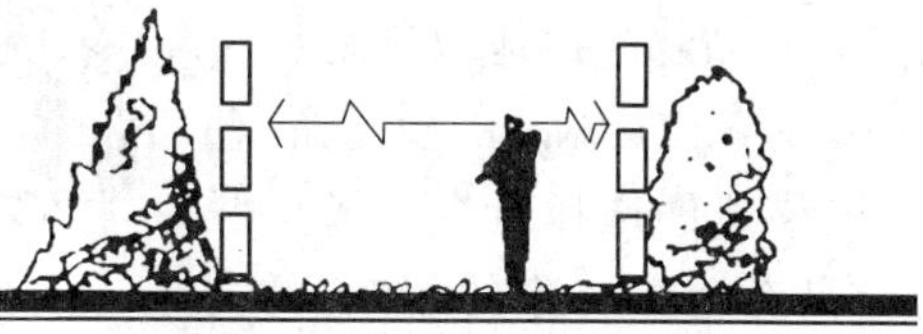
遮阳树冠造成顶面的封闭空间	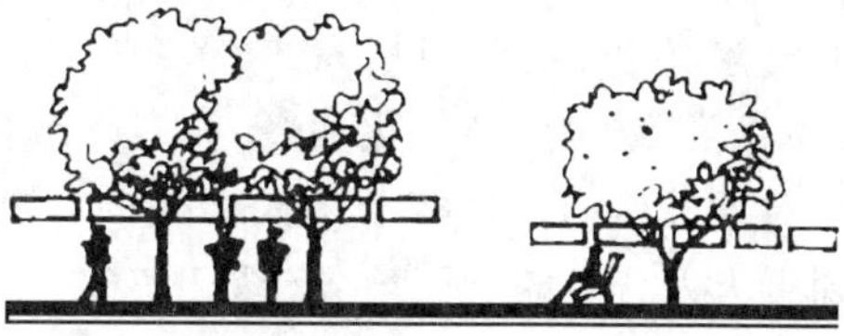
植物可形成各种不同空间类型	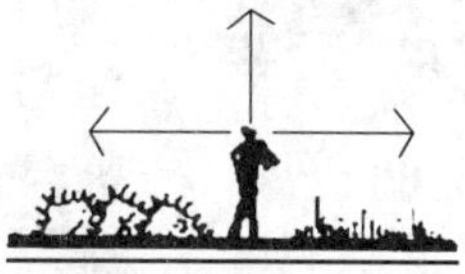 (a) 开敞空间  (b) 部分开敞空间  (c) 水平空间  (d) 封闭水平空间 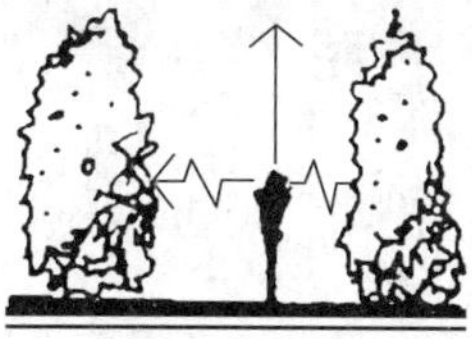 (e) 垂直空间  (f) 上窄下宽,开展性空间
联系分割的空间,在视觉上造成一连续的、完整的包围空间	
植物材料顺应地形所造成的空间	

3）利用园林植物创造观赏景点

不同的园林植物形态各异，变化万千，既可孤植以展示个体之美，又能按照一定的构图方式配置，表现植物的群体美；还可根据各自生态习性，合理安排，巧妙搭配，营造出乔、灌、草结合的群落景观（图2.68）。

图2.68　植物的群落景观

4）利用园林植物形成地域景观

不同地域环境形成不同的植物景观，可根据环境气候条件选择适合生长的植物种类，营造具有地方特色的景观，并与当地的文化融为一体（图2.69）。

5）利用园林植物创造意境

中国植物栽培历史悠久，文化灿烂，很多诗、词、歌、赋和民风民俗都留下了歌咏植物的优美篇章，并对各种植物材料赋予了人格化内容，从欣赏植物的形态美升华到欣赏植物的意境美，达到了天人合一的理想境界（图2.70）。

图2.69　浓烈的新疆地域风情

图2.70　古典园林植物造景

古典园林中注重植物意境创造的配置

6）植物能够起到烘托建筑、雕塑的作用

植物材料除了具有上述作用外，还具有丰富空间、增加尺度感、丰富建筑物立面、软化过于生硬的建筑物轮廓等作用。

园林中经常用柔质的植物材料来软化生硬的几何式建筑形体。植物材料常用的烘托方式有：

(1) 纪念性场所　如墓地、陵园等，用常绿树烘托庄严气氛（图2.71）。

(2) 大型标志性建筑物　以草坪、灌木等烘托建筑物的雄伟壮观。

(3) 雕塑　以绿篱、树丛作背景，既有对比，又有烘托（图2.72）。

图 2.71　南京中山陵风景区

松柏列植烘托庄严的气氛

图 2.72　草花对环境的烘托

季节性草花的色块布置以及苍翠的背景树，为铜像提供了优雅的环境氛围

2.3.3　园林植物景观设计

园林四要素中植物具有山水、建筑二要素所不具备的特征。首先，植物是活的有机体，具有生命力，给人以生趣，极易与人类融为一体；其次，植物所占据的空间是变化着的，不同种类其外形不同，有圆球形、圆锥形、尖塔形、垂枝形、钟形、拱枝形、匍匐形等，此外，每一种植物在不同的年龄阶段其外形亦有变化（如松、柏的幼龄树呈圆锥形，成龄树呈卵圆形，老龄树则呈伞形），这就构成了极为丰富的园林植物空间；再者，植物在色彩上也有很多变化，不同种类的植物叶色有不同，绿色中有深、浅之分（如常绿树多为深绿色，落叶树多为浅绿色），另外，还有蓝绿、灰绿、翠绿、褐绿、银灰、紫红、红以及镶嵌状等叶色的变化；植物的花更是多姿多彩；果实中既有色泽的变化，还有形状、大小、质感的不一。植物的这种春花、夏绿、秋色（实）、冬姿的四季变化给人的感受远不只是空间和时间上的，更微妙的是心灵和情绪上的感触，类似于人的心与心之间的交流，也就有了植物的拟人化。

人们欣赏生动的园林植物景观，是审美的想象、情趣和理解的和谐活动，是生理的审美感知引发到心理的触动作用（生理的感知包括视觉、嗅觉、触觉、听觉和味觉）。对园林植物景观而言，视觉、嗅觉和触觉的感官在园林艺术美中起着主导的作用，同时听觉、味觉以及人的运动感觉的感官，某种程度上在审美中也发挥着不可忽视的辅助作用。"卧听松涛"、"雨打芭蕉"（图 2.73），就是园林中以"听"而感的生动景观。

图 2.73　月洞门、芭蕉和谐共处

园林植物景观，无论是群体美，抑或个体美，都是由植物体的各个生命结构组合的物理特性，形、色、味及质在人心理中产生的感应。植物造景就是应用乔木、灌木、藤本及草本植物来创造景观，充分发挥植物本身形体、线条、色彩等自然美，配植成一幅幅美丽动人的画面，供人们欣赏。

1. 园林植物造景手法

1）主景、背景和季相景色

植物材料可作主景，并能创造出各种主题的植物景观。但作为主景的植物景观要有相对稳定的形象，不能偏枯偏荣。

植物材料还可作背景，但应根据前景的尺度、形式、质感和色彩等决定背景植物材料的高度、宽度、种类和栽植密度，以保证前后景之间既有整体感又有一定的对比和衬托，背景植物材料一般不宜用花色艳丽、叶色变化大的种类。

季相景色是植物材料随季节变化而产生的暂时性景色，具有周期性，通常不宜单独将季相景色作为园景中的主景。为了加强季相景色的效果应成片成丛种植，同时也应安排一定的辅助观赏空间，处理好季相景色与背景或衬景的关系，避免人流过分拥挤（图2.74）。

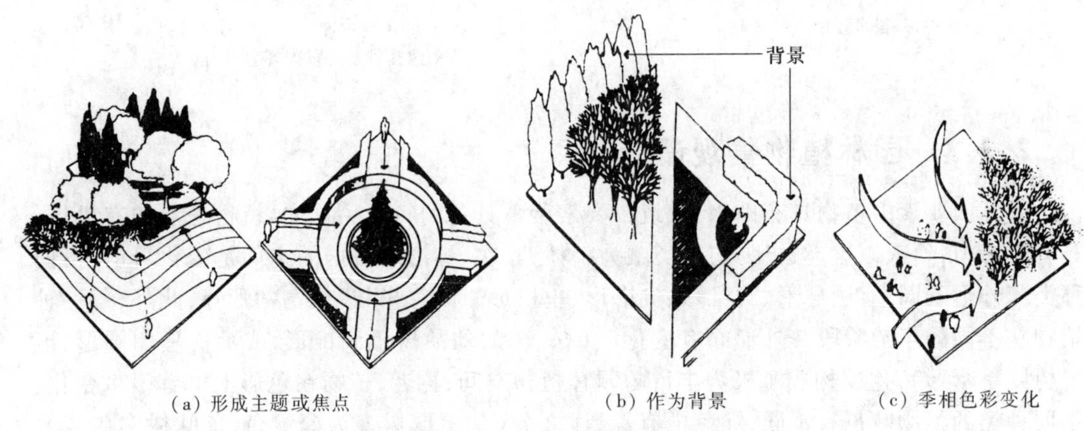

(a) 形成主题或焦点　(b) 作为背景　(c) 季相色彩变化

图2.74　植物的造景要素

2）障景、漏景、框景和夹景作用

（1）障景　“嘉则收之，俗则屏之”这是中国古典园林中对障景作用的形象描述，使用不通透植物，能完全屏障视线通过，达到全部遮挡的目的（图2.75、图2.76）。

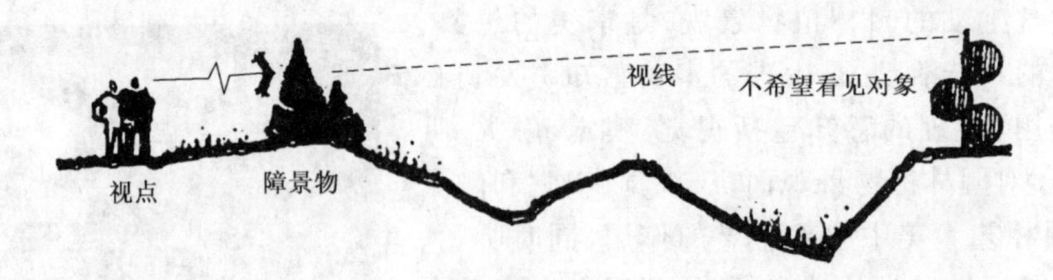

图2.75　利用植物进行障景的处理

图2.76　常绿树冬季的屏障作用仍然良好

(2) 漏景　采用枝叶稀疏的通透植物，其后的景物隐约可见，能让人获得一定的神秘感（图 2.77）。

(3) 框景　植物以其大量的叶片、树干封闭了景物两旁，为景物本身提供开阔的、无阻拦的视野，有效地将人们的视线吸引到较优美的景色上来，获得较佳的构图。框景宜用于静态观赏，但应安排好观赏视距，使框与景有较适合的关系（图 2.78、图 2.79）。

图 2.77　植物形成的漏景

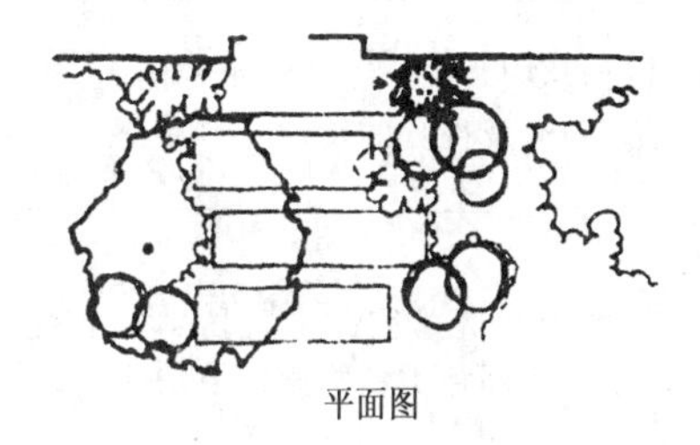

图 2.78　入口处以高低不同的植物做框景

图 2.79　植物组成的框景

(4) 夹景　利用树丛、树列、山石、建筑等形成较封闭的狭长空间，以突出空间尽头的景物而隐蔽视线两侧较贫乏的景观。此种左右两侧起隐蔽作用的前景称为夹景。

2. 园林植物的配置与选种

园林植物的配植千变万化，在不同地区、不同场合、地点，由于不同的目的、要求，可有多种多样的组合与种植方式；同时，植物是有生命的，是在不断生长变化的，所以能产生各种各样的效果。因而植物的配植是个相当复杂的工作，只有具有广博而全面的学识，才能做好配植工作。配植工作虽涉及面广、变化多样，但亦有基本原则可循（表 2.2）。

表 2.2 植物配置原则

原 则	图 示
(1) 以丛植方式,可产生强烈的整体感	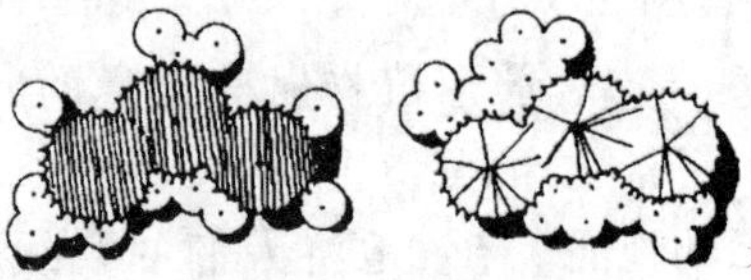
(2) 观赏成簇的植群,视觉有连续感,而且植物丛聚而生,可构成互惠的生态关系	
(3) 植物丛聚群植,以奇数元素组合,彼此依托,能加强组合的统一感,及视觉的延伸和好奇感	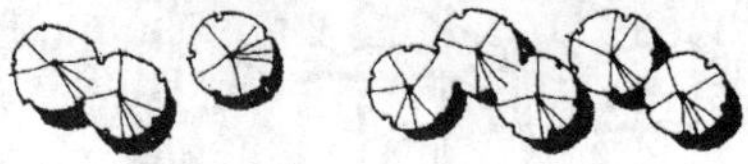
(4) 丛植植物群落彼此不宜留太大空隙,以免造成片断不完整,要使不同种类植物交织在一起,以增加组合的完整及调和	
(5) 形态优美的树具有特殊装饰性质,可设置于开阔的草地,并有雕塑的意味	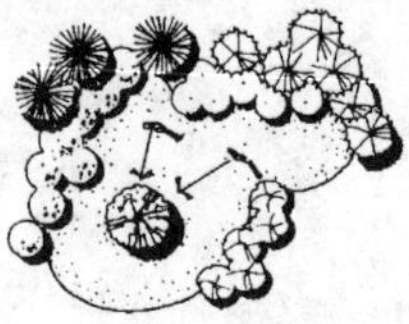
(6) 圆球形、中间色调且中等质地的植物,在组合中应占优势,一再重复使用,可令人回想刚才所见景象,形成整体感	
(7) 立面配置上应有高低层次变化,以使错落有致,产生垂直韵律趣味	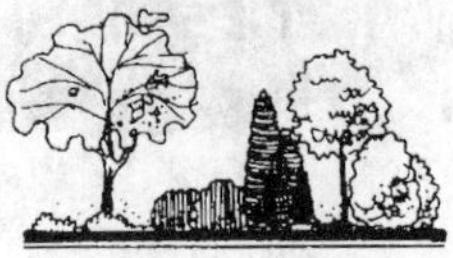
(8) 树冠下的空间应有低矮的灌丛或地被植物,否则会造成维护上的困难	
(9) 植物的外形、大小、颜色、质地,需与环境适当配置,如外形宽松垂摆的植物,不适于配置于严肃精致的空间	
(10) 植物配置与地面铺面材料要相互配合	

2.4 园林建筑小品

园林建筑小品是继地形、水体和植物素材之后，第四个重要的园林景观设计要素。园林建筑小品指的是那些功能简明、体量小巧、造型别致、带有意境、富于特色，并讲究适得其所的精巧的小型园林建筑设施以及那些美化环境、妆点生活、增添情趣的小巧的物质实体（装饰性小品）。

园林建筑小品作为改善环境，提高环境空间艺术水平不可缺少的一个因素，正以轻快、活泼、精致、优美的姿态活跃在我们的生活中。园林建筑小品作为三维的空间立体塑造艺术，其艺术装饰作用与实用功能是并重的。实用功能是园林建筑小品的骨架，而装饰功能就是园林建筑小品的血肉，对于一个实体来说，两者缺一不可，实用功能给人以物质上的生活体验，而装饰功能带给人以精神愉悦的享受。

2.4.1 园林建筑小品的分类

园林建筑小品作为园林景观中重要的组成部分，其内容十分丰富，类型极为多样，形式多变、千姿百态，成为人们对自己周围环境进行精致安排的集中体现。除了景亭、花架、构架、园桥、铺地、景墙、花坛、休息椅等，电话亭、候车亭、照明灯具、指路牌、垃圾筒、踏步、饮水龙头、告示牌等等这些非建筑的小型实体，只要经过认真的设计、精心的艺术加工，都是极有味道的园林建筑小品。

我们面对庞杂的园林建筑小品，有必要对其进行系统的分类、归纳，以便对园林建筑小品有更清楚的认识，更好地用它来为我们的城市建设服务。根据不同的分类标准，园林建筑小品的分类方法也有所不同，下面从空间特性和功能这两种角度谈谈其分类：

1. 按空间特性分类

任何园林建筑小品均会占有一定的空间，但对空间的使用方式不一样，以此为分类依据，可将其分为可进入空间类园林建筑小品和不可进入类园林建筑小品。

1）可进入空间类园林建筑小品

可进入空间类园林建筑小品指那些在自身内部限定着一定的空间，并且这些空间是为人们进入其间休息、观景、玩耍等等而提供的。不管其四周是否有墙，上面是否有顶，只要其所占有的空间，可以提供给人们或行或坐或游其上即可。这类园林建筑小品有景亭、榭、舫、景廊、花架、构架、眺台、铺地、园路、小桥、汀步、台阶、蹬道、候车亭、街头售货亭、自行车棚等等。

2）不可进入类园林建筑小品

不可进入类园林建筑小品是指那些实体类环境小品及内部虽有空间，但人不能也不会进入其中的环境小品，这类小品主要是作为观赏对象或使用对象而存在的。这一类环境小品主要有柱式、景石、供石以及景观雕塑小品、景墙、景门、景窗、栏杆、护柱、隔离墩、邮筒、垃圾箱、公共桌凳、照明灯具、各种标志牌、饮水器、时钟等等。

2. 按功能分类

任何东西皆有其内在性质,并且具有相应的用途,不同的园林建筑小品当然也有不同的性质和用途。虽然有些园林建筑小品拥有多种用途,但其中必然有主要用途和次要用途,并应只具有一种主要的、独特的性质。根据园林建筑小品的性质和功能我们可以把它们分为纯景观功能的园林建筑小品和兼使用功能和景观功能的园林建筑小品两大类。

1）纯景观功能的园林建筑小品

纯景观功能的园林建筑小品指本身没有实用性而纯粹用作观赏和美化环境的建筑小品,如雕塑、水景等。这些环境小品一般没有使用功能,却有很强的观赏功能,可丰富建筑空间、渲染环境气氛、增添空间情趣、陶冶人们情操,在环境中表现出强烈的观赏性和装饰性。

纯景观功能的园林建筑小品的设计和设置必须注意作品的主题是否和整个环境的内容相一致;造型方法是否符合形式美的原则;小品的文化内涵是否为环境创造出恰当的文化氛围;作品的风格是否与环境的整体风格相一致等等。不适当的环境小品非但于美化环境无补,反而会破坏整个环境的品味。

(1) 水景　水景小品就是以水为主要组景素材形成的,以被人欣赏为主要目的的景观小品。水景小品不仅能丰富环境景观,还能提高环境质量。

(2) 绿景　植物小品是利用植物作为主要元素,经过园林艺术手法的处理,形成具有很高观赏价值的景观小品。园林植物小品形式很多,如经过修剪的植物造型、植物雕塑、植物模纹、植物时钟、植物与花格组成的绿坪花墙、植物与陶罐组成的花式小品、花钵、盆花组合等等,它们带给我们健康的环境,多彩的生活和充满生机的世界。

(3) 石景　园林山石小品是利用石材、土壤等,用砌筑、堆叠、搁置等方式形成的具有较强造景作用的景观小品。自古人们就爱石,“仁者乐山、智者乐水”,古人认为,石质坚硬,有风骨,好石者必清高脱俗,因此山石成为环境景观中不可或缺的造景素材。创造石景的方法主要有叠山、景石、供石三类。

(4) 景观雕塑　雕塑是具有三维空间的艺术,是环境景观设计手法之一。在很多环境中,雕塑都是景观的主体,在环境景观设计中起着独特的作用,许多优秀的景观雕塑已成为城市的标志和象征。当今的雕塑已经走向生活,走向大众,它装点着环境,反映着时代的精神,陶冶着人们的心灵。雕塑可分为纪念性、主题性、装饰性和陈列性四类。

2）兼具使用功能和景观功能的环境小品

兼具使用功能和景观功能的环境小品主要指具有一定实用性和使用价值的环境小品,在使用过程中还体现出一定的观赏性和装饰作用,如景灯、电话亭、广告栏等。它们既是环境设计的重要组成部分,具有一定实用性,又能起到美化环境、丰富空间的作用。

兼具使用功能和景观功能的环境小品按其使用功能的不同,又可分为以下几大类:

(1) 交通系统类　指以交通安全为目的,满足交通设施需要的环境小品,包括地面铺装、自行车存放站、交通隔断等。

(2) 休憩类　包括亭、廊、榭、舫、楼阁、斋、花架等。

(3) 标志指引类　这类环境小品包括宣传牌、导游牌、路标、指示牌等。

(4) 照明类　包括庭院灯、路灯、造型灯等。照明类环境小品一方面创造了环境空间的形、光、色的美感,另一方面,通过灯具的造型及排列配置,产生优美的节奏和韵律,对空间起着强化艺术效果的作用。

(5) 游乐类　包括各类儿童游乐设施、体育运动设施和健身设施,这类环境小品能满足不同文化层次,不同年龄人的需求,是深受人们喜爱的环境小品。

(6) 通讯卫生设施类　包括电话亭等通讯设施以及垃圾箱、洗手器、果皮箱、厕所等卫生设施。

(7) 拦阻与诱导设施　包括栏杆、墙垣、护柱、缘石等。

(8) 服务类　餐厅、茶室、酒吧、小吃部、摄影部、小卖部、接待室、售报亭、书报栏、候车亭以及园凳、园桌、园椅等属于此类环境小品。

虽然园林建筑小品内容丰富、数量庞大且有多种分类方式,但有一点是不变的——即园林建筑小品具有造型小巧、形式多变、趣味无穷的特点,在环境中具有极强的装饰、美化作用。一块景牌、一席绿栽、一列敞廊、一组灯景、一具趣石、一孔景洞、一壶天地、一池镜水、一线飞桥都将使我们的生活更富有情趣。

2.4.2　园林建筑小品的特性

园林建筑小品作为园林景观的独特组成部分,在美化环境的过程中逐步发展成熟,主要有以下几个特点:

1. 整体性

任何一件园林建筑小品总是处于一定环境的包容中,在园林建筑小品创作时,要联系其所处的环境和它的空间形式,保证其与周围环境、建筑之间做到和谐、统一,避免环境中各要素因不同形式、风格、色彩而产生冲突和对立(图 2.80)。彼得·沃克曾说过:“我们寻求景观中的整体艺术,而不是在基地上增添艺术。”空间是环境的主角,园林建筑小品作为实体构成空间,它需要为环境和谐的整体利益而限制自身不适宜的夸张表现,使各自的先后、主次、从属分明,共同构筑整体和谐统一的环境景观。

图 2.80　绿地、建筑、小品和谐共处

2. 科学性

园林建筑小品的创作与建立,具有一定的科学性。园林建筑小品具有相对的固定性,其必须根据特定位置条件,对周围环境的视线角度、光线、视距等综合因素加以调查分析。如在城市广场中的园林建筑小品会由于广场性质的不同而采取完全不同的形式、内容:纪念性广场中的环境小品要体现庄重、严肃的环境氛围

(图2.81),休憩性广场上的环境小品要更多地体现轻松、恬静、活泼浪漫的环境氛围(图2.82)。环境小品的设置要考虑当地的实际特点,结合交通、环境、所在地区的性质等各种因素来确定环境小品的形式、内容、尺寸、空间规模、位置、色泽、质感等方面的选择与建立的方式。只有经过全面科学的考虑,才会有成熟完善的设计方案。

图2.81　南京大屠杀纪念馆雕塑

图2.82　休闲环境中的喷泉水景

3. 艺术性

作为环境中的园林建筑小品,审美功能是第一属性,园林建筑小品通过自身的造型、质地、色彩、肌理向人们展示其形象特征、表达某种情感、同时也反映特定的社会、地域、民俗的审美情趣(图2.83)。

园林建筑小品的制作,必须注意形式美的规律,它在造型风格、色彩基调、材料质感、比例尺度等方面都应该符合协调统一和富有个性的原则。

图2.83　南京水西门广场的中心标志——辟邪

4. 文化性

园林建筑小品的文化性体现在地方性和时代性当中。自然环境、建筑风格、社会风尚、生活方式、文化心理、审美情趣、民俗传统、宗教信仰等构成了地方文化的独特内涵,园林建筑小品也是这些内涵的综合体,它的创造过程就是这些内涵的不断提纯、演绎的过程,园林建筑小品的文化特征往往反映在其形象上(图2.84)。建筑物因周围的文化背

图2.84　仿汉代风格的亭

景和地域特征而呈现出不同的建筑风格，环境小品也是如此，应与本地区的文化背景相呼应，而呈现出不同的风格。环境小品所处的建筑室内外空间只有注入了主题和文脉，才能成为一个真正的有机空间，一个有血有肉的活体，否则物质构成再丰富也是乏味的，激不起心灵的深刻感受。

5. 休闲性

现代社会竞争激烈，有时会使人感到精神压力大，人际关系淡漠、情感趋于封闭，于是在城市建设中，休闲性的园林建筑小品日益被城市环境所重视。

休闲性的园林建筑小品充分体现了以人为本的设计理念，它实际上是人们对空间环境的一种新的要求。园林建筑小品的设计目的是为了直接创造服务于人、满足于人、取悦于人的空间环境。具有宜人的尺度、优美的造型、协调的色彩、恰当的比例、舒适的材料质感的休闲性环境小品，体现出了环境对人的关怀，在供人们交流沟通、休闲活动的场所中发挥着重要作用(图 2.85、图 2.86)。

图 2.85　南京 1912 仿民国建筑围合成的水景空间

图 2.86　南京南湖公园休憩一角

2.4.3　园林建筑小品的功能与价值

作为园林景观中的重要组成部分——园林建筑小品，丰富了城市的景观、美化着人们的生活、增添了城市生活的趣味，特别是提高了我们城市的品味和我们生活的精致程度。实用功能和装饰功能是环境小品两大功能，但对于每一种具体的环境小品来说，其功能作用也是具体的和各有特点的。如坐凳是一种供人休息就坐的设施，可以直接影响室外空间的舒适和愉快感。室外座位的主要目的是给人提供一个干净又稳固的就坐地方；此外，坐凳也提供人们休息、等候、谈天、观赏、看书或用餐的场所；同时，坐凳还具有点景、组景、增添城市亲切感、舒适感的作用。

花坛也起着改善环境质量，点缀、烘托景致等作用，而且还具有组织交通，分割、围合、屏障空间等功能，通过设计的花坛还能具有坐凳、挡土墙、台地等作用。

不少环境小品都具有展示城市文化、体现时代精神、寓教于乐的功能；而一些体量较大，有一定高度的小品如柱式、雕塑等，则具有共同形成局部城市天际线的功能等等。

环境小品的功能十分丰富且非常重要，了解和理解它们的功能，是为了给设计环境小品提供一些基础和依据。环境小品的特性价值主要表现在以下几个方面：

1. 景观价值

在现代城市里,水泥和钢筋混凝土充塞在我们的眼前,我们的城市往往成为人工建(构)筑物的堆砌体,冷漠、死板而缺少生气,园林绿地的存在美化了城市环境,增添了城市的活力,而绿地中的环境小品等是人们构筑精致生活,提高生命趣味的关键所在。不同的造型、不同的材质、不同的色彩、不同的组合,冲击着人们的视觉,街道不再单调乏味,广场不再生硬死板,居住区不再嘈杂零乱、缺乏生气……有了环境小品,城市变得赏心悦目,使人感到清爽、真实、亲切、自然、温馨、优雅。我们的城市就是一所大房子,装修是对大环境的改善,而环境小品就是房中的装饰物。

2. 适用价值

这里的适用价值有两层含义:一是环境小品的作用是其他建筑、设施所不能替代的,二是某种环境小品的作用是其他环境小品不易替代的。例如在一条道路上,纯粹的绿化与绿化同环境小品组合的效果是不同的,绿化代替不了环境小品,植物作为一种元素并不能表达所有的思想和意境,或许就是那一涌喷泉、一块顽石、一尊雕塑成了整条街的亮点。一个广场上只有铺装与绿地,人们是不会长久停留的,然而,若添加了坐凳、柱式、景亭等环境小品后,情况就大不相同了,再放置一些垃圾箱、展示牌等小品,将使环境更加完善、清洁。

3. 文化价值

环境小品作为人工化的产物,必然具有其社会文化属性,环境小品作为三维的立体艺术品,其文化价值非常凸显。作为人类精神追求的产物,环境小品包含设计者和使用者的美学观念以及所处城市赋予的文化内涵,在西方,很多小品、雕塑成为城市的标志。"让我看看你的城市,我就能说出这个城市的居民在文化上追求的是什么。"伊利尔·沙里宁这句话的意思是从城市的面貌中可以看到它的主人的文化水平。那么从哪些地方去看呢?不外乎城市的建筑、街道、公用设施和小品,而作为人们精致生活体现的环境小品是很能展现出城市的文明、文化程度的。

4. 情感价值

作为以物质为基础而创作出的精神产物,包含着设计者和使用者的情感因素,也包含着城市与环境所营造的情感氛围。一个好的环境小品不仅能给人以视觉享受,而且还能给人以无限的联想。设计师通过模拟、比拟、象征、隐喻、暗示等手法,创造蕴涵情感的作品。一个城市若没有感情,这个城市将不适合生存。现代社会,由于种种原因,使得人与人之间越来越淡漠,而那些优秀的环境小品激活了人们在心中深深埋藏的情感,使得我们的城市不再冷漠、生硬。

现在的环境小品越来越公众化、平民化,城市居民大众的情感亦融入了小品之中。不同的小品能激发人不同的情感。街头的情景小品给人轻松、自然、温馨的感觉;公园中的小品给人以自由、愉悦的感觉;居住区里的小品给人亲切、随意的感觉;烈士陵园中的小品则显得庄严、肃穆、悲痛;而大屠杀纪念馆里的小品则让人有悲愤、痛恨的感觉。我们的城市因为有了这些小品而充满了人的情感,亲切、自然、舒适,成为适合我们生活的家园。

5. 生态价值

城市中的污染问题已经十分严重，在人们回归自然的呼唤声中，改善城市生活环境质量的活动正在进行，而环境小品也成为重要的手段之一。环境小品与其他元素共同构成的优美的环境景观有利于人们改正自己的不良卫生习惯，共同维护城市的环境质量。

植物、水体在调节小气候、降低污染、消声、滞尘、杀菌、防灾等方面均有不小的作用。随着人们对生活环境质量要求的提高，对大自然的向往，园林水景小品和园林植物小品在城市中将被更多地使用。其他环境小品在构成景观时，也多与植物相配合，以尽可能多地利用植物，产生尽可能大的生态效益。

6. 经济价值

环境小品的经济性主要表现为隐性经济价值，其隐性经济效益十分明显和巨大。环境小品构成的良好生活环境和城市景观，成为旅游业中的一个亮点，推动了旅游业的发展；城市景观和生活环境质量的提高，使城市中的人们心情舒畅、身体健康，提高了生产效率和服务质量，这也是经济价值的体现；城市环境的改善，使得城市形象和知名度大大提升，为城市今后的发展提供了良好的成长空间。

由此可见，环境小品的经济价值十分可观。随着人们价值观念的改变，环境小品的经济价值一定会为人们认可和接受，这种极具潜力的隐性的经济价值将得到更好的体现，发挥更大的作用。

2.4.4 园林建筑小品的设计

1. 园林建筑小品设计的思考方法

园林建筑小品设计需要考虑科学、艺术、功能、审美等多元因素，同时园林建筑小品的艺术表现已不是传统的二维或三维空间形态，而是综合时空艺术的整体表现形式。所以，园林建筑小品的设计涉及诸多因素，概括起来，主要应处理好以下三种关系：

1）整体与细部的关系

环境小品的设计一般应做到大处着眼，细处着手。在设计思考中，首先应对整个设计任务要有全面的构思和设想，树立明确的全局观，然后一步一步地由整体到细节逐步深入。在人体尺度、细部设计方面应用比较的方法反复推敲，使局部融合于整体，达到整体与细部的完美统一。

2）单体与全局的关系

这里的“单体”是指某一环境小品，“全局”是指环境小品所处的空间环境。单体与全局的关系在设计中需反复推敲，最后趋于和谐统一，避免造成环境的不协调、不统一。

3）意与笔的关系

“意”指立意、构思、创意；“笔”指表达。环境小品设计中，立意、构思是极其关键的因素，立意和构思是整个设计的“灵魂”所在。一般而言，应做到“意”在“笔”先，有了明确的立意和构思，才能有针对性地进行设计。当然在某些情况下，也可以笔意同步，边动手边思考,同时在设计过程中使主题创意逐步明确、完善。

环境小品的设计是一个形象思维过程,如何抓住思路很关键,但只有形象的想象还不够,还需通过优秀的表现方法把作品的构思用方案表达出来,只有这样,才能让人们完整地了解作品的构思。所以,对设计者来说,熟练掌握并运用各种表达手段是必须具备的十分重要的能力。

2. 园林建筑小品的材料应用

为了满足不同的景观环境,创造不同的景观气氛,我们除了选择做什么样的环境小品及采用什么样的外观形式外,挑选何种施工工艺和建造材料,也十分重要。建筑材料多种多样、丰富多彩,不同的建筑材料会给人不一样的心理感受,形成不一样的环境氛围,甚至于同一种材料,经过不同的工艺处理,也能造成不同的视觉效果和心理反应。

几乎每一种建筑材料都可用于制造环境小品,环境小品的材料包括结构材料和饰面材料,但并不是所有的环境小品都有饰面材料,有些只是进行饰面处理,甚至于就直接裸露着结构材料,不加修饰,而这些都是依据所要满足的需要和形成的意境效果来决定的。

结构性材料是为形成框架或主体而运用的材料,它塑造了环境小品的形态或者实质。因此,这些材料要具有较好的力学强度,耐压性、抗拉性、抗剪性较好或者具有较强的可塑性,并且成型后,不易变形等特点,如混凝土、钢筋混凝土、砖、石材、木材、竹材、不锈钢、铸铁、铝合金型材、塑料预制块、玻璃钢等等(图 2.87 ~ 图 2.90)。

图 2.87 混凝土墙面的处理效果

图 2.88 由花岗岩与木材形成的廊架

图 2.89 形成光影诱导空间的木制弧形廊架

图 2.90 玻璃、钢架的组合

饰面处理能使坚固的环境小品更加美观、悦目，同时还能使其与周围环境相协调。饰面处理主要有两种方式：一种是运用饰面材料加工，我们可以用花岗岩、大理石、木材、缸砖、瓷砖、马赛克等贴面，或用彩色水泥抹面、还能在表面进行粘卵石、干粘石、喷涂、喷砂、刷油漆、涂树脂等方法处理；另一种是对结构层表面进行加工，方式则有打磨、抛光、斧凿、拉毛、雕刻、勾缝等。

除此之外，环境小品还运用一些建筑中不会用到的材料，如植物、山石、水体，甚至是动物。这些材料除作为环境小品的主材外，还经常作为辅助材料，点缀、烘托其他环境小品，共同构成优美、恬静的景观效果。山石、水体、植物、动物都带着大自然的灵性，充满着勃勃的生机，由它们参与构成的环境小品会比其他材料的小品更能使人感悟到自然的亲切和生命的意义。

从总体环境的立意构思到某一具体空间环境的设计，乃至最后的细部推敲和施工图绘制的整个过程，装饰材料都作为一个要素，贯穿于整个构思设计过程的始末。设计师只有大量掌握材料的特性，发挥其优势，才能搞好环境设计。世界现代建筑奠基人、建筑大师密斯·凡·德罗、赖特和勒·柯布西耶在运用和发挥材料特性上有独到的见解。密斯对钢和玻璃特性的把握和表现十分精到，创造了“少就是多”的简洁、挺拔的现代建筑形象；勒·柯布西耶运用混凝土材料的可塑性，创造了昌迪加尔法院、朗香教堂等多姿多彩的建筑艺术形象；赖特更是注重在设计中恰如其分地运用材料，他认为材料尤其是材料的肌理可以使形式更有意义，设计更有新意，甚至充分表现材料的内在潜力和真实外部形态成为其有机建筑观念的重要组成部分。他还指出“每一种材料都有自己的语言……每一种材料都有自己的故事”，他甚至认为“材料因体现了本性而获得了价值，人们不应去改变它的性质或想让它成为别的”。赖特的建筑作品充满着天然气息的艺术魅力，其秘诀就在于他对材料的独到见解和满含情感的运用。

作为环境艺术的设计师，必须熟练掌握并仔细研究各种装饰材料的内在性能，包括形态、纹理、色泽、力学和化学性能，这样在表达设计构思环境、气氛的创造上才能得心应手，游刃有余。然而更为重要的是要探索材料运用方法及其组合运用的艺术表现力和工程可行性，即提高材料的综合运用能力。

3. 各类园林建筑小品设计

1）雕塑

一座好的景观雕塑往往会得到“凝固的音乐”、“立体的画”、“用青铜和石头写成的编年史”等美誉，因为它能起到感化、教育和陶冶性情的作用。而且，其独特的个性赋予空间以强烈的文化内涵，它通常反映着某个事件，蕴含着某种意义，体现着某种精神。在绿地环境中，优秀的环境雕塑不仅能形成场所空间的焦点，对点缀烘托环境氛围、增添场所的文化气息和时代特征有着重要作用，而且还能调节城市色彩、调节人的心理和视觉感受。

环境雕塑在设计上应考虑整体性、时代感，与配景的有机结合以及工程技术这几个要点。环境雕塑在设计时，一定要先对周围环境特征、文化传统、空间、城市景观等有全面、准确的理解和把握，然后确定雕塑的形式、主题、材质、体量、色彩、尺度、比例、状态、位置等，使其和环境协调统一。环境雕塑以美化环境为目的，应体现时代精神和时代的审美情趣，因此雕塑的取材比较重要，应注意其内容、形式要适应时代的需求，不要过于陈旧，应具有前瞻性。同时,雕塑应注重与水景、照明和绿化等配合,以构成完整的环境景观。雕塑和灯光照明配合,可产生通透、清幽的视觉效果,增加雕塑的艺术性和趣味性;雕塑与水景相配合,可产生虚实、动静的对比效果,构成现代雕塑的独特景观;雕塑与绿化相配合,可产生软硬的质感对比和色彩的明暗对比,形成优美的环境景观(图2.91、图2.92)。

图2.91 水景中的雕塑

与其所处环境密切关联,强化了景观的主题

图2.92 铜雕"智慧与视野"

站立在上学大道上,成为师生视线之焦点

2)地面铺装

地面是绿地空间的使用者——人的行为支承面,它的色彩、高差处理以及质感等的不同,均对人产生不同的影响,对人的行为起着引导和限制的作用。地面铺装既可以实际使用为目的,也可主要以观赏为目的,其设计的效果对绿地的环境质量有着重要影响。

地面铺装是人们停留及进行各种活动的界面,首先应满足坚硬、耐磨和防滑的要求;同时地面对空间的构成有很多作用,它可以有助于限定空间、标志空间、增强识别性,可以通过地面处理给人以尺度感,通过图案将地面上的人、树、设施与建筑联系起来,以构成整体的美感(图2.93);也可以通过地面的处理来使室内外空间与实体相互渗透,如图2.94,诙谐自然的铺装为人们营造了一处舒适的休闲空间。地面铺装应注意外观效果,包括色彩、尺度、质感等。一般地面铺装在整个环境空间中仅起背景的作用,不宜采用大面积鲜艳的色彩,避免与其他环境要素相冲突(图2.95)。

图2.93 波浪式铺装

与喷泉、坐凳浑然一体

图2.94 图案式铺装构成的休息场所

图2.95 铺装的统一作用

铺地材料的大小、质感、色彩也与场地空间的尺寸有关，如在较小环境空间中，铺地材料的尺寸不宜太大，而且质感、纹理也要求细腻、精致；另外还应注重硬质铺地材料的图案设计(图2.96)，图案的布置、拼接必须与场地的形状、功能相联系，简洁统一、突出重点的铺地图案设计可使整个环境空间更趋于完美。同时，铺地材料应与周边环境，如附近的建筑物、种植池、照明设施、树墙和坐椅等相协调，如图2.97所示，于丛林中设置的木栈道，是铺装与环境融合的优秀设计手法。

图2.96　铺装的视觉趣味性

图2.97　丛林中的木栈道

3）休憩类

(1) 亭　亭是园林中最常见的一种建筑形式，《园冶》中说：“亭者，停也。所以停憩游行也。”，可见亭是供人们休息、赏景而设的。亭的形式繁多，布局灵活，山地、水际或平地都可设亭。亭的设计应注意其体量与周围环境的协调关系，不宜过大或过小，色彩及造型上应体现时代性或地方特色(图2.98、图2.99)。

图2.98　与中心游园平面构图相呼应的亭廊组合

图2.99　古朴的茅草亭

(2) 廊　廊在园林中除了起到遮阳避雨、供游人休息的作用外，其重要的功能是组织游人观赏景物的导游线路，通过它的艺术布局，将一个个的建筑、景点、空间串联起来，形成一个有机的整体。同时，廊本身的柱列、横楣在游览进程中形成一系列的取景边框，增加了景深层次，浓化了园林趣味。廊的形式丰富多样，其分类方法也较多，按廊的内容结构则可分为空廊、平廊、复廊、半廊等形式(图2.100、图2.101)。

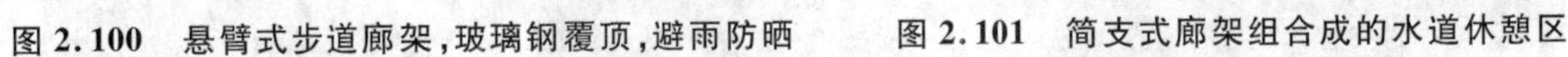

图 2.100　悬臂式步道廊架，玻璃钢覆顶，避雨防晒

图 2.101　简支式廊架组合成的水道休憩区

(3) 水榭　水榭是一种临水建筑，常见形式是在水岸边架起一平台，部分伸出水面，平台常以低平的栏杆或鹅颈靠相围，其上还有单体建筑或建筑群(图 2.102)。

图 2.102　南京中山陵流徽榭

为处理好水榭与水体的关系，在水榭设计上：第一，在可能的范围内水榭应突出池岸，形成三面或四面临水的布局形式；第二，水榭宜尽可能贴近水面，若池岸与水面高差较大时，水榭建筑的地平线应相应下降，使整体协调、美观；第三，在造型上，宜结合水面、池岸等，以强调水平线条为主。

(4) 花架　花架是攀援植物的棚架，供游人休息、赏景，而自身又成为园林中的一个景点。在花架设计中，要注意环境与土壤条件，使其适应植物的生长要求；在没有植物的情形下，花架本身应具有良好的景观(图 2.103、图 2.104)。

图 2.103　成为居民休憩空间的花架

图 2.104　虚实结合产生波纹状光影变化的日式原木花架

4）标志指引类

包括问讯指示、导游指示、路线指示、厕所指示、电缆线指示、小卖部指示等，是绿地中传达信息的重要工具。重视小品标识或标志牌使用，标明设施和特色，甚至是植物的种类（可以寓教于园），比起“禁止……”的标牌来说有着积极的意义（图2.105～图2.107）。

图2.105　植物标识牌

图2.106　庭园标志牌

图2.107　场地指示牌

各种标志牌（指示牌）的设计最主要的是体现它的标识性，注意在颜色以及材料上的搭配，要注意艺术效果，既力求与环境协调，又要鲜明突出；并应有宜人的尺度，其安置方式与位置必须有利于行人停顿观看，宜置在各种场地的出入口、道路交叉口、分歧点及需要说明的地点。标志牌（指示牌）前应留有一定的视线空间，观看标志牌地形应该平坦，若标志牌采用带反光的材料，要注意避免眩光。

标志牌（指示牌）可以采用多种材质，其框架的材料一般和展示部分的材料有所不同，并以此互为区别；同时最好与各种人工照明相结合，这样可供游人夜间使用，且增加了标志牌（指示牌）的表现力。

5）照明类

此类景观小品在2.5灯光中详细说明。

6）游乐系统类

此类小品深受人们的喜爱，也是人们生活中不可缺少的内容，包括游戏环境小品和娱乐环境小品，它们有不同的使用对象和设置要求（图2.108～图2.110）。

图2.108　多样化的活动场地

图2.109　低龄儿童使用的组合游戏设施

图 2.110　日本某儿童游戏公园

以水为主题，设置一些游戏设施，使孩子们在玩耍中学习水的物理性能

游乐类环境小品在设计上应着重考虑其安全性能，无论造型、结构、材料等方面均应保证安全；同时应考虑合理性，即需针对不同年龄层次游人的生理和心理特点，从设施尺度、色彩、形象、材质等方面进行综合研究，创造出适应不同年龄层次人群使用的游乐类环境小品；最后还应考虑此类小品的美观性，应结合整个环境的特点，以活泼的造型、鲜明的色彩、舒适的质感，促进儿童、少年和成年人身心健康发展。

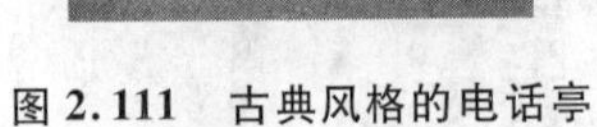

图 2.111　古典风格的电话亭

图 2.112　南京街头电话亭

7）通讯卫生设施类

（1）电话亭　绿地中应设置一定数量的电话亭，满足游人的应急需要。首先，电话亭要设置在人们容易到达的地方，应有一定的遮蔽设施，方便游人在雨天的使用（图 2.111、图 2.112）。此外，在高度上既要满足成年人的使用要求，不能太低；又要关注到坐轮椅的老人与残疾人及儿童的使用，不能太高，一般不高于 50 cm，解决这一矛盾的最好方法是设置两部高低不同的电话机。另外，电话亭还应关注到其外观美，能够与周围环境有良好的结合。

（2）垃圾箱　城市绿地的垃圾箱往往反映着绿地的人性化程度和城市的文明程度，它直接关系到空间环境的质量和居民的健康。其设计应该首先满足使用功能要求，要有一定数量和容量，方便投放和易于清除，故垃圾箱多置于用餐或较长时间休息或停滞的地方，如小卖部、咖啡屋、坐椅等处。同时，设置垃圾箱的地方要干燥、不易积水，箱下部应有排水孔，且通风良好，投放清除垃圾方便（图 2.113）。垃圾箱的形象应艺术化，并具有“吸引力”，应清洁大方，色彩明快，与所处环境相融合（图 2.114）。垃圾箱还要尺度适宜，便于投掷,高度一般在 80～90 cm 间。

图 2.113　设有“烟灰缸”的垃圾箱

图 2.114　造型新颖、色彩鲜艳的垃圾箱

(3) 厕所　公共厕所的设计应满足人们的使用要求,干净整洁、朴素大方、造型美观,并充分考虑到养护、管理、维修等方面的问题(图 2.115)。

图 2.115　与环境融合的厕所

8) 拦阻与诱导设施

(1) 墙垣　城市绿地中的墙垣主要有围墙、景墙、挡土墙之分。

围墙主要是为了围护一定的空间而设,以防护功能为主,兼具装饰作用。

景墙主要用于造景,有两方面的含义:一是作为景物供人观赏,所以其本身的造型要求极为美观;二是作为组合绿地空间的要素,利用景墙的分隔、穿插,使空间生动、有趣。因此,景墙的高度、曲折、通透、封闭都要考虑到空间环境的需要(图 2.116～图 2.118)。

图 2.116　生态景墙限定入口

图 2.117　清水墙与铜雕的结合

图 2.118　红砖景墙形成框景

图 2.119　挡土墙的艺术化处理

挡土墙是在地形高差较大的地方，为了安全而砌筑的用于固土护坡的墙体，尽量不要将其暴露在视线可及之处，能掩蔽就掩蔽(图 2.119)。

图 2.120　游泳池旁的鱼状围栏

(2) 栏杆　绿地中的栏杆主要起分隔空间、安全防护的作用，同时又可装饰环境，丰富空间景域。由于栏杆一般较为通透、低矮，故适于开敞空间的分隔和围护。栏杆一般设于草地、花坛的边缘，阻止行人进入；或设于水边、崖畔、梯沿等危险之处，避免行人跌落。

栏杆的造型一般以简洁、通透、明快为特点，若造型优美、韵律感强，可大大丰富绿地景观。栏杆的材料通常为金属、竹木、石材和混凝土等，不同的材料可创造出风格各异的栏杆，从而保持与环境的和谐统一(图 2.120)。

图 2.121　大理石缘石限定水池，带来安全感

(3) 障壁/护柱/沟渠/缘石　这些都是制止性的地面设施，其目的是通过上述各种处理，起到阻挡、警告和暗示作用，达到阻止行人的目的(图 2.121)。

障壁为实心矮墙，其功能作用同围墙与栏杆，但长度较短。

护柱为示意性的围栏，常用作限制车辆通行、标明界限、划分区域和形成地面上一系列垂直阻拦物；也可以作示意性的栏杆使用，并能创造出给人具有特殊印象的城市景观。

缘石主要用于地平高差的边缘，可采用毛石或砖，混凝土块等砌筑；也可采用隆起的方法作地面处理，给行人以警告信号，达到阻止行人的目的。

挖一深 1 m、宽 1.5 m 以上的沟渠，即能有效地控制人流，但又不遮挡视线，并具有排水的功能。

9）服务类

（1）饮水器　城市绿地中饮水器的设置是设施人性化的一个重要体现。饮水器的设置不仅要确保站着的成年人使用时不需蹲下，同时还要满足儿童或坐轮椅者的使用，因此，最好配备不同高度的饮水口。而且开关控制要简单，无需抓紧或扭动。饮水器造型、饮水口的设计多种多样，深受人们的喜爱（图 2.122）。

图 2.122　造型各异的饮水设施

（2）坐椅　在城市环境中，人们的休闲方式主要是娱乐、交谈、等候、观赏等，坐椅成为环境中最重要的“家具”，为人们的休闲生活提供了方便。它的应用主要体现在两个方面：首先是为游人提供休息、赏景的空间；其次是以其精美多变的造型点缀环境、烘托气氛。

坐椅的设计很重要，应考虑人在室外环境中休息时的心理习惯和活动规律，结合所在环境的特点和人的使用要求，决定其设置位置、坐椅数量、造型等。供人长时间休憩的坐椅，应注意设置的私密性，以单坐型椅凳或高背分隔型坐椅为主；而人流量较多供人短暂休息的坐椅，则应考虑其利用率，坐椅大小一般以满足 1～3 人为宜。

坐椅的材料很广泛，可采用木料、石料、混凝土、金属材料等。坐椅还常常结合桌、树、花坛、水池设计成组合体，构成休息空间（图 2.123）。

图 2.123　各种类型的坐椅

2.5 灯光

光是世界上最为普遍、无所不在的元素。阳光是所有生命的源泉,它驱动着从植物的光合作用开始的所有生命过程。光也是世界的首要“创造者”,正是通过这一媒介,我们才能够直接体验周围环境;假如没有了光,就根本无法感受和理解色彩、深度、空间和体积;而且光能够决定我们最深的情感和情绪;只要想一想灰蒙蒙的天空与阳光灿烂的天空在我们心中引起的不同感觉,就可以明白这一点。

自然光一直是人类生活的主宰,从日常照明到绘画、建筑的创作,一直是人们赞颂与表现的主角,但是,自然光毕竟是外来的恩赐,人在它面前始终是个奴仆,只能顺应它的秉性;而灯光——人工光源则是人类自己的产物,人是其主宰,可以随心所欲地把它作为颜料、音符来建构独特的灯光环境艺术。更为重要的是自然光只能占据半日的光彩,而人却可用灯光随时随意地在一日的另一半创造自己所需要的色彩和形式,乃至一个全新的世界。这是因为人对世界的认知是建立在视觉、物象、光源三大基础之上的,人们用灯光取代了日、月、星辰,那么这个世界也就随之容颜一新了(图2.124、图2.125)。

图2.124 天光半日——平淡无奇

图2.125 灯光重塑——璀璨瑰丽

对艺术家和建筑师们来说,光是创作中重要的原材料,光是艺术的生命和美化夜间城市的“化妆师”。

2.5.1 园林灯光的相关概念

自古以来,灯光一直是人们赖以生存的照明手段,伴随人类度过了数千年的漫长黑夜,时至今日,灯光已超越了单纯的环境照明而步入环境艺术领域。夜幕降临,闪烁的灯光仿佛是城市“多情的眼睛”,灯不再是单纯的照明工具,而是集照明、装饰功能为一体,并成为创造、点缀、丰富绿地环境的重要元素,包含着一定的文化内涵。从照明到灯光环境艺术,这不仅仅是概念上或者使用方式上的不同,更是人们生活品质的提升。

1. 灯光

自然光与灯光都是人对物体产生视觉认知的必要因素,视觉是人对物体反射光的感知。自然光有阳光、月光、星光、天穹光、荧光等，其中最主要的是阳光；灯光包括电灯光、焰火、灯笼、烛光等等，灯光源于人们对光明的需求，夜幕降临，人们希望用自己的光亮来补偿阳光的逝去，从篝火、火把、油灯、蜡烛、汽灯到电灯，灯光一直是照明的工具，让人类在灯光下如同白昼一样工作、生活。但人们不满足于简单地照亮环境——仅仅限于视觉及心理安全舒适的物质层面，而要求灯光能发挥其特有的潜质，创造环境的美感，使人的心灵得到审美的愉悦，这样，灯光环境照明便升华为灯光环境艺术了(图2.126)。

图2.126 灯光在环境中的作用

虽然灯光尚未成为主角，但已强化了环境的艺术特征

2. 园林绿地灯光环境

园林绿地灯光环境，是在绿地环境中运用灯光、色彩，结合各造园要素创造的，集科学性、艺术性于一体的夜景空间。园林绿地环境不同于城市空间和建筑环境，其构景元素丰富、造景手法多样，在灯光环境的营造中有其独特性，不仅是照亮环境，而且还利用灯光这种特殊的“语言”，丰富园林空间内容、重塑绿地环境形象，这是园林造景艺术的衍生和再创造。

2.5.2 园林灯光的功能与作用

照明的基本功能是使白天得以延长。近年来，随着照明技术的发展，越来越多的设计者开始思考如何把灯光的效果融入于整体设计之中。随着可选择灯具的不断增多，特别是节能型和微型灯具的出现，使灯光艺术在园林中的应用逐渐变得经济实用。

营造园林绿地灯光环境，能丰富城市夜景空间，提炼城市个性，强化城市特色，增加城市的艺术魅力和文化氛围，有利于城市形象的改善。通过灯光环境建设，延长了照明时间，不但丰富了市民的夜生活，增强了城市活力，而且减少了阴暗消极场所，有助于城市的安全防卫工作。具体来说，园林灯光的功能与作用主要体现在以下几个方面。

1. 旷野里的空间限定

白日里的绿地空间是开放的，人们可以随意到达任何一个角落，而在夜晚，漆黑的绿地使人感到不安全，人们的活动受到了较大的限制。绿地里的灯光，为人们提供了活动场所，同时也限定了活动空间的大小、形状，使人们在夜晚绿地里可以“有限定的自由活动”，这是绿地灯光环境的特点之一(图2.127)。

空间是因限定而产生的，以往的空间，多是由实体限定的，如柱、墙、屋顶、树、大地、

图2.127 灯光界定了人们的活动空间

水等都是实物、摸得着、看得见；而光作为限定空间的虚体材料，其限定的空间可以视为心理空间，是界面虚拟的空间，人在其中可穿行无阻，但又能分辨清楚不同的领域，这是光空间的独到之处。这种空间的过渡是自然、融通的，人的行为是自由、随心的，而空间的大小、气氛、浓淡等感受又是可以通过光的排列、色彩、强弱、形状等来随时随地自由调节的，是一种随意性很大的、灵活的、贴切的空间形式，尤其适合临时性的、要求气氛轻松活泼的空间。

图 2.128　街头袖珍绿地，嘈杂里的一丝安宁

2. 硬质景观中突出软质景观

通常我们把树木、草坪等植物绿化称为软质景观，而把亭台楼阁等建筑、小品称为硬质景观。绿地是由软质、硬质景观结合而成。在城市的中心区，建筑用地寸土寸金，其中的绿化是街头的袖珍绿地；面积小，却很精致，利用率极高，成为硬质景观中的软质景观。灯光突出了树木花草的软质特点，对树木的色彩、质感、树形都进行了重新塑造。绿地灯光对环境可起到增加视觉层次、柔化周围建筑的作用，并当建筑为亮、树木为暗或树木为亮、建筑为暗时，均产生不同的视觉效果。在繁忙的都市里，绿地灯光环境为市民带来了人工里的一丝自然，现实中的一丝浪漫，嘈杂里的一丝安宁，紧张中的一丝松弛(图 2.128)。

图 2.129　绿地与小品灯光配合，提供活动空间

3. 软质景观中突出硬质景观

在较大面积的绿地里，是软质景观中包含硬质景观，建筑小品隐映于花草树丛之中。灯光常结合这些硬质景观，在夜晚的绿地中显得更加璀灿突出，产生良好的视觉效果，同时，又成为人们自由活动的场所(图 2.129)。

4. 植物色彩、质感的重构

我们常见的植物均以绿色为主，绿色成为植物在白日的代表色，固化在人的脑海中。在夜晚，灯光对植物色彩进行了重新渲染，从而使以绿色统一的树木在夜晚变得五彩斑斓，如梦似幻，绿的滴翠、黄的娇嫩、红的热烈、粉的惊艳、蓝的幽深，使人如临仙境，乐而忘返。同时，灯光也改变了树叶的质感，多角度的灯光，使树叶透明化，形成丰富的视觉效果，使树木显得生机盎然，创造出更加怡人的园林灯光环境(图 2.130)。

图 2.130　灯光对植物色彩、质感的重构

5. 与不同时段的天光相配合

大地、树木、天空，本身就是溶于一体的不可分开的自然景观，瑰丽的园林灯光环境与黄昏至清晨中的天光变化相结合，更是奇妙无比。太阳西斜，彩霞满天，树木形成了深色的剪影效果；星光微露，天色幽蓝，树木与灯光却渐渐亮了起来；一轮弯月，繁星闪闪，灯光下的树木五彩缤纷，鲜艳夺目。这瞬息万变的天空与灯光下多彩多姿的树木，造就出一幅幅生动的画面，给人以各不相同的视觉和心理感受，更使大自然具有了永恒的魅力。

6. 突出树木一年四季中不同的形态

树木在一年四季中具有不同的形态，尤其在北方地区更为明显。春天嫩芽初露，夏天枝繁叶茂，秋天落叶归根，冬天枝干清晰。灯光可分别依树木在四季中不同的特点而作不同的重点表现，春、夏、秋可突出树冠、树叶；而冬天则可突出树枝、树干，即使白雪皑皑、寒风朔朔，不同色彩的灯光，仍能使树木的枝条散发出生命的气息；而重点景观街道或绿地中，树枝上悬挂节日满天星彩灯，更能给人们带来浪漫温馨的感觉。树木在四季中的变化尤如生命的轮回，而灯光则是把轮回中的每一阶段赋予不同的生命色彩(图2.131)。

图2.131　灯光突现树木在季节变化中的不同形态

左：初春时节，被地面上的聚光灯照亮的光秃秃的小树静静地伫立着，准备迎接春天的到来；
右：随着夏季的到来，小树披上了鲜艳的外衣，显出一副生机盎然的样子；地面上定向灯具的照明让小树的新装在夜色中显得更加艳丽

2.5.3　园林照明布灯类型

园林照明设计主要是依靠灯光照明塑造出丰富的景观效果，从而对原有的环境进行再创造。园林绿地由于其突出的生态特性，灯光在绿地中的主要作用不仅仅是在夜间提供合适的照度，更重要的是运用各种照明方式表现各构园要素，即树、花、草、水景，以及各式园林小品的魅力。

100多年来，随着照明技术手段的日益进步，照明灯具不仅帮助人类战胜了黑暗，而且日益渗透到人类塑造空间环境的活动中。然而，就象其他许多人类的发明创造一样，灯光

在给人类带来光明、提供崭新的设计手段的同时，对照明设备的滥用和不恰当的设计也带来新的问题——光污染(包括“眩光”等“视觉”污染)。目前，用于园林绿地中的灯具品种可谓丰富多彩，如庭院灯、草坪灯、泛光灯、埋地灯、彩色串灯、造型灯等，每一类都有其自身的特点和适用的场所，作为园林设计师，必须对其分类、特性等充分了解，才能在使用上得心应手。

下面从照明灯具的功能及投射方式这两种角度谈谈其分类：

1. 按功能分类

人们对室外照明的需求分为基本功能、感官信息和精神文化审美需求三个层面，与此相对应，园林照明分为三种类型，其中明视照明(安全照明)、显示照明(功能照明)属于基本功能照明，而饰景照明(景观照明)则兼顾感官信息和精神文化审美需求两个层面，是视觉美的创造并给人们带来精神上的愉悦。

1) 明视照明(安全照明)

是指保护人们在室外环境中不受到意外伤害的照明系统，主要满足人们室外活动与工作的明视需求，提供安全保障，它使人们可以明确自己所处的位置，了解周围的环境。恰到好处的安全照明可极大地增加室外空间的活力，使得室外空间成为建筑空间的延伸。安全照明不针对特定的空间和活动，它属于基本、普遍的环境照明(图 2.132、图 2.133)。

图 2.132 造型灯柱有效分隔步行和车行空间

图 2.133 草坪灯提供了道路的边界

2) 饰景照明(景观照明)

这是创造出夜间景色、显示夜间气氛的照明，是室外夜间光环境创造中最重要的照明手段。它由亮度对比来表现光的协调，而不强调照度值本身，通常采用多种照明方式相结合来达到理想的设计效果。景观照明不仅要给人提供良好的视觉感受，抑制眩光的产生；而且能够体现一定的空间环境风格，增加环境空间的美感，符合人们生理和心理的需要。我们应充分利用照明艺术手法及其光色的协调，创造出和谐的气氛和意境，使人得到美的享受和心理的愉悦与满足(图 2.134)。

图 2.134 隐蔽的灯具创造了光与影的丰富画面

3）显示照明（功能照明）

显示照明是指满足人们在室外空间从事各种活动所需要的基本照度要求的照明，它与其他照明系统分开，只在需要进行某个特定活动时才开启，具体包括集会广场、休闲园地、户外文化体育娱乐设施的照明。显示照明体现了城市的人文关怀，使城市充满活力（图2.135）。

图2.135　广场音乐会

以灯光重新装置广场的制约主体及周围合体，界定演出的观赏空间，给人以全新的视听体验

2. 根据所选用照明灯具的投射方式分类

园林绿地灯光环境，根据所选照明灯具及投射方式的不同，可分为四类：

1）泛光照明

即运用泛（投）光灯、庭院灯、草坪灯等，来照射被照物，体现被照物的形态、体量、造型、质感等特征，常用于照射园林建筑、雕塑小品、树木、草地等。

2）轮廓照明

轮廓照明是运用紧凑型节能灯、霓虹灯管、美耐灯、发光光纤管、导光管等发光器具，勾勒被照物的形体和轮廓，体现构筑物的造型美或园路、墙垣的方向感。这种照明方式，一般结合泛光照明应用，常用于园林建筑、大型景观构筑物、绿地墙垣、园路等照明。

3）内透光照明

内透光照明是把灯具放置在灯光载体（被照物）的内部，使光线由内向外照射。这种方式加强了被照物的空间感和体量感，常用于园林构筑物、树木、喷泉等照明。

4）饰景照明

运用彩色串灯、霓虹灯、LED（发光二极管）灯等照明器具，营造灯光雕塑、灯饰造型、灯光小品等。比如各种花篮、动物造型，以及各类仿生造型，如椰树灯、礼花灯、石榴灯、竹节灯等。此种方式有利于烘托环境气氛。

2.5.4　园林灯光设计

绿地中优秀的灯光设计可以使绿地在夜晚以新的姿态展现于市民，可以让绿地环境变幻莫测，如绚丽明亮的灯光，可使绿地环境气氛更为热烈、生动、欣欣向荣、富有生气；柔和、轻松的灯光则使绿地环境更加宁静、舒适、亲切宜人。绿地灯光设计既要满足照明要求，为人们的夜间活动提供安全保证；又要具有装饰功能。

城市园林的照明为人们营造一种场所，一种氛围，这种氛围是园林绿地照明设计最具魅力的地方。由于现代生活竞争激烈又缺乏必要的交往场所，使人们日益感到疏离，因此，在照明设计中应综合运用各种手法去营造人们户外交往的氛围，如精心布置人们活动、逗留、观景的场所，使各种活动各得其所，并具有开放性，人们可以在此相遇，相互交流、了解，从而造成一种安全、人性、闲适、温暖、积极的氛围。

下面谈谈园林绿地灯光环境艺术的特点及设计要则：

1. 突出软质景观的特点

城市绿地软质景观是与周围建筑的硬质景观相对比而存在,城市化的突飞猛进,使原先城市绿化中的建筑变成现在城市建筑中的绿化。绿地变得越来越珍贵,而灯光则与周围硬质景观相结合更突现其软质景观的特点。园林绿地灯光环境已成为人们在夜晚与自然紧密接触的空间,甚至是躲避城市喧嚣的空间。园林绿地灯光环境起着与其他灯光环境截然不同的互补作用,它能突出软质景观的特点,形成环境特色(图2.136)。

图2.136 灯光突现软质景观的特点

2. 园林意境的再创造

中国园林与西方园林各有特色,一个崇尚自然形体的树木间的巧妙组合,曲径通幽,小桥流水;一个崇尚人工形体树木的几何组合,横平竖直,干净利落;一个含蓄深奥,一个平实直白,韵味各不相同。但无论哪一种,通盘照亮都不是较佳方案,如同白昼则更是败笔。

中国画向来讲究"留白",画与不画相结合,似无似有,有无相生。借鉴到园林灯光环境艺术上,就是适当的"留黑"。黑夜是一块巨大的黑色画布,灯光是彩色画笔,应有选择地、局部地照亮,创造视觉兴奋点,形成整体灯光环境的着墨重点,同时又给人以想象的空间,做到有明有暗,有收有放,让园林灯光环境成为园林意境的再创造(图2.137)。

图2.137 适当"留黑"创造园林意境

3. 突出园林静的特点

如果说街道是以动为主,广场是动静结合,那么园林则是以静为主了。因而,塑造园林灯光环境,应在喧闹的城市中,创造"静"的气氛。在较大面积的绿地中注意适当留黑,在较少面积的绿地中注意灯光统一,避免因灯光过多而给人繁乱的感觉;同时配合声音,以自然的声响如潺潺流水、阵阵鸟鸣或人工音响,结合灯柱设置音箱播放背景音乐,这些都有助于创造安静的气氛。从人的听觉、视觉到人的心理感受,静永远是突出的主题(图2.138)。

图2.138 流水声有助于制造安静的园林灯光环境

4. 欣赏与使用相结合

园林绿地灯光环境可分为两种:一种以欣赏为主,根据不同园林景观特色进行灯光再创造,给人视觉上带来极佳享受,只可远观而不可亵玩焉;另一种是以实用着力,为人提供活动空间,如园林中的草坪、广场、坐椅、亭廊等园林构成要素,不仅为人欣赏,更是为人使用,故创造适合各种活动特点的灯光环境才是设计的主要目的。

5. 结合绿地的种类及具体形式来设计

城市公共绿地有很多不同的种类,如道路绿地、滨水绿地、庭院绿地、广场绿地、城市公园绿地、袖珍绿地等等。设计中应根据不同绿地在具体环境中所处的地位、规模的大小及其具体的形式,来对待每一处具体绿地的灯光环境设计,并考虑人们视点及视点的变化,人在其中运动的路径等,把绿地灯光环境最美的一面在夜晚向人们展示。

6. 注重设计欣赏路径

路径,决定了行走路线,也决定了人们欣赏视点运动变化的方向。园林灯光环境能够很好地被人接受,必须注重视点的组织,注重灯光欣赏路径的设计。这需要以现行园林绿地中的路径为基础,以灯光来突出或减弱某些路径;并经过多个灯光环境兴奋点,使人们在经过精心安排的园林绿地灯光环境中自由自在地沿路径活动,或山穷水尽或柳暗花明,在路径的延续中欣赏灯光环境的整体美(图2.139)。

图2.139 提供欣赏路线的灯光路径

2.5.5 园林绿地各构园要素的灯光设计

园林绿地灯光环境,是通过灯光及灯光载体(构园要素)二者相辅相成共同创造的。没有灯光则无法体现园林景观夜晚的魅力;同样,缺少构园要素,也不能展现灯光的艺术表现力。照明设计要以灯光艺术为指导,以各构园要素为载体,以各类灯光为表现手段,点、线、面结合,构筑园林绿地灯光环境的网络结构,创造一种舒适、优雅、高品位的环境空间。

1. 铺装广场灯光设计

大型铺装广场作为一处集中的硬质铺装场地,具有复合型、多元化特点,如多功能性(纪念、集散、观演、健身、休闲等)、多空间形式(开敞空间、半开敞空间、封闭空间等)以及多景观设计要素等。照明设计要遵循突出重点,兼顾一般的原则。首先要根据广场的性质、总体布置和主要构筑物的功能及形式,确定广场的灯光布局结构和主要照明点、照明线;然后针对广场中不同的构景元素,选择各异的照明方式和灯具类型,完善灯光环境。总体上,广场照明要求照度高,显色性好,灯光内容丰富,照明手法多样;但是要避免越亮越好,越丰富越好的设计误区。

照明方式主要选用泛光照明和饰景照明。一般选用广场灯(庭院灯)或草坪灯作为广场的主要照明设施,为广场提供基本的照度,并作为整个广场灯光环境的"底景";然后结合其他构景元素的照明,来丰富灯光环境的内容和层次(图 2.140(a))。广场照明灯具常用泛光灯照射雕塑、构筑物、树木等;各类灯饰小品及灯光造型可布置于草坪中,以活跃环境气氛;埋地灯则常结合各构景元素的泛光照明来用(图 2.140(b))。园林绿地中小型铺装场地的照明设计,则常做简洁处理,用庭院灯或草坪灯提供基本照度,或者用埋地灯及其他灯光造型,来丰富广场空间内容,烘托或热闹或静逸或优雅的环境气氛(图 2.140(c))。

(a) 广场夜景

被照亮的建筑成为广场的背景,树木、旗杆、水幕矮墙划分空间,装点夜景环境,LED 灯带强调突出铺装划分,图案效果明显

(b) 别有韵味

多种照明方式构筑了一个小型景观区

(c) 街边广场

路灯给街边休闲广场提供了一定的照度,内部草坪灯、地灯的设置使景观活化

图 2.140　广场、街区灯光设计

2. 园林构筑物灯光设计

园林绿地中的构筑物,主要有亭、廊、花架、桥梁等,它们是园林绿地灯光环境的主要照明点。在照明设计中,要结合构筑物的形体特征及其周围环境,采用不同的照明方式和灯具类型,突出园林构筑物的形体美和夜景魅力,通常采用轮廓照明方式,即用紧凑型节能灯等,勾勒构筑物的轮廓,然后用泛光灯照射构筑物主体墙面或柱身,并使光线由下向上或由

上向下呈现强弱变化，以展现园林构筑物的造型美，并选择适宜的光色，来强调构筑物本身的色彩和质感(图 2.141(a))。部分园林构筑物也可采用内透光照明方式，将照明器放置于被照物内部，体现园林建筑的轻盈和通透(图 2.141(b)、(c))。有些小型构筑物也可以直接运用泛光照明，根据构筑物的形态特征，确定合适的用光角度，来体现构筑物的造型美。

(a) 壁灯的光斑点缀了棚架，也兼顾了台阶的照明

(b) 铜制灯具向下照射

(c) 亭子昼夜景观

左：白天，亭子在周围树木相拥的环境中，是一个安静的休息场所；右：夜晚，亭内灯光将其塑造为引人入胜的景观，成为环境中突出的亮点

图 2.141　园林构筑物灯光设计

3. 雕塑、园林小品的灯光设计

雕塑和园林小品，是园林绿地中不可缺少的点景元素，具有很强的艺术感染力。照明设计应从其神态、造型、材质、色彩以及周围的环境出发，挖掘雕塑及园林小品的艺术特质，运用灯光的艺术表现力，创造光影适度、立体感强、个性鲜明并有一定特色的夜景景观。

一般用两处以上光源，用光角度根据雕塑及园林小品的观赏面，主光和配光相互配合，照明点前后错落、上下结合，体现雕塑及园林小品的神态和造型，同时根据雕塑及园林小品所要表达的意境，选择不同光色的光源，以渲染环境的艺术氛围。

照明灯具的选择要结合雕塑及园林小品周围的环境，在硬质铺装场地中，为了安全起见，常用埋地灯；而在绿地中的雕塑、园林小品，则可选择泛光灯、庭院灯、草坪灯、埋地灯等(图2.142)。

图2.142　园林小品灯光设计

用周围的树木照明作为衬景，绿地中的灯光小品成为夜景景观中的核心，它们往往成为聚拢人群的焦点

4. 植物景观灯光设计

植物是园林绿地中的主要景观元素，照明设计应根据乔、灌、草等不同的植物材料及种植方式，选择不同的照明器具和照明手法。由于植物景观色彩丰富，照明设计要注意色光的运用，以能更好地体现植物的色彩感为原则，光源常选用使树木绿色更鲜明的汞灯。常用的照明方式有泛光照明和饰景照明。

1）乔木的照明设计

此处重点指作为景观焦点的孤植树或铺装广场上行列式种植的乔木。照明设计要把整个树体都照亮是不太现实的，所以要采用一定的艺术处理手法，来体现树木的夜景魅力(图2.143(a)、(b))。孤植树可运用彩色串灯，描绘树体轮廓，然后再结合多个泛光灯，从不同的角度照射树干，形成一棵美丽的“光树”，别有韵味。对于行列式种植乔木，泛光灯的位置选择非常关键，可选择在树体外照射树干或由树体内部(灯具固定于树干上)向下照射形成有韵律的灯光造型(灯塔、光柱)，使树体具有周围数倍的照度，成为视觉中心。

(a) 用照明强调树木质感和其自然的本色

(b) 小的地灯从背后照亮了这片竹林，映出枝叶交织的影像

图2.143　乔木的照明设计

2）植物群落的照明设计

植物群落指由乔、灌、草、花组合形成的前后错落、高低起伏的植物群。

照明设计不必把所有的植物景观都照亮，首先要根据灯光环境总体构思，选择恰当的照明点，以体现植物景观的特色群落，进行照明设计；其次分析植物群落的组成因子，选择对植物群落的林缘线和林冠线起关键影响的树木，并根据其形态及高度，确定照明方式和灯具；最后运用艺术手法处理灯光环境。比如可选用大功率泛光灯，照亮植物群落的背景树木，前景采用暗调子处理，明暗对比，形成美丽的剪影；或者用彩色串灯，描绘背景树的轮廓线，沿林缘线布置灯具，突出前景树木的优美造型，也别有情趣。

在选择光色时，可根据不同的艺术要求，选择不同光色的光源，营造冷暖不同的艺术效果（图2.144）。

图2.144　植物群落照明

柔和的光线从下面照亮了湖边的树木，在湖水中形成美丽的倒影

3）花境（带）照明设计

花境（带）灯光环境为线性照明空间，照明设计要体现其线形的韵律感和起伏感。常用动态照明（即跳跃闪烁的灯光）方式，渲染活泼的空间气氛、丰富空间内容。照明灯具可选用草坪灯、埋地灯或泛光灯，沿花境（带）均匀布置，勾勒边缘线，突出花境（带）舒展、流畅的线形。光色选择以能更好地体现花色、叶色为原则。

4）草地照明设计

草地照明是绿地灯光环境的底色（按图底关系），照明设计应简洁、明快，以能更好地衬托主要景观为原则，光源要求低照度，显色性要求不严。

灯具的布置，一是用低矮的草坪灯或泛光灯沿绿地周边均匀布置，光线由外向里，形成一串串有韵律的光斑（图2.145），或结合绿地中花丛（带）、树丛，三五成群地布置，星星点点的灯光也别有趣味；二是对于以大面积草坪为主景的绿地，可用埋地灯组成精美的图案，来表现光影的魅力。

图2.145　草坪照明

均匀布置的草坪灯，形成有韵律的光斑

5. 园路灯光设计

园路的照明设计，首先应在满足其功能性照明的前提下，根据不同的照度要求，选用不同的照明方式和灯具类型。一二级园路照度要求高，可采用高杆路灯或庭院灯，照明侧重点可选择在路面或路边行道树、草地，这将会造成不同的空间感觉。游步道照明设计，可结合草坪照明或沿路缘布置光带，体现园路的导向性（图2.146）。

图 2.146　园路灯光设计

林中草坪灯及射灯提供环境亮度，建筑轮廓的灯带点缀，使建筑成为空间焦点，引导人们前进方向

6. 墙垣灯光设计

墙垣作为绿地的边缘线，照度要求低，显色性要求不严，常用轮廓照明方式作简洁处理，标示其轮廓，灯具可选用紧凑型节能灯、美耐灯等。墙垣如有景窗，可结合内透光照明，也别有情趣（图 2.147）。

（a）混凝土墙以系列地灯和装在墙面凹陷处的蜡烛照亮，创造了迷人的效果

（b）墙垣灯光设计空间的远景展示了这些巨大的墙面明亮华丽的外表

图 2.147　墙垣灯光设计

7. 地形灯光设计

此处重点指园林绿地中微地形照明。地形是园林绿地的骨架，照明设计要结合构筑物、植被，选择适当的照明点和灯具，通过光影的变化，来体现微地形的起伏感和层次感。灯具常选用埋地灯、泛光灯等，部分地段可结合饰景照明，作灯光饰品，烘托环境气氛。

8. 水景灯光设计

园林绿地水景,可分为静水和动水两大类。静水照明设计,一般是结合水上的桥、亭、榭、水生植物、游船等照明,利用水的镜面作用,观赏景物在水中形成的倒影,光影明灭,虚实相生,情趣斐然(图2.148)。动水则结合水景的动势,运用灯光的表现力,来强调水体的喷、落、溅、流等动态造型。灯具位置常放置于水下,通过照亮水体的波纹、水花等,来体现水的动势(图2.149)。对于大型水体如瀑布、大型喷泉,可用泛光灯照亮整个水体,表现水体与周边环境的明暗对比,同时结合水下灯光,展现水的动态美。

图2.148 静水灯光

低压地灯向上照亮了柱子和橡树,把水池部分从背后的黑暗中突出来

(a) 水从黑色的池边优雅地溢出,看起来是那样的流光溢彩

(b) 特定角度的水下灯组合在一起照亮了这些铜质雕像,地灯成为地平面上的亮点,它们隐藏在周围的大石头中

图2.149 动水灯光

园林绿地灯光环境设计既是一门科学,又是一门艺术,需要我们用艺术的思维、科学的方法和现代的技术,从全局着眼、细部着手、全面考虑各构景要素及灯光载体的特点,确定合理的灯光布置方案和照明方式,努力创造出集功能性、舒适性、艺术性于一体的、优雅的园林灯光环境。

3　表现技法初步

园林图纸是表达园林设计的基本语言。在设计过程中,为了更形象地说明设计内容,需要绘制各种具有艺术表现力的图纸。

园林图的表现技法很多,本章主要介绍这些表现技法的初步基础——工具线条图、水墨和水彩渲染、钢笔徒手画的要领,并简单介绍模型制作和计算机辅助园林设计的方法。

3.1　线条图

线条图是用尺、规和曲线板等绘图工具绘制的,以线条特征为主的工整图样。绘制线条图应熟悉和掌握各种制图工具的用法、线条的类型、等级、所代表的意义及线条的交接。

线条图要求所作的线条粗细均匀、光滑整洁、边缘挺括、交接清楚。另外,工具线条图上的文字、数字或字母要求工整、美观、清晰、易辨认,同一幅图纸上,其变化的类型不宜过多(图 3.1)。

图 3.1　桂林盆景园接待室立面图

为提高工具线条图的制图效率,减少差错,可参考下面的作图步骤:

(1) 首先应准确无误地绘制底稿,起稿时常用较硬的铅笔(H ~ 3H),作图宜轻不宜重。

(2) 作铅笔工具线条图时应按由浅至深的顺序作图,以免尺面移动时弄脏图面;作墨线工具线条图时应先作细线后作粗线,因为细线容易干,不影响作图进度。

(3) 同一等级的干线线条,应从上至下,从左至右依次绘制完毕。

(4) 曲线与直线连接时,应先作曲线,后作直线。

3.2　水墨渲染图

水墨渲染图是用水来调和墨,在图纸上逐层染色,通过墨的浓、淡、深、浅表现对象的形体、光影和质感。

3.2.1 工具和辅助工作

1. 纸和裱纸

渲染图应采用质地较韧、纸面纹理较细而又有一定吸水能力的图纸。热压制成的光滑细面的纸张不易着色,又容易破损纸面,因而不宜用作渲染。由于渲染需要在纸面上大面积地涂水、纸张遇湿膨胀、纸面凹凸不平,所以渲染图纸必须裱糊在图板上方能绘制。

裱纸的方法和步骤是:

(1) 沿纸面四周折边 2 cm,折向是图纸正面向上:注意勿使折线过重造成纸面破裂;

(2) 使用干净排笔或大号毛笔蘸清水将图面折纸内均匀涂抹,注意勿使纸面起毛受损;

(3) 用湿毛巾平敷图面保持湿润,同时在折边四周薄而又匀地抹上一层浆糊;

(4) 按图示序列双手同时固定和拉撑图纸,注意用力不可过猛,注意图纸与图板的相对位置(图 3.2)。

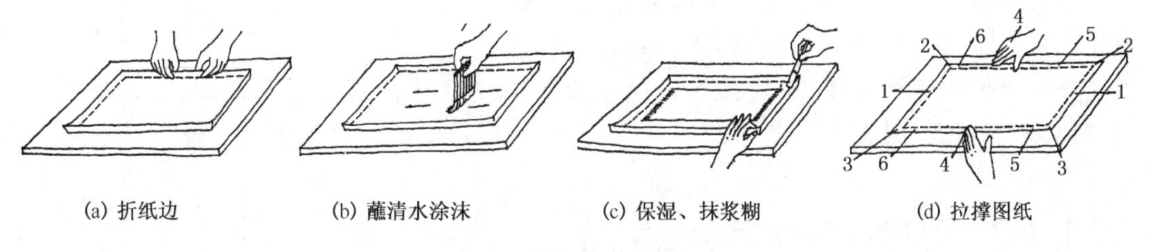

(a) 折纸边　(b) 蘸清水涂沫　(c) 保湿、抹浆糊　(d) 拉撑图纸

图 3.2　裱纸的步骤

在图纸裱糊齐整后,还要用排笔继续轻抹折边内图面,使其保持一定时间的润湿,并吸掉可能产生的水洼中的存水,将图板平放阴干图纸。如果发生局部粘贴折边脱开,可用小刀酌抹浆糊伸入裂口,重新粘牢;同时可用钢笔管沿贴边四周滚压。假如脱边部分太大,则须揭下图纸,重新裱糊。

2. 墨和滤器

水墨渲染宜用国产墨锭,最好是徽墨,一般墨汁、墨膏因颗粒大或油分多均不适用。墨锭在砚内用净水磨浓,然后将砚垫高,将一段棉线或棉花用净水浸湿,一端伸向砚内,一端悬于小碟上方,利用毛细作用使墨汁过滤后滴入碟内。滤好的墨可贮入小瓶内备用,但须密闭置于阴凉处,而且存放时间不能过长,以免沉淀或干涸(图 3.3)。

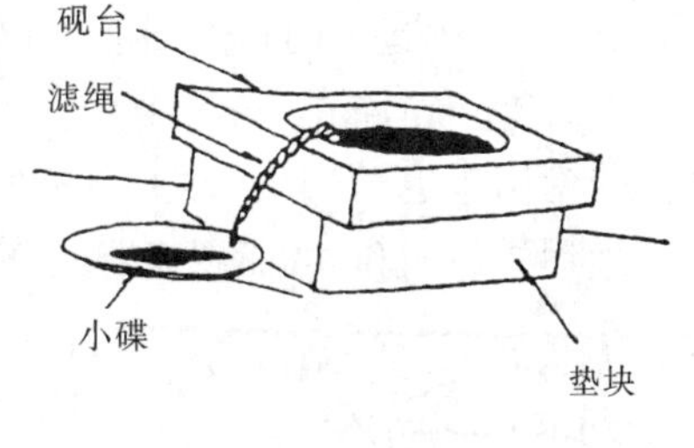

图 3.3　滤器

3. 毛笔和海绵

渲染需配备毛笔数支。使用前应将笔化开、洗净,使用时要注意放置,不要弄伤笔毛,用后要洗净余墨,甩掉水分套入笔筒内保管(图 3.4)。切勿用开水烫笔,以防笔毛散落脱

胶。此外还要准备一块海绵,渲染时作必要的擦洗、修改之用。

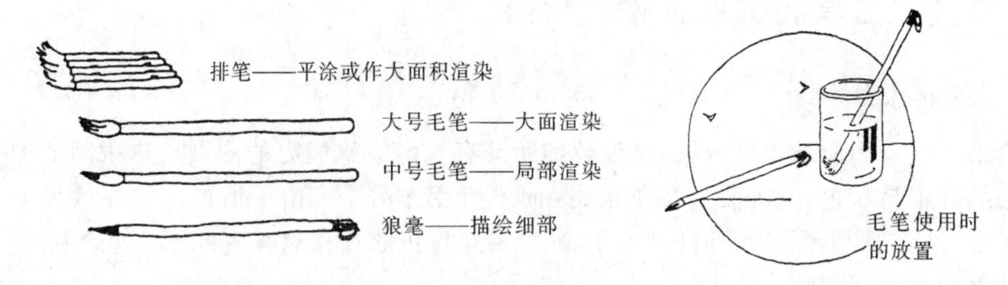

图 3.4 毛笔

4. 图面保护和下板

渲染图往往不能一次连续完成。告一段落时,必须等图面凉干后用干净纸张蒙盖图面,避免沾落灰尘。

图面完成以后要等图纸完全干燥后才能下板,要用锋利的小刀沿着裱纸折纸以内的图边切割,为避免纸张骤然收缩扯坏图纸,应按切口顺序依次切割,最后取下图纸(图 3.5)。

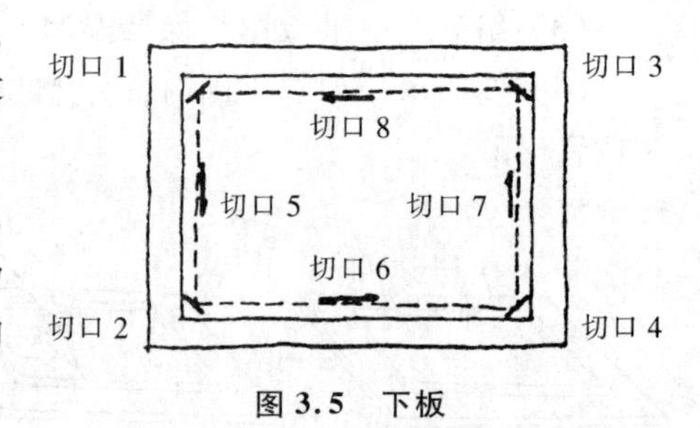

图 3.5 下板

3.2.2 运笔和渲染方法

1. 运笔方法

渲染的运笔方法大体有三种:

1) 水平运笔法

用大号笔作水平移动,适宜作大片渲染,如天空、地面、大块墙面等;

2) 垂直运笔法

宜作小面积渲染,特别是垂直长条;上下运笔一次的距离不能过长,以避免上墨不均匀,同一排中运笔的长短要大体相等,防止过长的笔道使墨水急骤下淌;

3) 环形运笔法

常用于退晕渲染,环形运笔时笔触能起搅拌作用,使后加的墨水与已涂上的墨水能不断地均匀地调和,从而图面有柔和的渐变效果(图 3.6)。

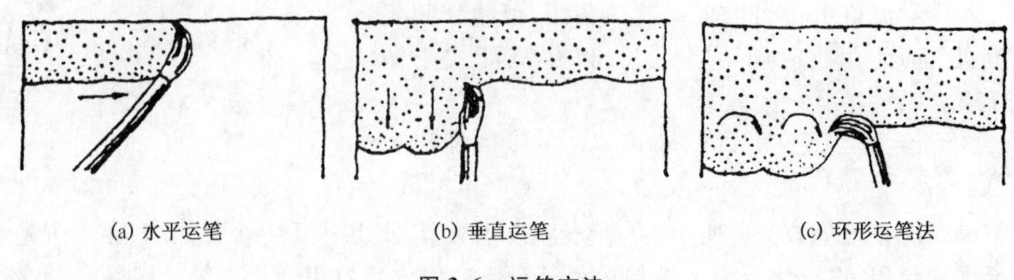

(a) 水平运笔　(b) 垂直运笔　(c) 环形运笔法

图 3.6 运笔方法

2. 注意事项(图 3.7)

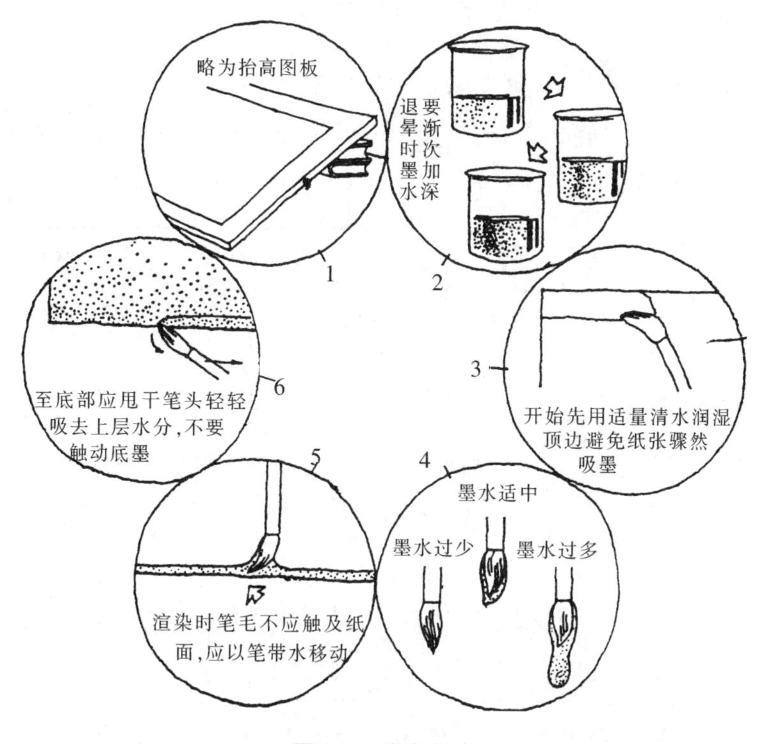

图 3.7 注意事项

3. 大面积渲染方法(图 3.8)

(1) 平涂法 表现受光均匀的平面;

(2) 退晕法 表现受光强度不均匀的面或曲面,如天空、地面、水面的远近变化以及屋顶、墙面的光影变化;作法可由深到浅或由浅到深;

(3) 叠加法 表现需细致、工整刻画的曲面如圆柱;事先将画面按明暗光影分条,用同一浓淡的墨水平涂,分格逐层叠加。

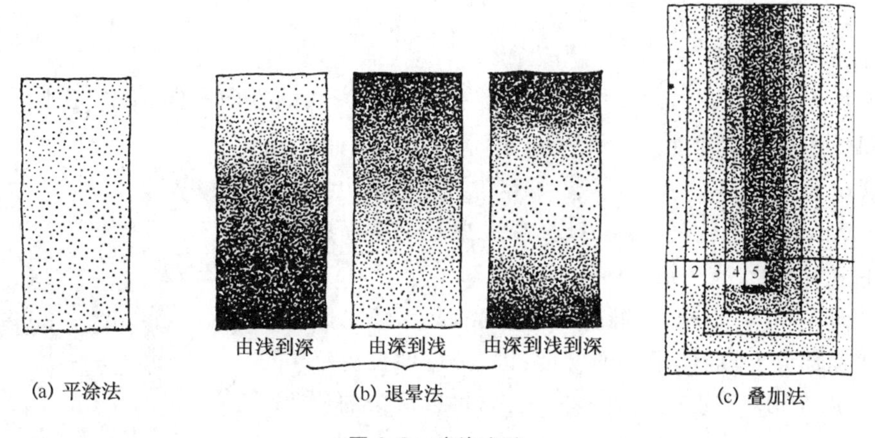

(a) 平涂法 (b) 退晕法 (c) 叠加法

图 3.8 渲染方法

3.2.3 光影分析和光影变化的渲染

1. 光线的构成及其在画面上的表示

画面上的光线定为上斜向 45°,而反光为下斜向 45°。它们在画面上(即平、立面)的光向表示分别见上图所示(图 3.9)。

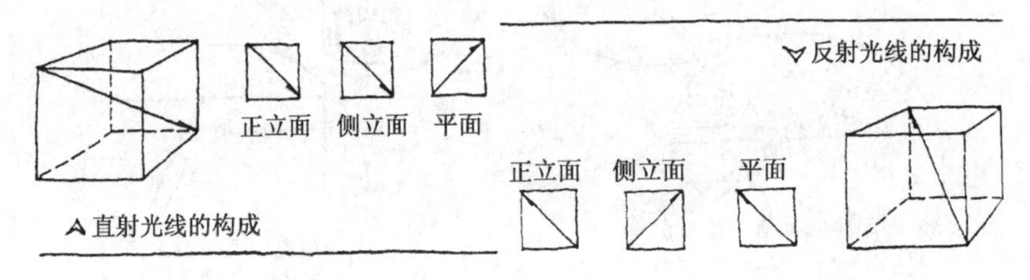

图 3.9 光线的表示

2. 光影变化

物体受直射光线照射后分别产生受光面、阴面、高光、明暗交界线以及反光和光影(图 3.10)。

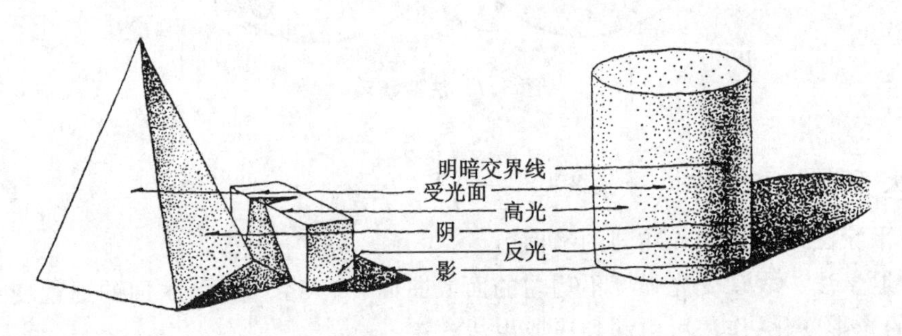

图 3.10 光影变化

3. 光影分析及其渲染要领

1) 面的相对明度

建筑物上各个方向的面,由于其承受左上方 45°光线的方向不同,而产生不同的明暗,它们之间的差别叫相对明度。深入渲染时,要把它们的差别表现出来(图 3.11)。

(1) 面 A 受到最大的光线强度,它根据整个图面的要求或不渲染上色,或略施淡墨;

(2) 面 B 和 B_1 是垂直墙面,它是次亮部分,渲染时应留下 A 面部分,作墙体本色的明度;因为 B_1 面位置略远于 B,所以在相对明度上还有些差别,它可以渲染的比 B 略深些;

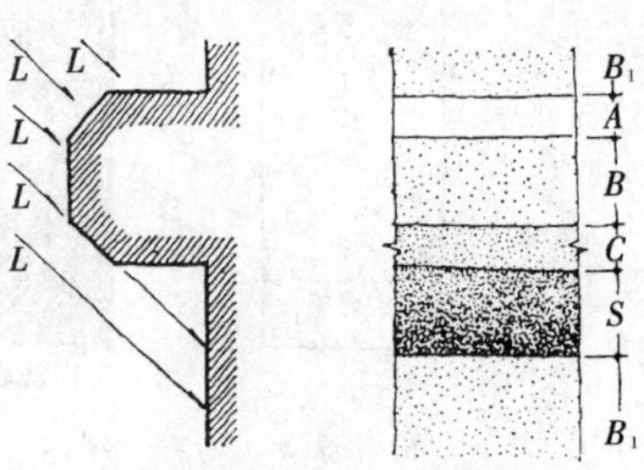

图 3.11 光影分析

(3) 面 C 没有受到光线,我们可以把它看成是阴面而加深;

(4) 面 S 部分处在影内,是最暗的部分,渲染时应做得较深。因为反光的影响和 S 与 B_1 明暗刺激视觉的印象,所以 S 面越往下越深,可用由浅到深退晕法渲染。

2) 反光和反影

物体除受日光等直射光线外,还承受这种光线经由地面或物体邻近部位的反射光线,如图中 L_1、L_2。反光使得光影变化更为丰富,台立面中受光面 B,其下部反光较强,因而有由上到下的退晕;影面 S 上部受 L_2 照射,也有由较深到深的退晕变化;

反光产生反影。如影面 S 中凸出部分 P,它受遮挡还承受 L 光,但地面反射来的 L_1 光使它在 S 面的影内又增加了反影。反影的形成方向与影相反。它的渲染往往在最后阶段,以取得画面画龙点睛的效果(图 3.12)。

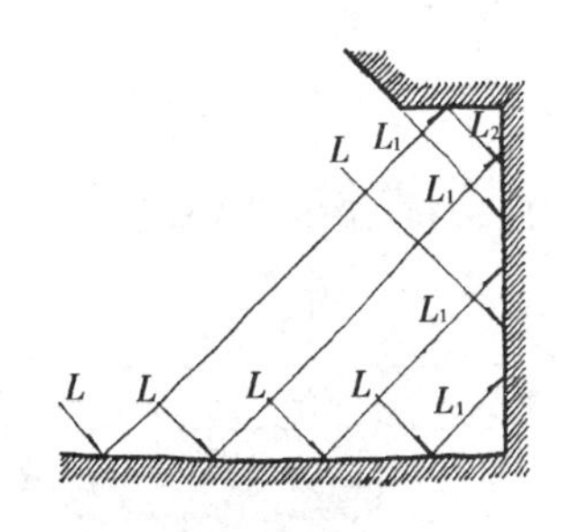

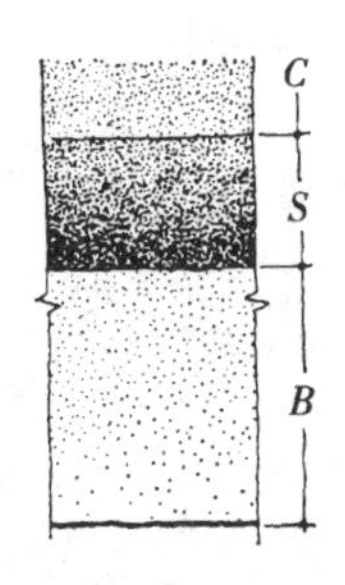

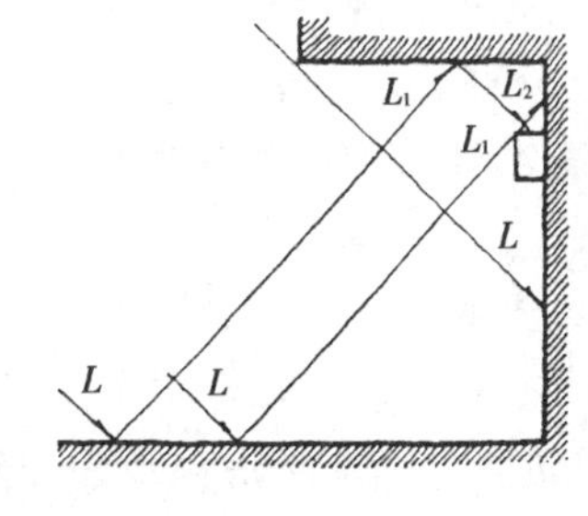

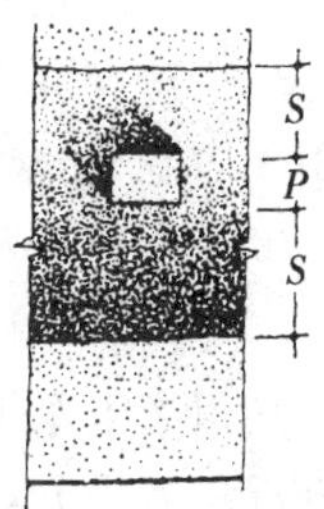

图 3.12　反光和反影

3) 高光和反高光

高光是指建筑物上各几何形体承受光线最强的部位,它在球体中表现为一块小的曲面,在圆柱体中是一条窄条,在方体中是迎光的水平和垂直两个面的棱边。

正立面中的高光表示在凸起部分的左棱和上棱边,但处于影内的棱边无高光。反高光则在右棱和下棱边,但处于反影内也无反高光。

高光和反高光,如同阴影一样,在绘制铅笔底稿时就要留出它的部位。渲染时,高光一般都不着色;反高光较高光要暗些,故在渲染阴影部分逐层进行一、两遍后,也要留出其部位再继续渲染(图 3.13)。

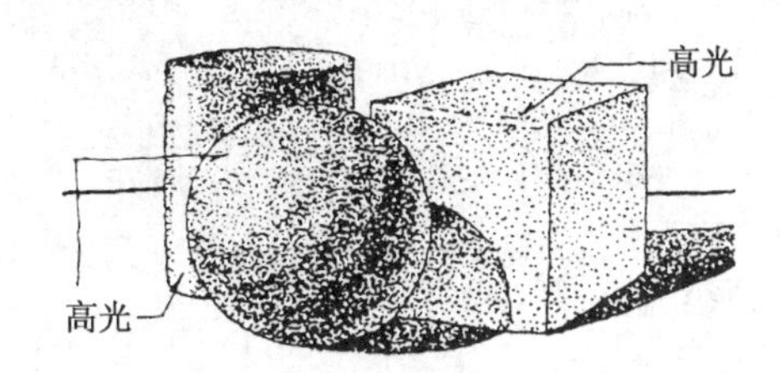

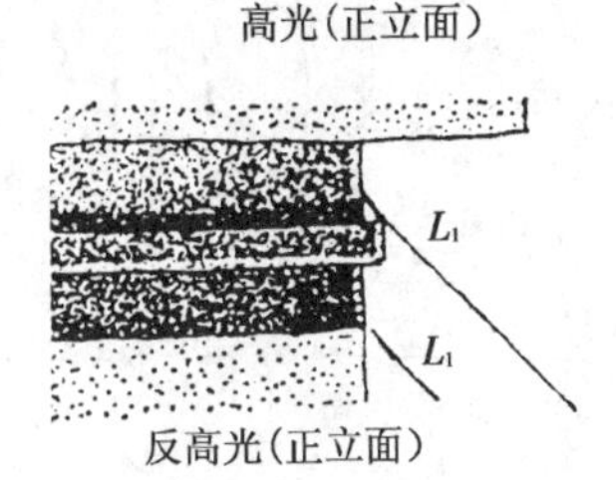

图 3.13　高光和反高光

4）圆柱体的光影分析和渲染要领

在平面图上等分半圆，由 45° 直射光线可以分析各小段的相对明度，它们是：

（1）高光部分，渲染时留空；

（2）最亮部位，渲染时着色一遍；

（3）次亮部位，渲染时着色二至三遍；

（4）中间色部位，渲染时着色四至五遍；

（5）明暗交界线部位，渲染时着色六遍；

（6）阴影和反光部位，阴影五遍，反光一至三遍。

如果等分得越细，各部位的相对明度差别也就更加细微，柱子的光影转折也就更为柔和。采用叠加当，按图标明的序列在柱立面上分格逐层渲染。分格渲染时，它的边缘可用干净毛笔醮清水轻洗，使分格处有较为光滑的过渡（图 3.14）。

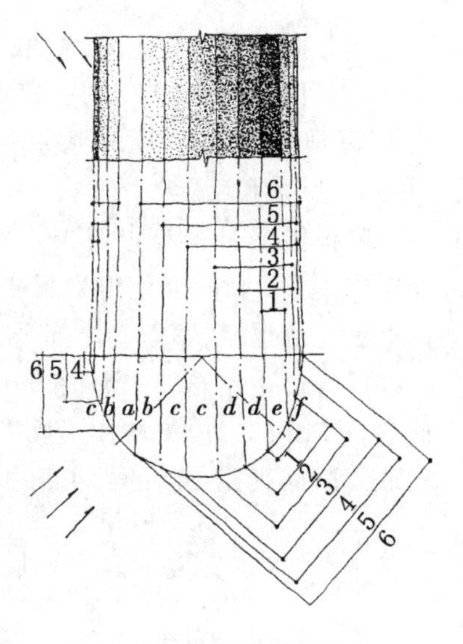

图 3.14　圆柱体光影分析

5）檐部半圆线脚的渲染

它相当于水平放置的 1/4 半圆柱体，可仿照柱体的光影分析和渲染方法进行。但应考虑到地面和其他线脚的反光，一般较圆柱体要稍微亮些（图 3.15）。

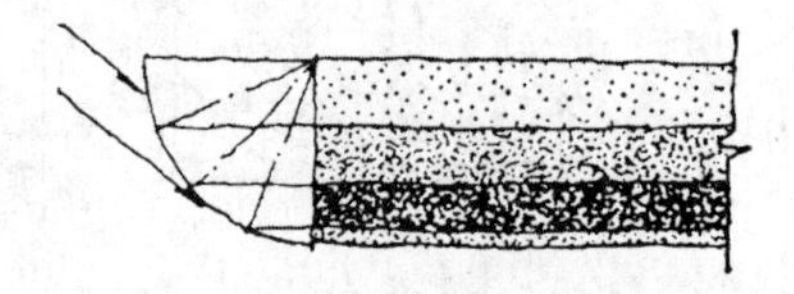
图 3.15　檐部半圆线脚的渲染

3.2.4　渲染步骤

在裱好的图纸上完成底稿后，先用清水将图面轻洗一遍，干后即可着手渲染。一般有分大面、做形体、细刻画、求统一等几个步骤。

为了使渲染过程中能对整个画面素描关系心中有底，也可以事先作一张小样，它主要是表现总体效果——色调、背景、主体、阴影，几大部分的光影明暗关系，而细部推敲则可从略。小样的大小视正式图而定，可以作成水墨的，也可以用铅笔或碳笔作成渲染效果。

下面可参考一个建筑局部的渲染过程及效果示意图（图 3.16），再分别概述各渲染步骤的要求。

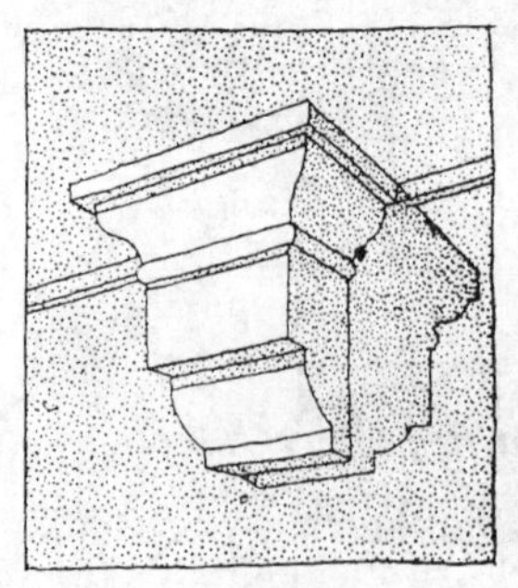
(a) 分大面

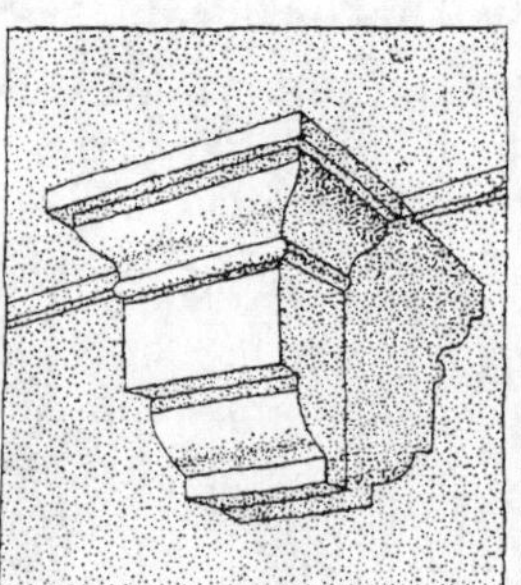
(b) 做形体

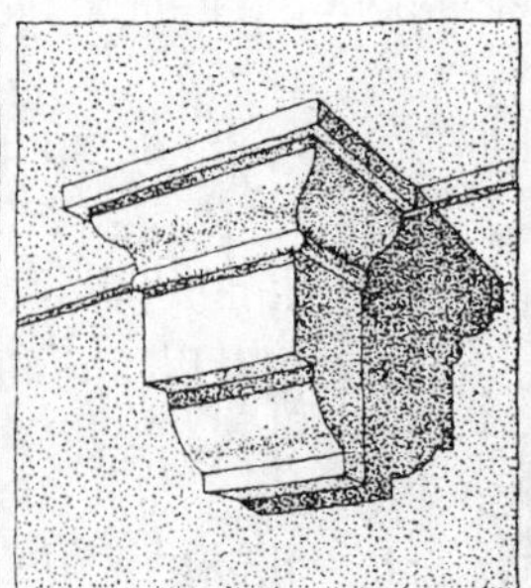
(c) 细刻画

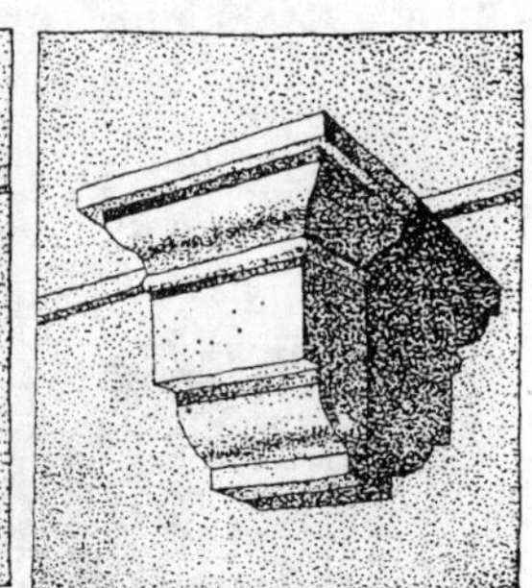
(d) 求统一

图 3.16　渲染步骤

1. 分大面

(1) 区分建筑实体和背景；

(2) 区分实体中前后距离较大的几个平面，注意留出高光；

(3) 区分受光面和阴影面。

这一步骤主要是区分空间层次，重在整体关系。由于还有以下几个步骤，所以不宜做到足够的深度。例如背景，即使要作深的天空，至多也只能渲染到六、七分程度，待实体渲染得比较充分以后，再行加深，这是为了留有相互比较和调整的余地。

2. 做形体

在建筑实体上作各主要部分的形体，它们的光影变化，受光面和阴影面的比较。无论是受光面还是阴影面，也不要做到足够深度，只求形体能粗略表现出来就可以了，特别是不能把亮面和次亮面做深。

3. 细刻画

(1) 刻画受光面的亮面、次亮面和中间色调并要求作出材料的质感；

(2) 刻画像圆柱、檐下弧形线脚、柱部分的圆盘等曲面体，注意作出高光、反光、明暗交界线；

(3) 刻画阴影面，区分阴面和影，注意反光的影响，注意留出反高光。

4. 求统一

由于各部分经过深入刻画，渲染的最后步骤要从画面整体上给明暗深浅以统一和协调。

(1) 统一建筑实体和背景，可能要加深背景；

(2) 统一各个阴影面，例如处于受光面强烈处而又位置靠前的明暗对比要加强，反之则要减弱；靠近地面的由于地面反光阴影要适当减弱，反之则要加强，等等；

(3) 统一受光面，位于画面重点处要相对亮些，反之要暗一些；

(4) 突出画面重点，用略予夸张的明暗对比，可能有的反影、模糊画面其他部分等方法来达到这一目的；它属于渲染的最后阶段，又称画龙点睛；

(5) 如果有树木山石、邻近建筑等衬景，也宜在最后阶段完成，以衬托建筑主体。

3.2.5 水墨渲染常见病例

水墨渲染过程中常易出现一些缺陷(图 3.17)，原因是：

(1) 辅助工作没有做好，如裱纸不平、滤墨不净、墨有油渍等；

(2) 渲染过程中不细致或不得要领，如加墨不匀、运笔不当、水分过多或过少等；

(3) 其他偶然因素，如滴墨。

缺陷往往是难免的，但事先应尽量加以预防；一旦造成缺陷，思想情绪上不要失望和丧失信心，而应积极补救。一般补救的方法是待图干了以后，用海绵作局部擦洗，再重新渲染。如有的缺陷(如干湿不匀、画出边框等)发生在刚开始渲染不久，整个画面色调较浅，亦可以暂不去管它继续渲染，后加的较深层次往往可将缺陷覆盖。

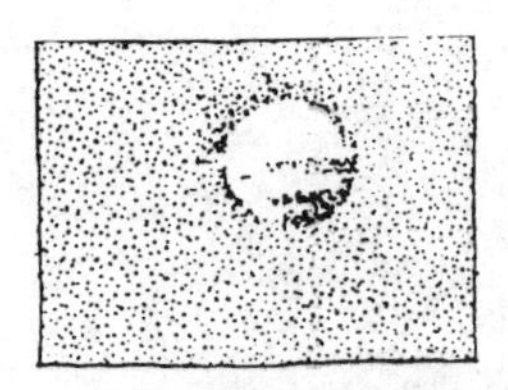
(a) 纸面有油渍或汗斑

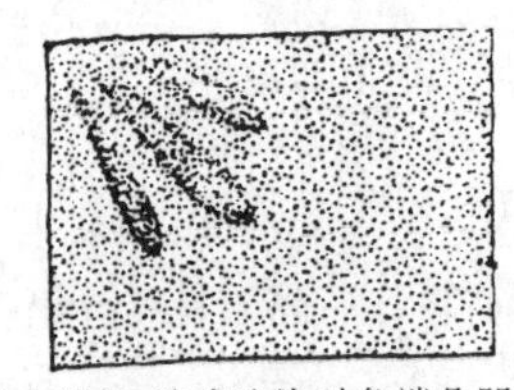
(b) 纸未裱好,造成渲染时角端凸凹严重,墨迹形成拉扯方向的深色条

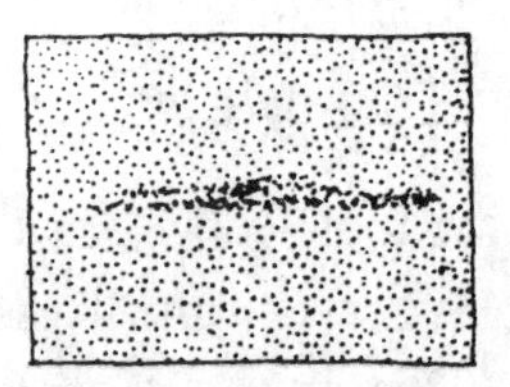
(c) 橡皮擦毛纸面,墨色洇开变深

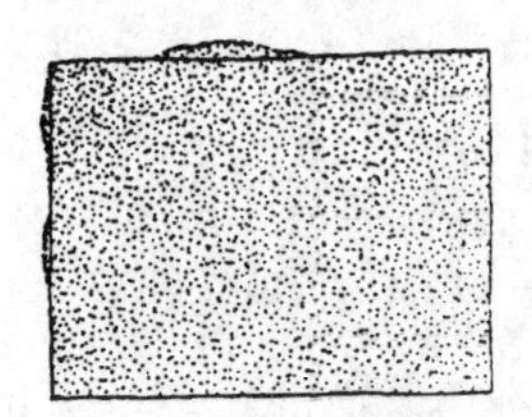
(d) 涂出边框外,画面不整齐

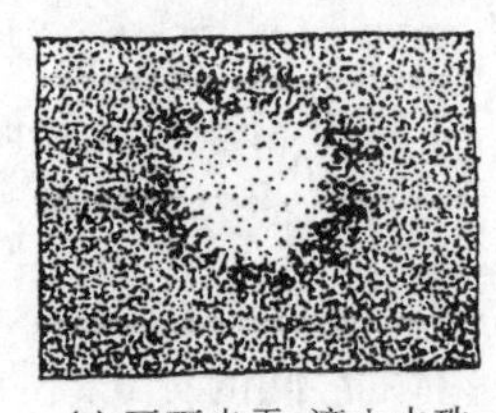
(e) 画面未干,滴入水珠

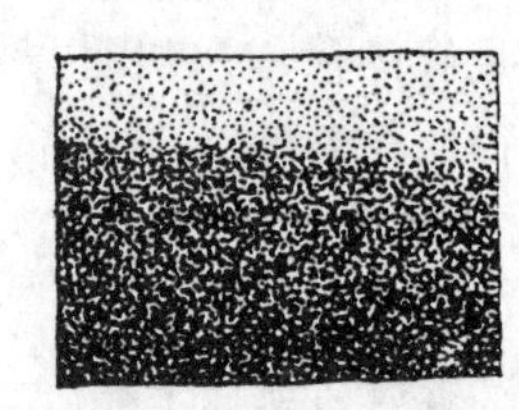
(f) 退晕时加墨太多,变化不均匀

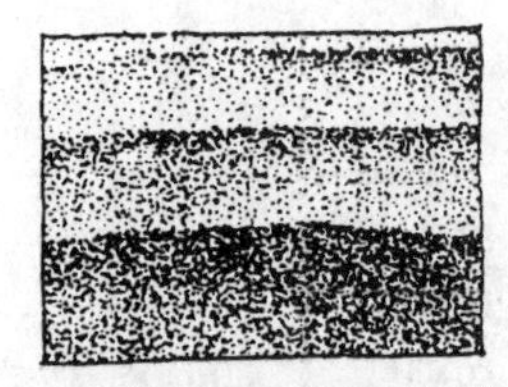
(g) 图板太斜墨水下行过快,或用笔过重,产生不均匀的笔道

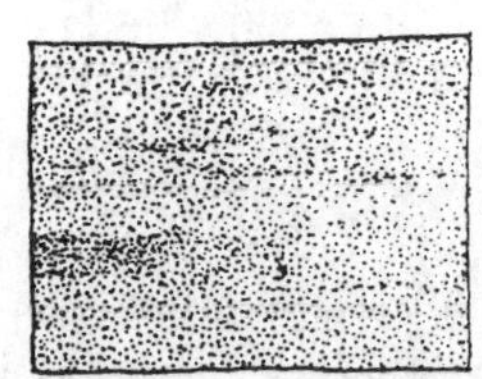
(h) 水分太少或运笔重复涂抹,画面干湿无常,缺乏润泽感

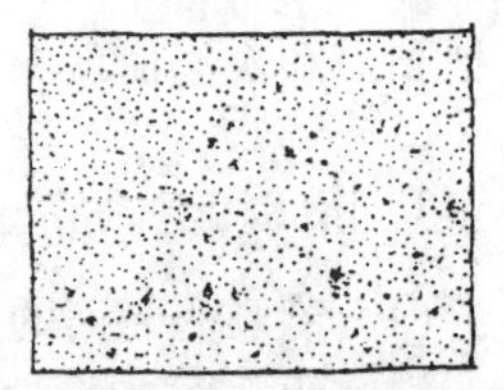
(i) 滤墨不净或运笔重复涂抹,画面干湿无常,缺乏润泽感

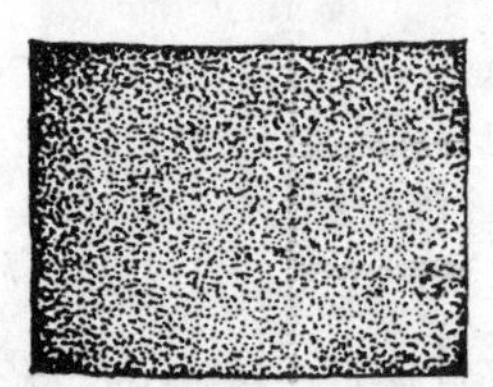
(j) 水量太多造成水洼干后有墨边

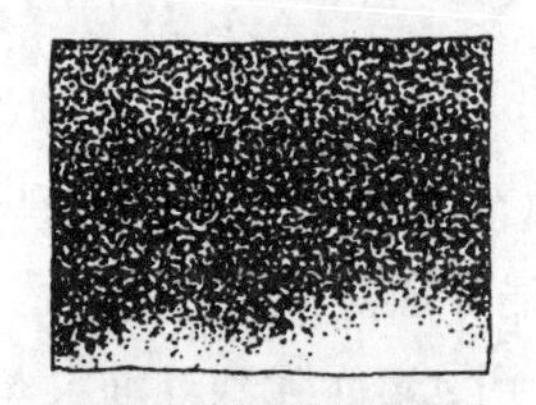
(k) 底色较深,叠加时笔毛触动了底色,退晕混浊

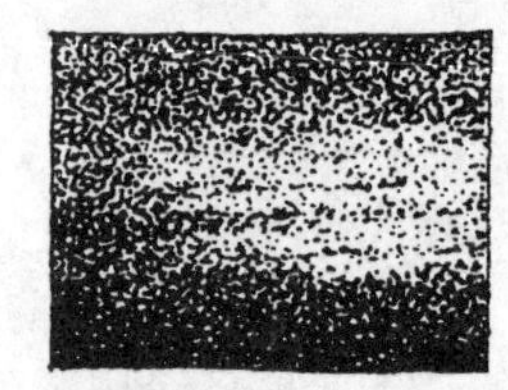
(l) 渲染到底部吸水不尽造成返水或笔尖触动底色留下了白印

图 3.17　水墨渲染常见病例示意图

上面我们列举了一些渲染缺陷的病例,它们很影响图面效果,要尽可能避免和补救。

3.3　水彩渲染图

3.3.1　色彩的基本知识

色彩来源于光的照射。不同的物质对于日光光谱中的颜色反射和吸收不同,形成了各个物质所固有的颜色。

1. 颜色的色相

绘画用的颜料有各种颜色的差别,称为色相。红、黄、蓝称为原色。由两个原色调配而成的色称为间色,如:红 + 黄 = 橙;黄 + 蓝 = 绿;红 + 蓝 = 紫。橙、绿、紫即为间色。间色彼此调配，如：橙 + 绿 = 黄灰；绿 + 紫 = 蓝灰；紫 + 橙 = 红灰。黄灰、蓝灰、红灰称为复色，也叫再间色。

组成间色的两种颜料比例可以不同，如红 + 橙 = 红橙，实际上相当于3/4的红颜料和1/4的黄颜料调配，所以红橙也叫间色。复色都含有不同比例的三种原色，如黄灰可以看成是1/2黄色、1/4蓝色和1/4红色的调配。因此，复色中所含原色成分更换不同的比例，可以得到很多种有细微差别的灰色。

按照光谱分析，黑色和白色本身不是色彩。白色是物质对光谱中色光的全部反射，黑色是全部吸收，所以它们又称极色。普通绘画颜料三原色混合起来，或者两种原色构成的间色与另一种原色混和起来，都可以调成黑色。但颜料调不出白色。这种在颜料中可以混和成黑色的某一间色和另一原色，就互称补色。例如红色和绿色就互为补色关系。补色又称对比色。而间色与混合成它自己的两种原色，因为在色谱上相邻近，它们之间就互称调和色。

2. 颜色的色度

色度是指不同颜料涂抹后反映在视觉上的明暗程度。色彩的明暗度有两种，一是色彩本身的明亮程度，由明到暗差别很大，如黄、淡黄、深黄……可有很多层次。一是色彩之间的比较所产生的明暗关系，如拿六种标准色来比较，由明到暗的次序为黄、橙、红、绿、蓝、紫。

3. 色彩的冷暖

不同色彩会引起人们不同的感觉。比如红、橙、黄色，往往使人联想到热血、火焰和阳光，因而有温暖的感觉；而蓝、紫往往使人联想到夜空、海水、阴影，因而有寒冷、凉爽的感觉。前者被称为暖色，后者被称为冷色。黑、白、灰、金、银、铬介于冷暖之间，就叫中间色。颜色的冷暖是相对的，如紫与橙并列，紫便倾向冷色；而紫与青并列，紫便倾向于暖色。

暖色还有向前突出的感觉，又被称为进色；而冷色有向后隐退的感觉，故又被称为退色。应用这个道理，在作画中表现空间距离时，近景用色较暖，而远景用色较冷。

3.3.2 水彩渲染的辅助工作

水彩渲染亦须裱纸，方法同水墨渲染。水彩渲染的用纸要选择，表面光滑不吸水或者吸水性很强的纸都不宜采用。还应备有大中小号水彩画笔或普通毛笔。调色碟、洗笔和贮放清水的杯子。

1. 小样和底稿

水彩渲染一般都应作小样，以确定整个画面总的色调，各个部分的色相、冷暖、深浅，园林主体和衬景的总的关系。初学者往往心中无底，以致在正式图上改来改去；因此，小样是必须先作的。有时还可作几个小样进行比较。

由于水彩颜料有一定的透明度，所以水彩渲染正式图的底稿必须清晰。作底稿的铅笔常用H、HB，过软的铅笔因石墨较多易污画面。过硬的铅笔又容易划裂纸面易造成绷裂。渲染完成以后，可用较硬的铅笔沿主要轮廓线或某些分割（水泥块、地面分块等）再细心加一道线。这样，画面更显得清晰醒目。

2. 颜料

一般宜用水彩画颜料,它透明度高,照相色也可。渲染过程中要调配足够的颜料。用过的干结颜料因有颗粒而不能再用。此外,颜料的下述特性应当引起我们注意:

1) 沉淀

赭石、群青、土红、土黄等在渲染中易沉淀。作大面积渲染时要掌握好它们和水的多少,渲染的速度,运笔的轻重,颜料配水量的均匀,并不时轻轻搅动配好的颜料,以免造成着色后的沉淀不均匀和颗粒大小不一致。掌握颜料沉淀的特性,我们还能获得某些特殊效果,如利用它来表现材料的粗糙表面等。

2) 透明

柠檬黄、普蓝、西洋红等颜料透明度高,而易沉淀的颜料透明度低。在逐层叠加渲染时,宜先着透明色,后着不透明色;先着无沉淀色,后着有沉淀色;先浅色,后深色;先暖色,后冷色,以避免画面晦暗呆滞,或后加的色彩冲掉原来的底色。

3) 调配

颜料的不同调配方式可以达到不同的效果。如红、蓝二色先后叠加上色和二者混合后上色的效果就不同。一般说来,调和色叠加上色,色彩易鲜艳,对比色叠加上色,色彩易灰暗。

4) 擦洗

颜料能被清水擦洗,这有助于我们作必要的修改;也能利用擦洗达到特殊的效果,如洗出云彩,洗出倒影。一般用毛笔醮清水擦洗即可,但要避免擦伤纸面。

3.3.3 水彩渲染的方法步骤

水彩渲染的运笔方法基本上同水墨渲染。几个主要步骤是:

1. 定基调、铺底色

主要是确定画面的总体色调和名个主要部分的底色。一般说来,为了取得主体物、天空、地面的整体统一,可先用某一颜料(如土黄色)将整个画面淡淡地平涂上一层,再区分主体物和天空不同色调和色度,拉开二者的距离。

2. 分层次、作体积

这一部分主要是渲染光影,光影做得好,层次拉得开,体积出得来。运用色彩的冷暖、强弱、纯浊等对比来加强物体的主体关系和前后层次。亮部的色暖,暗部的色冷;前面的色彩鲜明纯净,远去的逐渐减弱稍灰暗些,从而拉开了远近景之间的距离。

阴影是表现画面层次和衬托体积、突出画面效果的重要因素。阴影的渲染一般均采用上浅下深、上暖下冷的变化,这样做是为了反映出地面的反光,同时也使得阴影部分与受光部分的交界处明暗对比更为强烈,增加画面的光线感。如果被阴影所覆盖的是不同颜色或质地的材料,要特别注意它们之间的衔接以及彼此间的整体统一,因为它们都是在同一光线照射下的结果。一般可以先上一、两遍偏暖或偏冷的浅灰色,然后再按各自的颜色进行渲染。

3. 细刻画、求统一

在上一步骤的基础上，对画面表现的空间层次、主体物体积、材料质感和光影变化作深入细致的描写。此时应注意掌握分寸，深浅适度，切不可因过分强调细部而失之于凌乱琐碎。同时对前面所完成的步骤，也应进行全面的调整，包括色彩的冷暖、光线的明暗、阴影的深浅等等，以求得画面的统一。

4. 画衬景、托主体

最后画衬景。主体物和周围环境应成一个和谐的整体，而衬景是为了衬托主体。因此，衬景的渲染色彩要简洁，形象要简练，用笔不宜过碎，尽可能一遍画成。

以上主要是针对立面图水彩渲染的步骤。如果是透视效果图或鸟瞰图，大体也如此；不同的是在透视图或鸟瞰图的水彩渲染上要注意运用色度、冷暖、刻画的精细和粗略等手段把面的转折作出来。

3.3.4 园林要素水彩渲染技法要领

园林水彩渲染图是由一个个的园林要素渲染组合而成的，下面就常见的一些园林要素，分别介绍其渲染的技法要领：

1. 建筑物

建筑物在园林效果图中常常作为表现主体。首先要把轮廓画正确，再通过对建筑的墙面、门窗、屋顶等局部的渲染，达到最终突出建筑的目的。

墙面一般面积较大，可先平涂或退晕上底色，再根据不同的墙面材料特点，加以细部刻画处理。如虎皮石墙面，在平涂一层底色后，将各块碎石作多种微小变化，逐一填色，再作出石块的棱影。

玻璃门窗的色调通常选择蓝紫、蓝绿、蓝灰等蓝色调，宜用透明色，忌用易沉淀的颜料。渲染的步骤是：

(1) 作底色，如门窗框较深可在门窗洞的范围内作整片渲染；

(2) 作玻璃上光影；

(3) 作玻璃上光影变化；

(4) 作门窗框；

(5) 作门窗框上的阴影。

步骤是：

(1) 上底色，并根据总体色调和光影要求作出退晕，表现出坡度；

(2) 作瓦缝的水平阴影，如果有邻近建筑或树的影子落在瓦面上，则宜斜向运笔借以表现屋顶的坡度；

(3) 挑出少量瓦块作些变化。

2. 天空和云

画天空时可先画底色，可用刷子和大笔湿画，用笔要干净利落，不要反复涂改。用笔时最好以一种方向为主,中间穿插一些变化方向的用笔,使画面效果生动自然。近处的天空颜色较纯,明度较低,而远处的天空颜色较灰,明度偏高。

天空中的云在表现时注意透视关系,云越近就越大,云越远就越小、越低和越密,最后连成一片。云的色彩不必过分强调,重要的是明度关系。

3. 树

近树一般先画树干,要注意树枝的疏密关系。树枝画得要细,靠近树干的树颜色要深,以表现出树冠的影子效果。树干越靠近地面越暖,以表现地面的反光关系。最后再用细笔画上树的纹理。画树冠时要根据树枝的结构和疏密关系来画,要有明暗和色彩的对比,各色的明度对比不宜过强。

远树主要是表现出轮廓外形,同时要考虑和背景的衔接,色彩基本上是灰蓝紫色。如背景是天空,可在天空未干时,趁湿画出远树形状,以使其和天空自然交接在一起。

4. 地面

地面一般采用成片涂法表现,远近用色略有变化,但相差不能太大。近景部分待干后对某些起伏不平处略加几笔,但不要画琐碎了。

草地可在近处第一次色未干时用小笔触画上一些小草。近处和阴影处颜色较深,远处颜色逐渐变浅。

5. 石块

独立的石块,用笔要与地面有区别,用色与地面既要有区别又要有联系,色彩要调和。画成堆的石块,要有整体感,又要有色彩变化,石块之间的空隙可以干后加工,有的也可趁湿加工。石块的用色要沉着厚重,防止过于漂亮,产生轻浮的感觉。

6. 水

水是反光体,一般是反映天和地面物体的颜色。水面渲染时注意表现出水面的透明感和光感,水面上要留出一些亮线。先按天空的颜色画出基本色调,在颜色未干时按建筑和树木等环境关系画出倒影来,水分要大些使之相互渗化,水面与地面相接处局部较重。

3.3.5 水彩渲染常见病例

这里主要列举了技法上的问题,至于色彩选择不当等,是提高修养的问题,不在此例。

(1) 间色或复色渲染调色不匀造成花斑;

(2) 使用易沉淀颜料时,由于运笔速度不匀或颜料和水不匀而造成沉淀不匀;

(3) 颜料搅拌过多发污;

(4) 色度到极限发死;

(5) 覆盖的一层浅色或清水洗掉了较深的底色;

(6) 擦伤了纸面出现毛斑;

(7) 使用干结后的颜料颗粒造成麻点;

(8) 退晕过程中变化不匀造成突变的台阶；

(9) 渲染到底部积水造成了返水；

(10) 纸面有油污；

(11) 画面未干滴入水点；

(12) 工作不细致涂出边界。

3.4 钢笔徒手画

园林设计者必须具备徒手绘制线条图的能力。因为园林图中的地形、植物和水体等需徒手绘制，且在收集素材、探讨构思、推敲方案时也需借助于徒手线条图(图3.18)。

(a) 留园中部效果图

(b) 某建筑室内效果图

图3.18 钢笔徒手画

绘制徒手线条图的工具很多，用不同的工具所绘制的线条特征和图面效果虽然有差别，但都具有线条图的共同特点。下面主要介绍钢笔徒手画的画法。

3.4.1 钢笔徒手线条

钢笔画是用同一粗细(或略有粗细变化)、同样深浅的钢笔线条加以叠加组合，来表现物体的形体、轮廓、空间层次、光影变化和材料质感。要作好一幅钢笔画，必须做到线条要美观、流畅；线条的组合要巧妙，要善于对景物深浅作取舍和概括。

学画钢笔画的第一步，要作大量各种线条的徒手练习，包括各种直线练习、曲线练习、线条组合、点、圆等的徒手练习(图3.19)。初学者要想画出漂亮的徒手线条，就应该经常利用一些零碎时间来作线条练习，即所谓“练手”(图3.20)。

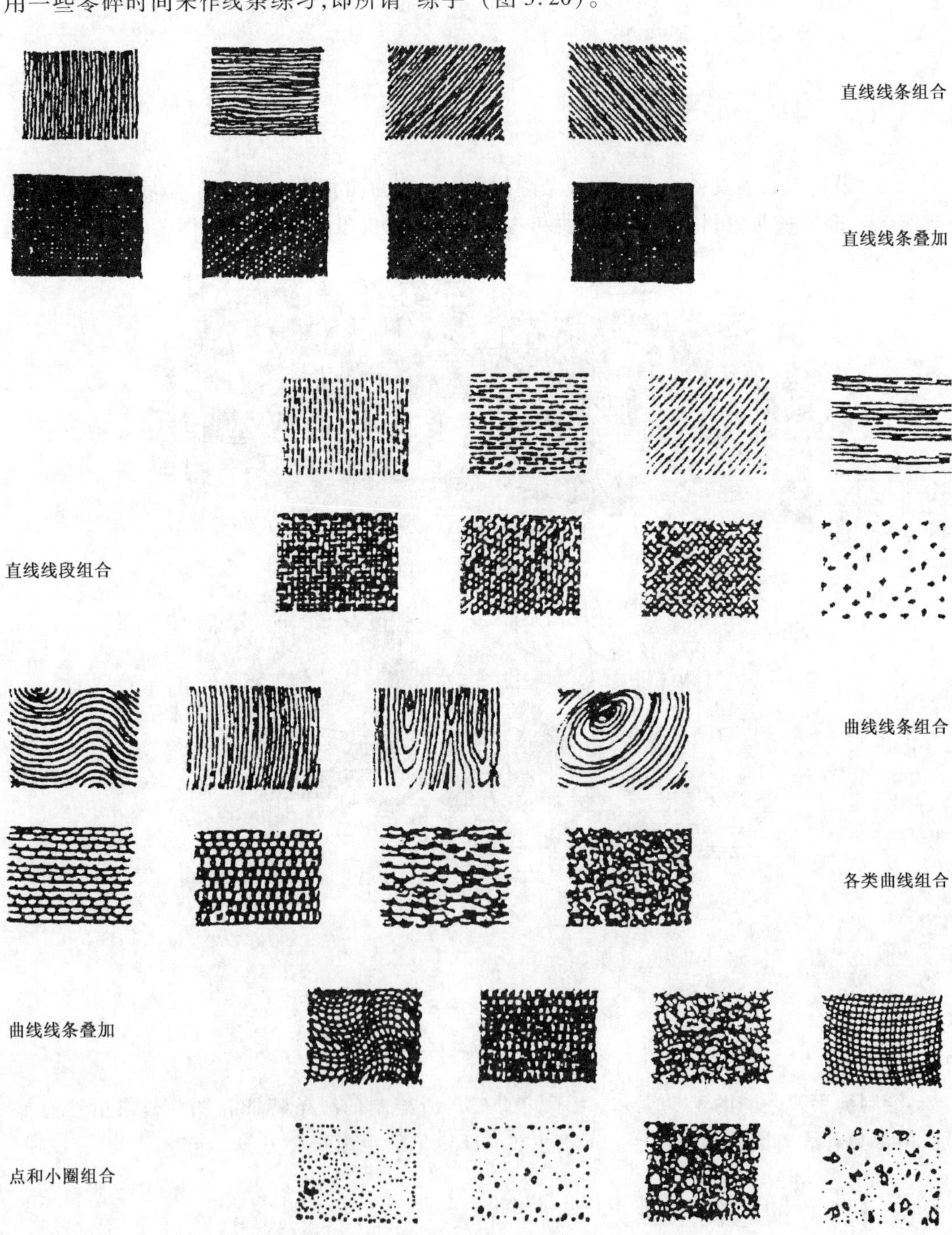

图3.19　线条练习

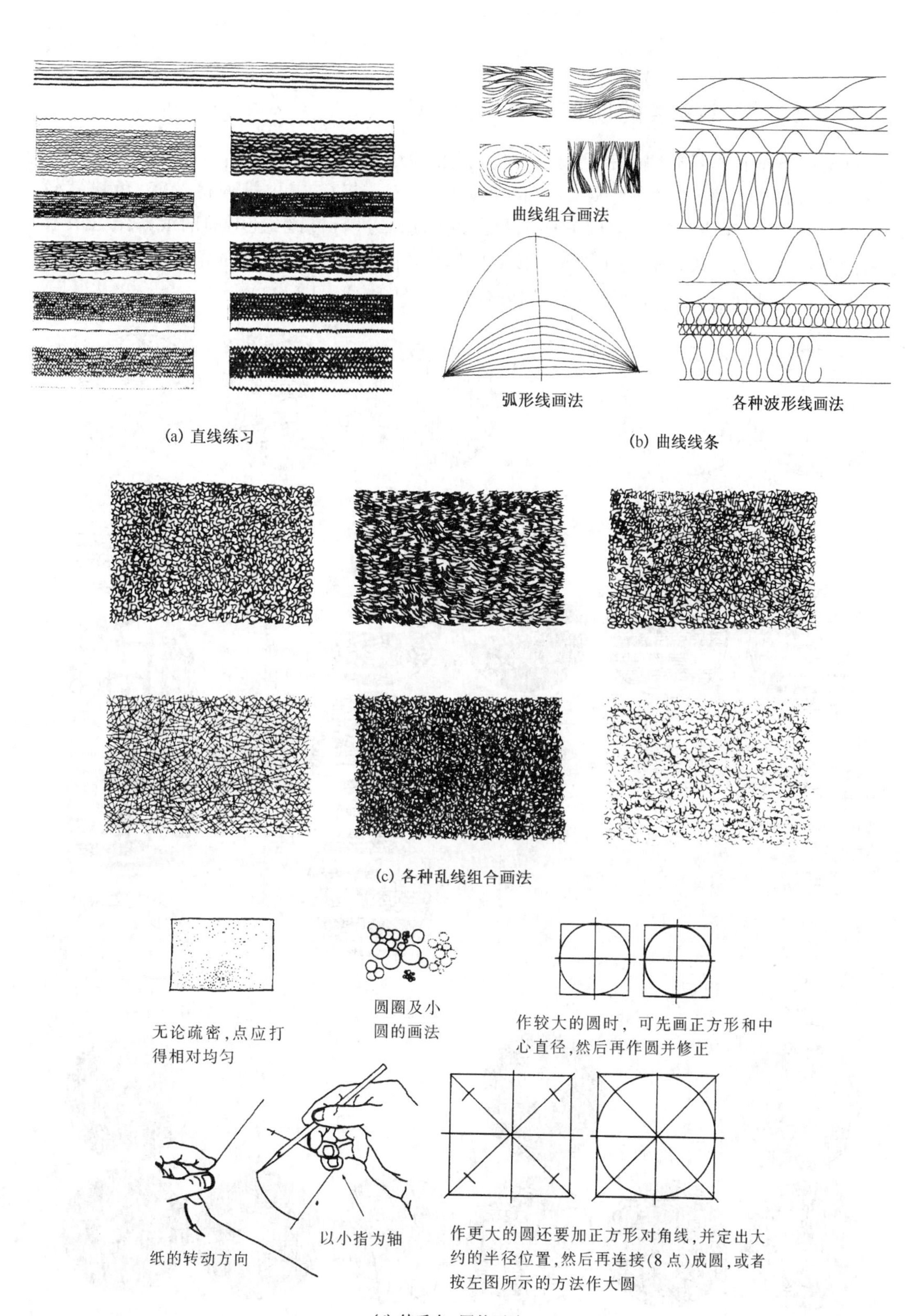
曲线组合画法
弧形线画法
各种波形线画法
(a) 直线练习
(b) 曲线线条
(c) 各种乱线组合画法
圆圈及小
圆的画法
无论疏密,点应打
得相对均匀
作较大的圆时，可先画正方形和中
心直径,然后再作圆并修正
以小指为轴
纸的转动方向
作更大的圆还要加正方形对角线,并定出大
约的半径位置,然后再连接(8点)成圆,或者
按左图所示的方法作大圆
(d) 徒手点、圆的画法

图 3.20　徒手练习

3.4.2 钢笔线条的明暗和质感表现

钢笔线条本身不具有明暗和质感表现力,只有通过线条的粗细变化和疏密排列才能获得各种不同的灰色块,表达出形体的体积感和光影感。线条较粗,排列得较密,色块就较深,反之则较浅。深浅之间可采用分格退晕或渐变退晕进行过渡,且不同的线条组合具有不同的质感表现力。表面分块不明显,形体自然的物体宜用过渡自然的渐变退晕;分块较明确的建筑物墙面、构筑物表面通常宜用分格退晕(图 3.21,图 3.22)。

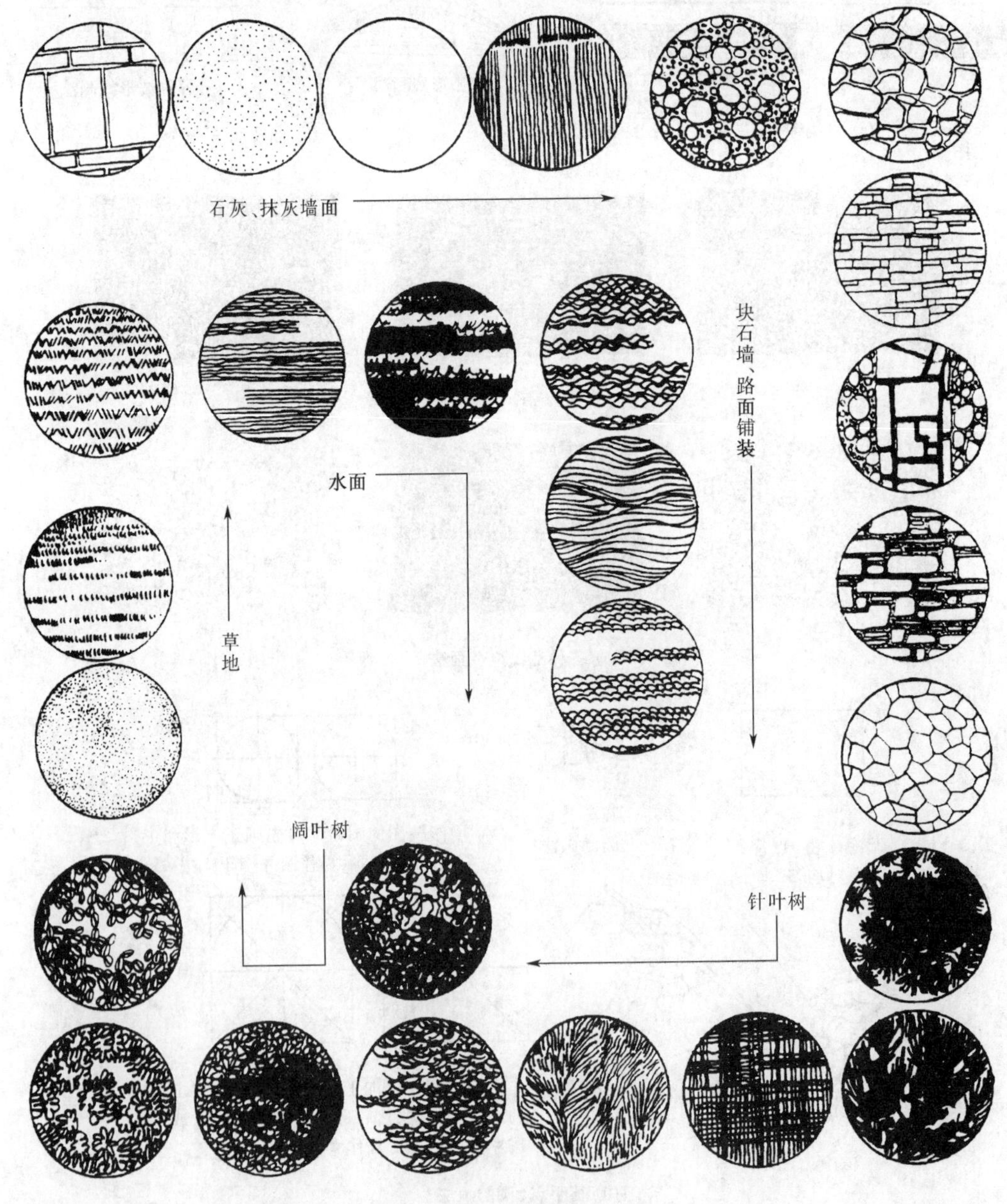

图 3.21 线条的排列和组合

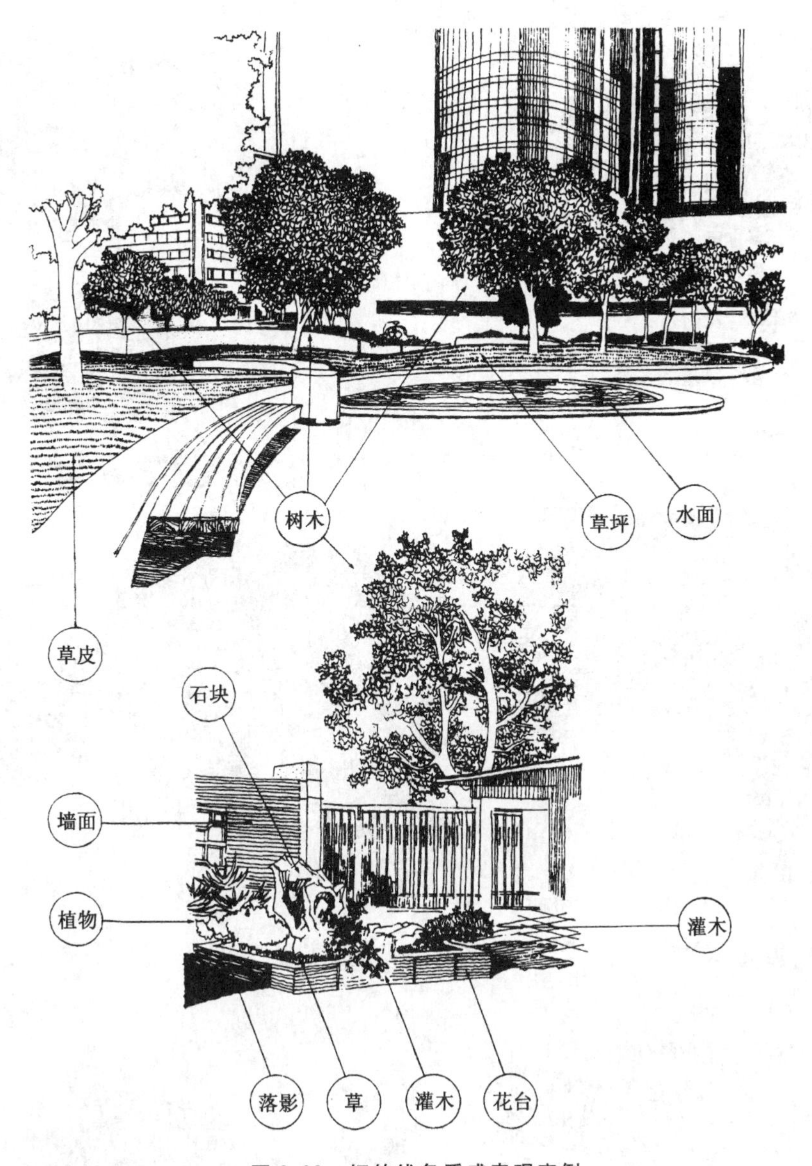

图 3.22　钢笔线条质感表现实例

3.4.3　树木和石块的画法

用钢笔画树，除了必须准确地掌握树木的造型特点，还要使线条与树木的特征相协调。例如针叶树(松、柏)可用线段排列表现树叶，而阔叶树则可用成片成块的面来表现树叶。

树木的表现有写实的、程式化(图案式)的和抽象变形的三种形式。写实的表现形式较尊重树木的自然形态和树干结构，冠叶的质感刻画较细致，显得较逼真(图 3.23)。程式化的画法很多，它通过选择合适的线条及组合，简练而又图案式地表现夸张了的树木造型(图 3.24)。抽象变形的表现形式虽然也较程式化，但它加进了大量抽象、扭曲和变形的手法，使画面别具一格(图 3.25)。无论何种树木，无论用何种画法，在同一幅图中都应注意与主体画法的统一。

图 3.23 树木的写实画法

图 3.24　树木的图案式画法

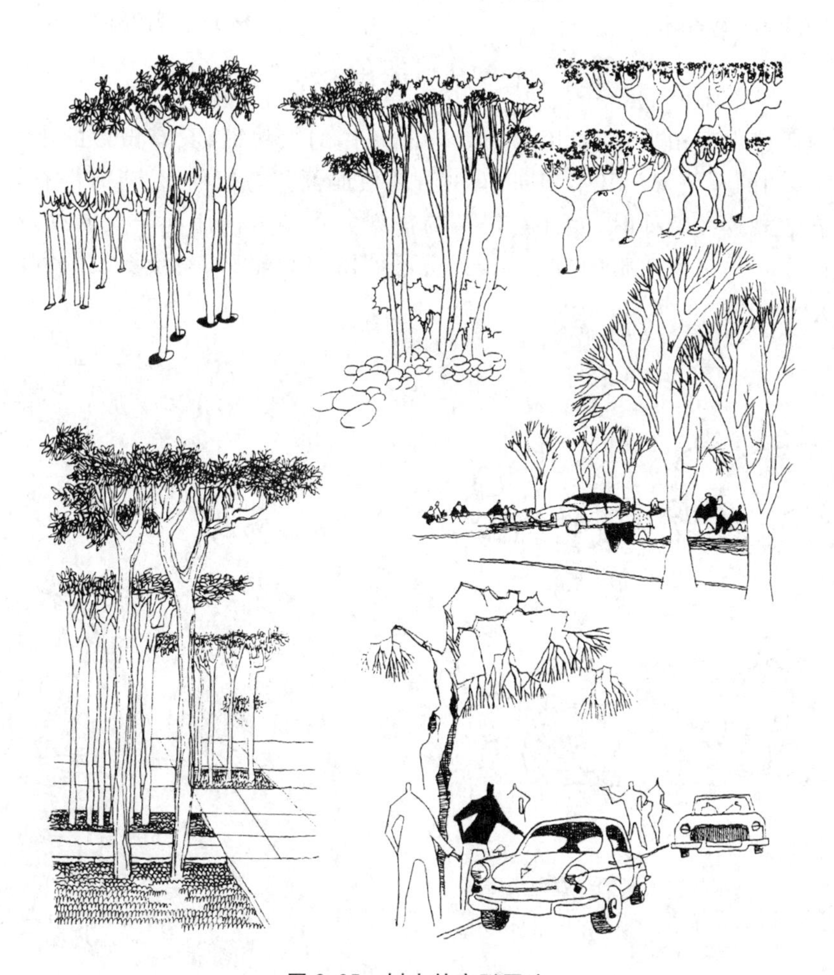

图 3.25　树木的变形画法

根据树木在图中的不同位置，一般可分为远景树和近景树。远景树无须区分枝叶乃至树干，只须作出轮廓剪影；整个树丛可上深下浅、上实下虚，以表示大地的空气层所造成的深远感。近景树应比较细致地描绘树枝和树叶，特别是树叶的画法，各个树种有明显的不同(图 3.26)。

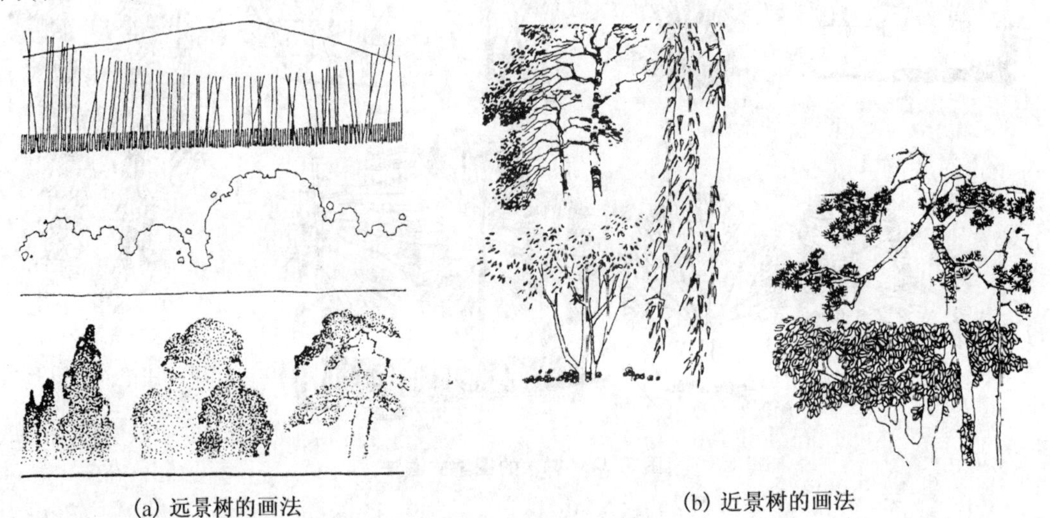

(a) 远景树的画法　　(b) 近景树的画法

图 3.26　树木的层次

石块的质感表现相当复杂，因为石块既有整体的大块面，又有微妙的小块面和裂缝纹理，而且不同的石块特征又不相同，有的石块块面像斧劈似的整齐，有的石块圆浑而难分块面。在表现这些特征时，要注意线条的排列方式和方向应与石块的纹理、明暗相一致。石块除了用质感和明暗的方法表现外，还可用勾勒轮廓、勾绘石纹的方法加以表现(图 3.27)。

(a) 湖石

庭院园林中的湖石，造型袅娜多姿，钢笔表现多为线描，无需作出阴影，以免失之零乱

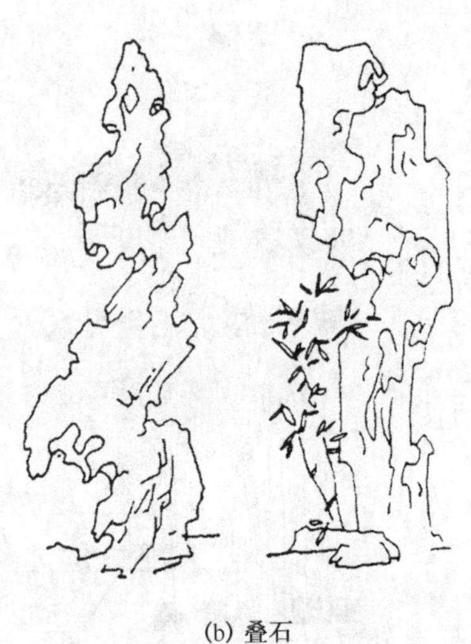

(b) 叠石

叠石常常是大石和小石穿插，以大石间小石或以小石间大石以表现层次、线条的转折要流畅有力

(c) 远山

远山无山脚，这是因为大气层的缘故。用钢笔线条表现远山，要抓住山势的起伏，抓住大的轮廓

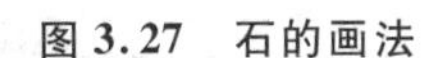

图 3.27　石的画法

(a) 春石

位于园的南面，以粉墙漏窗为背景，一峰突兀于疏竹丛中，犹如雨后春笋，象征春回大地，有万物竞相争春之意趣

(b) 夏石

位于园西北，峰岩耸立，磅礴浑厚，碧波穿流其间，苍翠蓊郁气氛极浓，具有生机勃勃的活力

(c) 秋石

位于园东北，倚立于亭之一侧，呈暗赭色，寓意万物萧素，叶枯翠残

(d) 冬石

位于园东南一小院内，柔而绵，呈灰白色，似有惨淡欲睡之意；加之院墙之上又开凿若干圆形窗孔，每当北风凛列便瑟瑟有声

图 3.28　扬州个园的四季假山

3.5 模型制作

为了更直观地表达设计意图和构思，推敲设计造型和景观构成，可采用模型的方式来表达设计。

3.5.1 工具和材料

1．工具

模型制作的工具多种多样，以好用并能达到制作目的和实际效果为准。一般在模型制作中的工具可分为测量工具、切割工具、打磨工具和辅助工具四大类(图 3.29)。

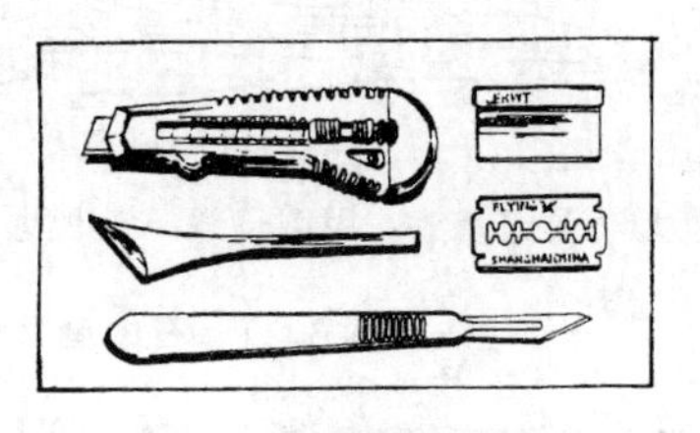

切割类刀具

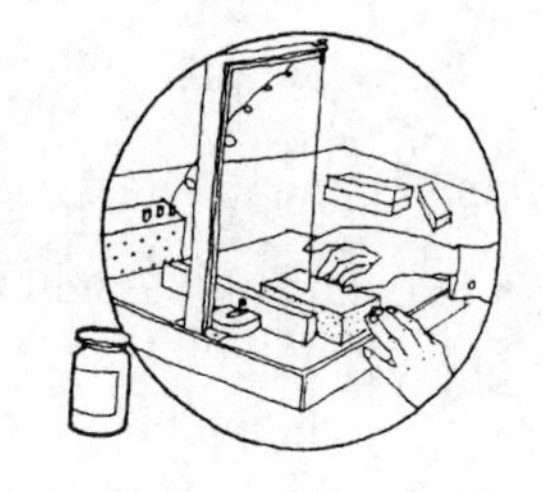

聚醋酸乙烯乳液和电阻丝切割器

图 3.29 模型制作工具

测量类工具：常用的有直尺、三棱尺、三角尺、丁字尺、圆规、分规、模板等；

切割类工具：常用的有尖头刻刀、工具刀、勾刀、手术刀、壁纸刀、剪刀、手锯、电热丝锯等；

打磨类工具：常用的有砂纸、砂纸机、砂纸板、锉刀、木工刨、小型台式砂轮机等；

辅助类工具：常用的有电烙铁、电吹风机、老虎钳、镊子、锤子、喷枪等。

2．材料

模型材料是模型制作中最为活跃而不定的因素。随着材料科学的进步，用于模型制作的基本材料呈现出多品种、多样化的趋势。根据各种材料在模型制作过程中的用途作用不同，可划分为结构材料和其他材料两大类。

结构材料：常用的有 ABS 板、塑料板、泡沫聚苯板、有机玻璃、木质薄材等；

其他材料：常用的有发泡海绵、草粉、仿真草皮、金属材料、各种贴膜、双面贴、即时贴、橡皮泥、石膏、纸黏土、各种粘胶等。

3.5.2 简易园林模型制作练习

结合园林设计进行简易园林模型制作练习，一方面能培养学生的想象力和创造力，打一点空间构图的基础；另一方面将使学生初步学习选择模型制作的材料、使用工具和简单模型的制作方法。

1．地形模型的做法

根据平面等高线的形状，做出相应地形变化

材料和工具：纸板、胶合板；电阻丝切割锯、底板、粘合剂。

制作方法：根据等高距和等高线平面形状在不同纸板上分别画出不同的等高线；利用

切割锯沿纸板上等高线切割纸板;依次将切割好的纸板重叠,使用粘合剂粘贴纸板和底板。若地形起伏过大时,可在木框架上铺丝网,然后再用石膏抹面做成(图3.30)。

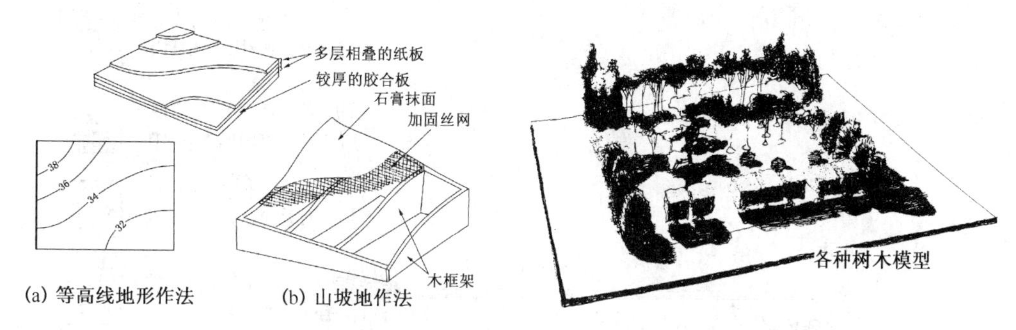

图3.30　地形模型做法示意图

图3.31　树木模型的做法

2. 树木模型的做法

进行各种类型的树木制作

材料和工具:海绵、铁丝、底板、粘合剂、剪刀。

制作方法:根据作业要求确定不同树木类型及位置,将海绵缠在铁丝上并染上黄绿色表示乔木;将海绵剪成不规则状后染成绿色表示灌木,使用粘合剂将海绵粘贴在底板上(图3.31)。

3. 庭园模型练习

这一练习和前两项不同之处是:它不仅要考虑各种不同质感的设计,而且要考虑各个部分相互的比例关系以及与人的尺度关系;此外,功能的与观赏的要求都高了。

材料和工具:主要是用吹塑纸作大块地面、墙面和屋面材料,其余见图所引示。

制作方法:按要求的比例尺作好底板(如1/100)并在底板上标明主要模型部件如墙、水池、亭等的位置;分部件使用各自材料逐一制作;将准备好的各种部件进行粘接、调整;注意次序是先地面后地上、先大部件(如建筑物)后小部件和树木等(图3.32,图3.33)。

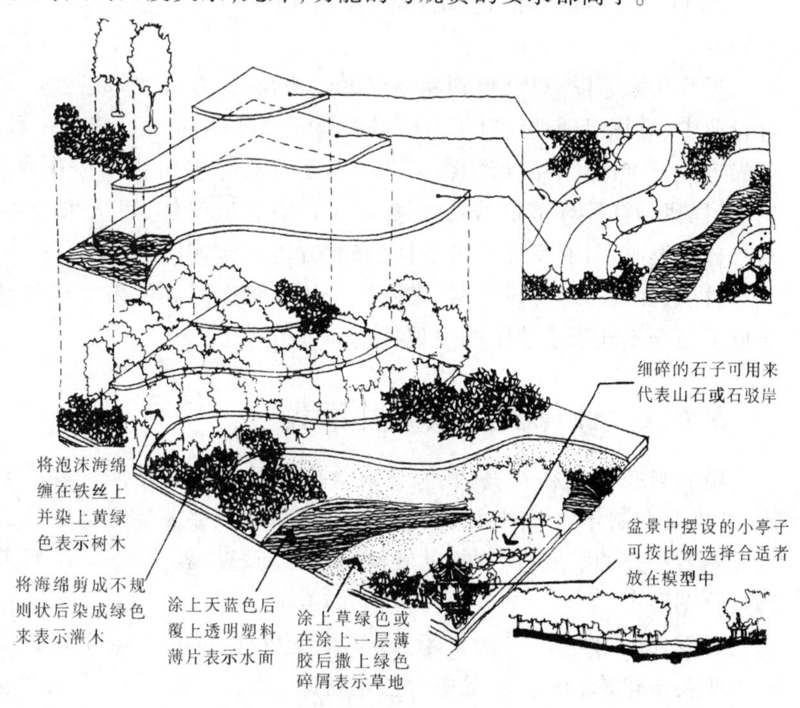

图3.32　园林模型的简易做法

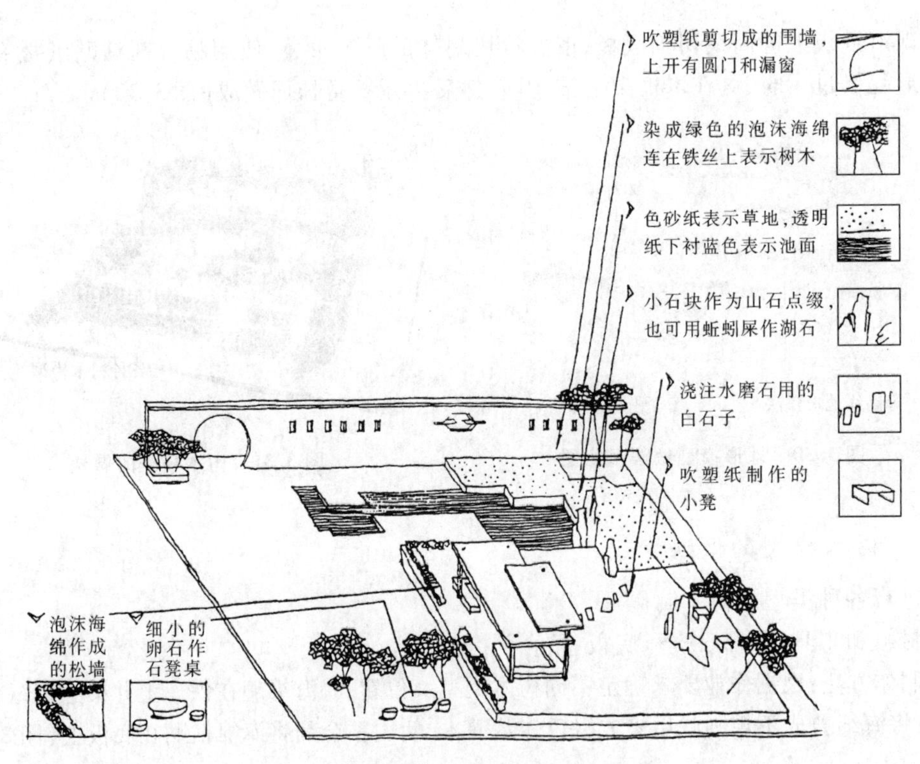

图 3.33 庭园模型做法

3.6 计算机辅助园林设计

近几年来，计算机已得到相当程度的普及，计算机技术已经渐渐深入到许多学科，在设计行业中，计算机辅助设计 CAD (Computer Aid Design)已成为一种方便，快速的手段，它具有先进的三维模式，结合绘图、计算、视觉模拟等多功能一体化，能将方案设计、施工图绘制、工程概预算等环节形成一个相互关联的有机整体，可大大节省设计人员制图的时间。在校核方案时，具有良好的可观性、修改方便快捷等优点。

目前，在进行园林设计时，常用多种计算机作图软件来完成从平面图到效果图的绘制，形成了完全不同于手绘图的表现特色。

3.6.1 计算机的软硬件配置

随着科技的迅猛发展，在园林设计中对计算机硬件配置要求要高于普通商用、家用电脑，特别是在制作效果图时，需要较大的内存和显存才能提高图像的显示速度和作图速度。现在随着科技的发展，计算机的硬件配置更新速度较快，基本上目前所购计算机配置，都能满足绘图要求。

在软件应用方面，一般常用 AutoCAD，Photoshop，Coreldraw，3DS MAX 等作图软件，结合一些关于建筑、植物、小品等专业素材库，完成从平面图、立面图、剖面图、效果图，甚至动画效果的绘制。

3.6.2 园林图纸的绘制

1. 平面图、立面图

1）绘图软件简介

绘制平、立面图常用的软件是 AutoCAD，是美国 Autodesk 公司推出的通用计算机辅助绘图和设计软件包，目前已广泛应用于机械、建筑、结构、城市规划等各种领域。随着技术的创新，AutoCAD 已进行了多次升级，功能日益完善，操作更为简便，现在常用的版本是 AutoCADR14，AutoCAD2000，AutoCAD2002 等。

2）AutoCAD 在园林设计中的应用

AutoCAD 具有完善的图形绘制功能，能够精确地绘制线、圆、弧、曲线、多边形等各种几何图样。同时，该软件还提供了各种修改手段，具有强大的图形修改功能，比如删除、复制、镜像、修剪、偏移等，大大提高了绘图的效率。

在绘制平、立面过程中，根据设计构思，通过这些命令完成各部分的尺寸、纹样等。对于铺装的表现可根据 CAD 提供的各种纹样通过填充功能来完成。而其他一些表现素材，如植物、汽车、人物等则可从素材库中调用即可，通过 AutoCAD 绘制的平面图，立面图主要是线条图形，它能清楚、准确地表达设计意图，通过定义层的颜色可生成彩色的图像，但是图面效果稍欠丰富。为了弥补 CAD 表现图的不足，目前，在设计界还经常采用另一种方法。通过另一种绘图软件 Photoshop 和 CAD 结合共同来完成。它是把 CAD 文件导入到 Photoshop 中，充分利用 Photoshop 强大的渲染功能来绘制平面的效果图（图 3.34，图 3.35）。

图 3.34 用 CAD 绘制的平面图

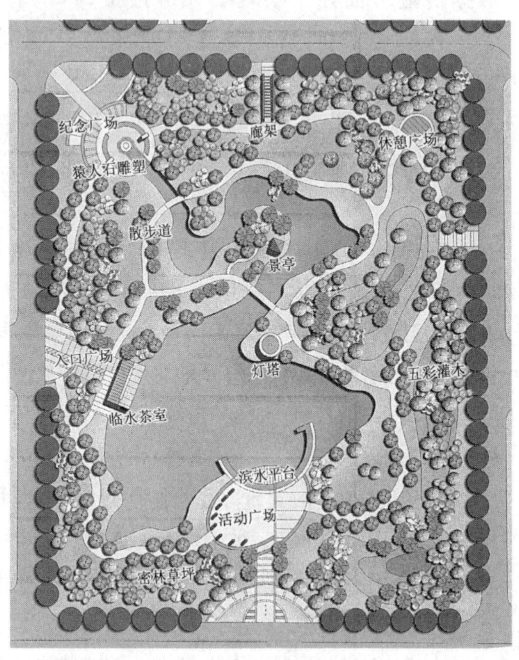

图 3.35 用 Photoshop 绘制的平面图

2. 效果图

在园林设计中,常用效果图来直观、清楚地表达设计意图,与手工绘制的效果图相比,电脑表现图具有准确、逼真的特点,并且根据设计意图,更容易调整。

1) 常用软件简介

进行园林表现图的制作一般需要经历 3 个历程:①三维建模(3D Modeling),②渲染(Rendering),③后期图像处理(Image Processing),这 3 个步骤常用的核心软件如下:

步骤	常用软件
建模:	AutoCAD, 3DS MAX 系列等
渲染:	3DS MAX, LightScape 等
后期图像处理:	Photoshop 等

这些软件相结合,能较好地绘制园林效果图。

2) 绘制过程

在园林效果图的绘制过程中,每个阶段都各有侧重。园林效果图不同于建筑表观图,主要是侧重室外景观环境整体效果的表达。因此,在建模阶段,除了设计中的园林建筑和建筑小品、道路、水体,地形需精心刻划外,对于设计环境周围的建筑物表现则要粗略得多。效果图中的植物、人物、天空、汽车的表现基本上都是在后期处理阶段完成的。

(1) 三维建模 三维建模是制作园林效果图的第一步,这一过程对渲染,后期处理及最后的效果都有至关重要的影响。

AutoCAD 系列和 3DS MAX 系列均可用于模型制作,二者都是 Autodesk 公司的产品,在数据传输方面几乎实现了无缝连接,将两者相结合建模较好。

在建模之前,首先要透彻理解方案,才能通过效果图较好地表达设计意图。其次,确定待建模型的繁简程度。因为模型的繁简程度对表现图的制作影响巨大,既影响建模的效率,又影响后期渲染的速度和成图以后的整体效果。因此,在建模时,要预先估计透视角度,省略透视图中不可见部分。对设计重点部位仔细刻划,其余可作适当简化,做到重点突出。

在 AutoCAD 环境下建模时,要注意将同一材质的物体尽量放在一层上,这样在导入 3DS MAX 后,可以将每层上的物体视为一个对象进行处理,绘对象定义材质极为方便。

和建筑建模内容略有不同的是,园林表观图中经常用一些自由曲线建模,比如地形的建模等。用 AutoCAD 进行地形建模不方便,而 3DVIZ 中已有对地形建模的成熟方法,操作者只需在 AutoCAD 中绘出等高线,并赋于各条等高线不同高度,即可在 3D 中进行拟合建模。

(2) 渲染 渲染是在三维模型的基础上,选择视角、设计光照或日照、为不同构件定义材质、再配以环境等。常用 3DS MAX 软件,3DS MAX 是 WIN95(WIN98、WINDOWS NT)平台上的应用软件。只要设计者精心操作,就能真实再现材料的质感,光的特性,包括阴影、倒影、高光等情况,这是手工渲染难以企及之处。

在 3DS MAX 中,设置灯光是非常重要的,它的作用是影响场景中构件的明暗程度,同时光源的颜色和亮度也影响对象空间的光泽、色彩和亮度。在光源和材质的共同作用下,可产生强烈色彩和明暗的对比。在模拟日光时,一般都用聚光灯来进行模拟,将聚光灯放置在距离场景较远的地方,可以产生近似平行的光线,较好地进行日光模拟。

在 3DS MAX 中还提供了多种贴图类型,能满足各种效果的需要。在赋予“材质”时要注意各种材质的尺度。

在对模型布置好“灯光”和“材质”,并通过设置“相机”选择好合适的透视角度后,可以进行“渲染”。渲染速度与计算机硬件配置、模型的复杂程度,场景中的阴影,反射,贴图的数量光源的设置都有直接关系。经过渲染所得的 JPG、TIF 格式文件,可在 Photoshop 后期处理软件中直接调用。

(3) 后期处理　后期处理过程对于园林表观图来讲相当重要,效果图中的植物,天空、人物等配景基本上都是在这一过程中完成的。常适用 Photoshop 软件来处理完成。

在 Photoshop 中增加配置时,需注意背景图片的透视角度和色调要整个画面相协调统一(图 3.36)。

图 3.36　效果图

以上通过计算机绘制的平、立面和效果图属于静态园林景观的表现,为了更为逼真形象地体现设计思想,现在可以通过计算机辅助设计中的视觉模拟来表现所设计园林的动态景观,使设计对象与人产生动态的关系,它是通过动画设计软件的照像机视窗,模拟人的视点、视域在游览线上的旋转、移动形成一连串的视点轨迹,使人有种身临其境的真实感,这是手工设计不可能实现的。目前,常用的制作计算机动画的软件是美国 Autodesk 公司推出的以微机为平台的被誉为“动画制作大师”的 3D Studio MAX(3DS MAX)软件包。具体的制作过程较为复杂,可以参考相关动画制作书籍来学习。

随着计算机硬件和软件技术以及园林设计行业本身的发展,计算机辅助设计会越来越多地应用到园林设计,使园林设计建立在更科学、精确的基础上,推动园林为科学发展。

4 园林设计方法入门

作为园林专业的学生，最为关心的就是如何把设计做好。许多人认为只要投入相当的时间和精力即可。其实不然，对于设计而言，掌握好设计的方法、规律是至关重要的，这样在真正面对一个设计题目时，在收集了相关信息资料后，遵循一定的设计方法才能把设计工作推向深入。当然园林设计本身就是一门综合性很强的学科，要想设计好园林，还必须对园林有一深入透彻的了解。本章从认识园林设计开始进行园林设计方法的讨论。

4.1 认识园林设计

4.1.1 园林设计的职责范围

园林设计是个由浅入深不断完善的过程，它主要是由下列环节构成。园林设计者在接到任务后，应该首先充分了解设计委托方的具体要求，然后善于进行基地调查，收集相关资料，对整个基地及环境状况进行综合概括分析，提出合理的方案构思和设想，最终完成设计。它主要包括方案设计、详细设计和施工图设计三大部分。这三部分在相互联系相互制约的基础上有着明确的职责划分。其中方案设计作为园林设计的第一阶段，它对整个园林设计过程所起的作用是指导性的，该阶段的工作主要包括确立设计的思想、进行功能分区，结合基地条件、空间及视觉构图确定各种使用区的平面位置，包括交通的布置、广场和停车场地的安排、建筑及入口的确定等内容(图4.1)。

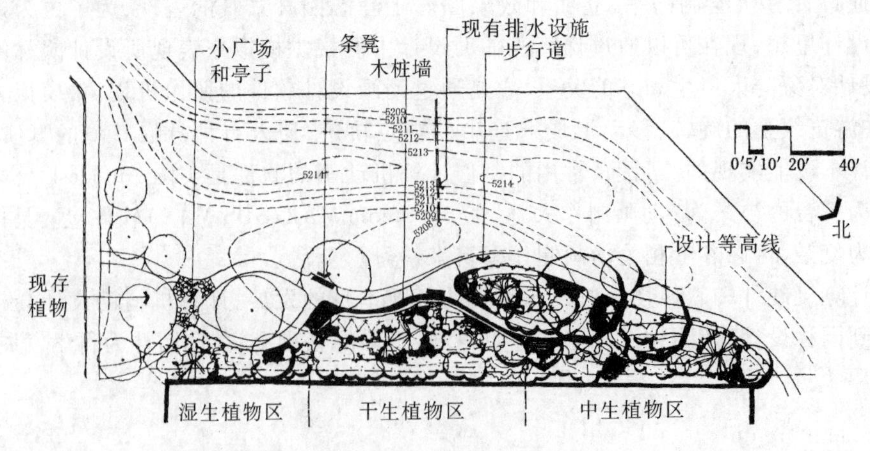

图4.1 某庭院方案图

详细设计阶段就是全面地对整个方案各方面进行详细的设计，包括确定准确的形状、尺寸、色彩和材料，完成各局部详细的平立剖面图、详图、园景的透视图、表现整体设计的鸟瞰图等。

施工图阶段是将设计与施工连接起来的环节，根据所设计的方案，结合各工种的要求分别制出能具体、准确地指导施工的各种图纸，能清楚地表示出各项设计内容的尺寸、位置、形状、材料、种类、数量、色彩以及构造和结构，完成施工平面图、地形设计图、种植平面图、园林建筑施工图等（见下页图4.2）。

因各方条件限制，在校生进行的园林设计多集中于方案设计和详细设计。

4.1.2 园林设计的特点与要求

园林设计本身是个复杂的过程，它作为一个全新的内容完全不同于制图技巧的训练。园林方案设计的特点可以概括为五个特性，即创作性、综合性、双重性、过程性和社会性。

1. 创作性

设计的过程本身就是一种创作活动，它需要创作主体具有丰富的想象力和灵活开放的思维方式。园林设计者面对各种类型的园林绿地时，必须能够灵活地解决具体矛盾与问题，发挥创新意识和创造能力，才能设计出内涵丰富、形式新颖的园林作品。对初学者而言，创新意识和创造能力应该是其专业学习训练的目标。

2. 综合性

园林设计是一门综合性很强的学科，涉及到建筑工程、生物、社会、文化、环境、行为、心理等众多学科。作为一名园林设计者，必须熟悉、掌握相关学科的知识。

另外，园林绿地本身的类型也是多种多样的，有道路、湖水、广场、居住区绿地、公园、风景区等等。因此，掌握一套行之有效的学习方法和工作方法是非常重要的。

3. 双重性

作为一门设计课程，它的思维活动有着不同于其他学科之处，具有思维方式双重性的特点。园林设计过程可概括为分析研究——构思设计——分析选择——再构思设计……如此循环发展的过程。在每一个“分析”阶段，设计者主要运用的是逻辑思维，而在“构思阶段”，主要运用形象思维。因此，平时的学习训练必须兼顾逻辑思维和形象思维两个方面。

4. 过程性

在进行风景园林设计的过程中，需要科学、全面地分析调研，深入大胆地思考想象，不厌其烦地听取使用者的意见，在广泛论证的基础上优化选择方案。设计的过程是一个不断推敲、修改、发展、完善的过程。

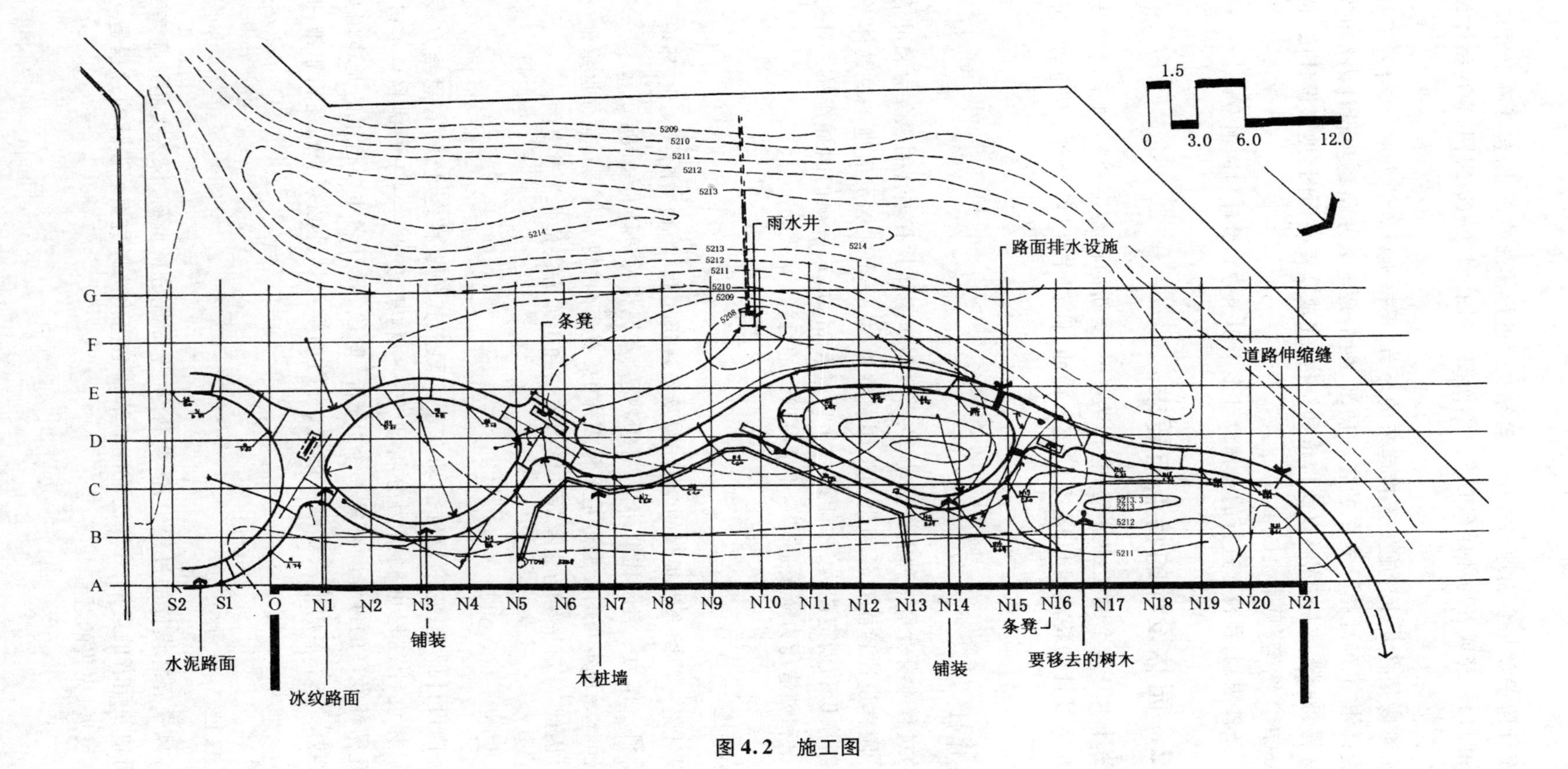

1.5
0
3.0
6.0
12.0
5209
5210
5211
5212
5213
5214
雨水井
路面排水设施
条凳
道路伸缩缝
G
F
E
D
C
B
A
S2
S1
O
N1
N2
N3
N4
N5
N6
N7
N8
N9
N10
N11
N12
N13
N14
N15
N16
N17
N18
N19
N20
N21
铺装
条凳
水泥路面
木桩墙
铺装
要移去的树木
冰纹路面

图 4.2　施工图

5. 社会性

园林绿地景观作为城市空间环境的一部分，具有广泛的社会性。这种社会性要求园林工作者的创作活动必须综合平衡社会效益、经济效益与个性特色三者的关系。只有找到一个可行的结合点，才能创作出尊重环境、关怀人性的优秀作品。

4.1.3 方案设计的方法

功能和形式对于设计者来讲，是始终要关注的两个方面。方案设计的方法大致可分为"先功能后形式"和"先形式后功能"两大类。它们最大的差别主要体现为方案构思的切入点与侧重点的不同。

"先功能"是以平面设计为起点，重点研究功能需求，再注重空间形象组织。从功能平面入手，这种方法更易于把握，有利于尽快确立方案，对初学者较适合。但是很容易使空间形象设计受阻，在一定程度上制约了园林形象的创造性发挥。

"先形式"则是从园林的地形、环境入手，进行方案的设计构思，重点研究空间组织与造型，然后再进行功能的填充。这种方法更易于自由发挥个人的想象与创造力，设计出富有新意的空间形象。但是后期的功能调整工作有一定的难度，初学者一般不宜采用。

上述两种方法，并非截然对立的，对于设计者而言，需要两种方式同时交替进行，在满足平面功能的同时，也注重空间形式的表达。

4.2 方案设计的任务分析

任务分析作为园林设计的第一阶段，其目的就是通过对设计委托方的具体要求、地段环境、经济因素和相关规范资料等重要内容作一系统的、全面的分析研究，为方案设计确立科学的依据。

4.2.1 设计要求的分析

设计要求包括功能要求和形式特点要求两个方面。

1. 功能要求

园林用地的性质不同，其组成内容也不同，有的内容简单，功能单一，有的内容多，功能关系复杂。合理的功能关系能保证各种不同性质的活动、内容的完整性和整体秩序性(图4.3)。各功能空间是相互密切关联的，常见的有主次、序列、并列或混合关系，他们互相作用共同构成一个有机整体。具体表现为串联、分枝、混合、中心、环绕等组织形式(图4.4)。我们常常用框图法来表述这一关系。框图法是园林设计中一种十分有用的方法，能帮助快速记录构思，解决平面内容的位置、大小、属性、关系和序列等问题(图4.5)。

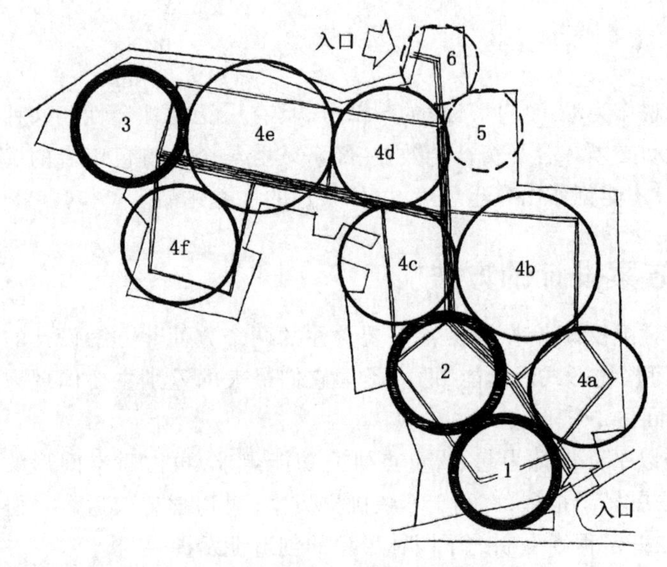

图 4.3　某综合性公园功能分区图

1. 儿童活动区；2. 科普等展览区；3. 文娱活动区；
4. 游憩区(4a. 东假山　4b. 大草坪　4c. 牡丹园　4d. 假山木园
4e. 疏林草坪　4f. 西假山)；5. 苗圃生产区；6. 管理区

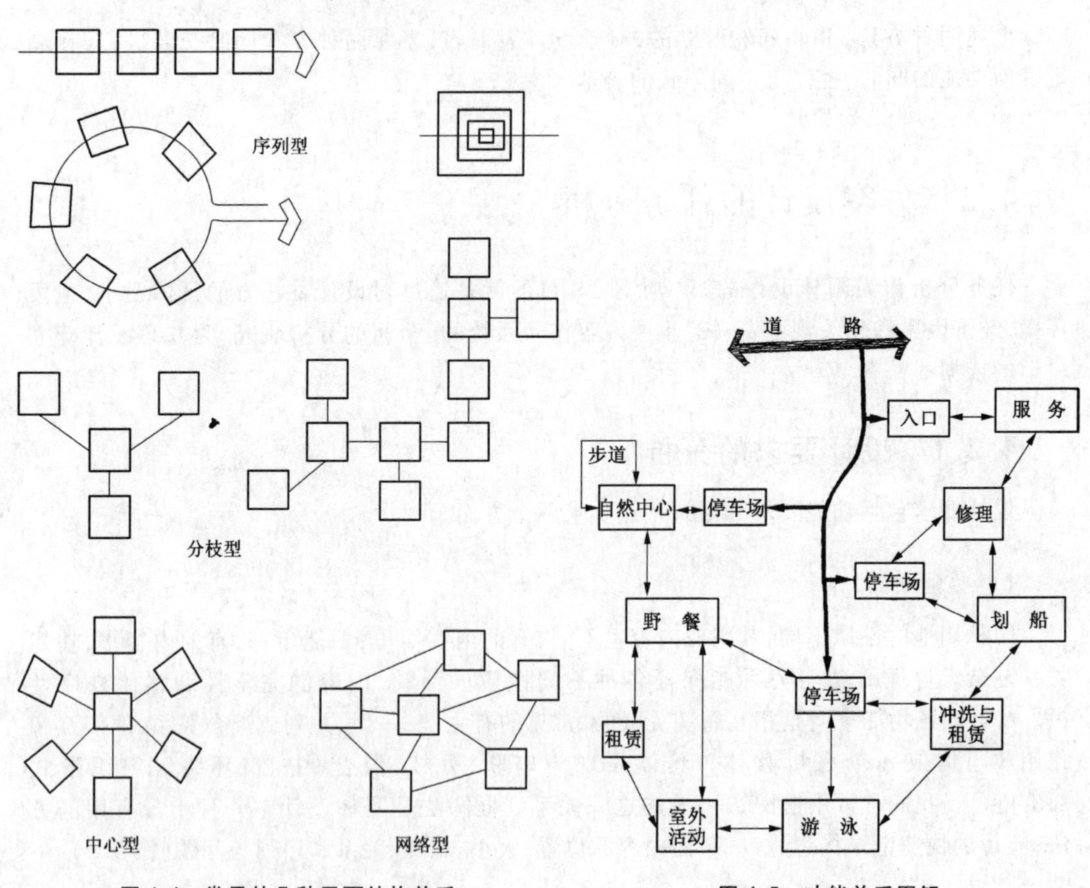

图 4.4　常见的几种平面结构关系

图 4.5　功能关系图解

2．形式特点要求

1）各种类型园林的特点

不同类型的园林绿地有着不同的景观特点。纪念性园林给人的印象应该是庄重、肃穆的；而居住区内的中心绿地应该是亲切、活泼和舒适宜人的。因此我们必须首先准确地把握绿地类型的特点，在此基础上进行深一步的创作。

2）使用者的特点

园林绿地所处位置的不同，使用对象的不同，都会对设计产生不同的影响。一条道路位于商业区和位于居住区，由于位置的不同而带来不同的使用者。商业区道路的主要服务对象是购物者、游人，旨在为他们提供一个好的购物外环境和短暂休憩之处。而居住区道路主要是为居住区居民服务的，结合景观可设置一些可供老人、儿童活动的场所，满足部分居民的需求。因此要准确把握园林绿地的服务对象的个性特点，才能创作出为人民大众所接受并喜爱的作品。

4.2.2 环境条件的调查分析

在进行园林设计之前对环境条件进行全面、系统的调查和分析，可为设计者提供细致、可靠的依据。具体的调查研究包括地段环境、人文环境和城市规划设计条件三个方面。

1．地段环境

1）基地自然条件

地形、地貌、水体、土壤、地质构造、植被。

2）气象资料

日照条件、温度、风、降雨、小气候。

3）周边建筑

地段内外相关建筑及构筑物状况（含规划的建筑）。

4）道路交通

现有及未来规划道路及交通状况。

5）城市方位

位于城市空间的位置。

6）市政设施

水、暖、电、讯、气、污等管网的分布及供应情况。

7）污染状况

相关的空气污染、噪声污染和不良景观的方位及状况。

据此，我们可以得出该地段比较客观、全面的环境质量评价（图4.6）。

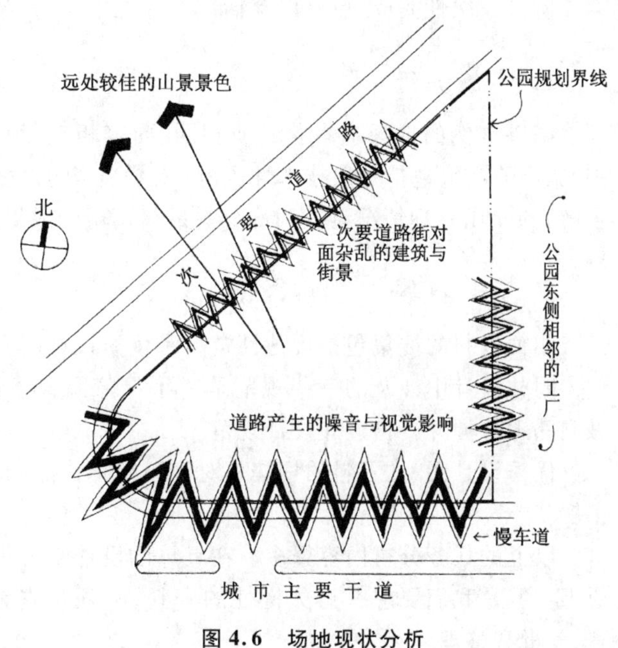

图4.6 场地现状分析

2. 人文环境

1）城市性质环境

是政治、文化、金融、商业、旅游、交通、工业还是科技城市；是特大、大型、中型还是小型城市。

2）地方文化风貌特色

和城市相关的文化风格、历史名胜、地方建筑。独特的人文环境可以创造出富有个性特色的空间造型。

3. 城市规划设计条件

该条件是由城市管理职能部门依据法定的城市总体发展规划提出的，其目的是从城市宏观角度对具体的建筑项目提出若干控制性限定要求，以确保城市整体环境的良性运行与发展。

在设计前，要了解用地范围、面积、性质以及对于基地范围内构筑物高度的限定、绿化率要求等等。

4.2.3 经济技术因素分析

经济技术因素是指建设者所能提供用于建设的实际经济条件与可行的技术水平，它决定着园林建设的材料应用、规模等，是除功能、形式之外影响园林设计的另一个因素。

4.2.4 相关资料的调研与搜集

学会搜集并使用相关资料，对于学好园林设计是非常重要的，资料的搜集调研可以在第一阶段一次性完成，也可以穿插于设计之中。

1. 实例调研

调研实例的选择应本着性质相同、内容相近、规模相当、方便实施，并体现多样性的原则，调研的内容包括一般技术性了解（对设计构思、总体布局、平面组织和空间组织的基本了解）和使用管理情况调查两部分。最终调研的成果应以图、文形式表达出来。

2. 资料搜集

相关资料的搜集包括规范性资料和优秀设计图文资料两个方面。

园林设计中涉及的一些规范是为了保障园林建设的质量水平而制定的。在设计中要做到熟悉掌握并严格遵守设计规范。

优秀设计图、文资料的搜集是对于该园林作品的总体布局、平面组织、空间组织等作一了解。

以上的任务分析内容繁多。在具体的设计方案中，我们或许只用到其中的一部分工作成果。但是我们要想获得关键性的资料，必须认真细致地对全部内容进行深入系统地调查、分析和整理。

4.3 方案的构思与选择

我们在对设计要求、环境条件等有了比较系统全面的了解之后，就可以开始方案的设计。本阶段的具体工作包括构思立意、方案构思和多方案比较。

4.3.1 构思立意

构思立意相当于文章的主题思想，占有举足轻重的地位，方案构思的优劣能决定整个设计的成败。

构思立意的方法有很多，可以直接从大自然中汲取养分，获得设计素材和灵感，提高方案构思能力。也可以发掘与设计有关的素材，并用隐喻、联想等手段加以艺术表现。

我国的古典园林之所以能在世界范围内产生巨大的影响，归根到底是由于其中的构思立意非常的独特，蕴含意境。例如著名的扬州个园以石为构思线索，从春、夏、秋、冬四季景色中寻求意境，结合园林创作手法，形成"春山淡雅而如笑，夏山苍翠而如滴，秋山明净而如妆，冬山惨淡而如睡"之佳境。

对西方现代园林来讲，重视隐喻与设计的意义，寻求独特的构思立意已是当今园林设计的一种普遍趋势。许多设计师在设计中通过文化、形态或空间的隐喻创造有意义的内容和形式。例如玛莎·舒沃兹(Martha Schwariz)在剑桥怀海德生化所的屋顶花园——拼合园(The Splice Garden)的设计中，巧妙地利用该研究中心从事基因研究的线索，将法国树篱园和日本枯山水两种传统园林原型"拼合"在一起，它们分别代表着东西方园林的基因，隐喻它们可通过基因重组结合起来创造出新的形式(图 4.7)。

图 4.7 玛莎·舒沃兹设计的拼合园

提高设计构思能力需要设计者具有多领域的专业知识，加强艺术观和审美能力的提高。另外，平时要善于观察和思考，学会评价和分析好的设计，从中汲取有益的东西。

4.3.2 方案构思

方案构思是方案设计过程中至关重要的一个环节,它是在构思立意的思想指导下,把第一阶段分析研究的成果具体落实到图纸上。

方案构思的切入点是多样的,应该充分利用基地条件,从功能、形式、空间形式、环境入手,运用多种手法形成一个方案的雏形。

1. 从环境特点入手

某些环境因素如地形地貌、景观影响以及道路等均可成为方案构思的启发点和切入点。

例如现准备在某两面临街,一侧为商店专用的停车场的小块空地上建一街头休憩空间,其中打算设置坐凳、饮水装置、废物箱、栽种树木以及做一些地面铺装。要求能符合行人行走路线、为购物或候车者提供休憩的空间。现状图见图 4.8。根据上述环境特点要求构思方案,主要从以下几点入手:

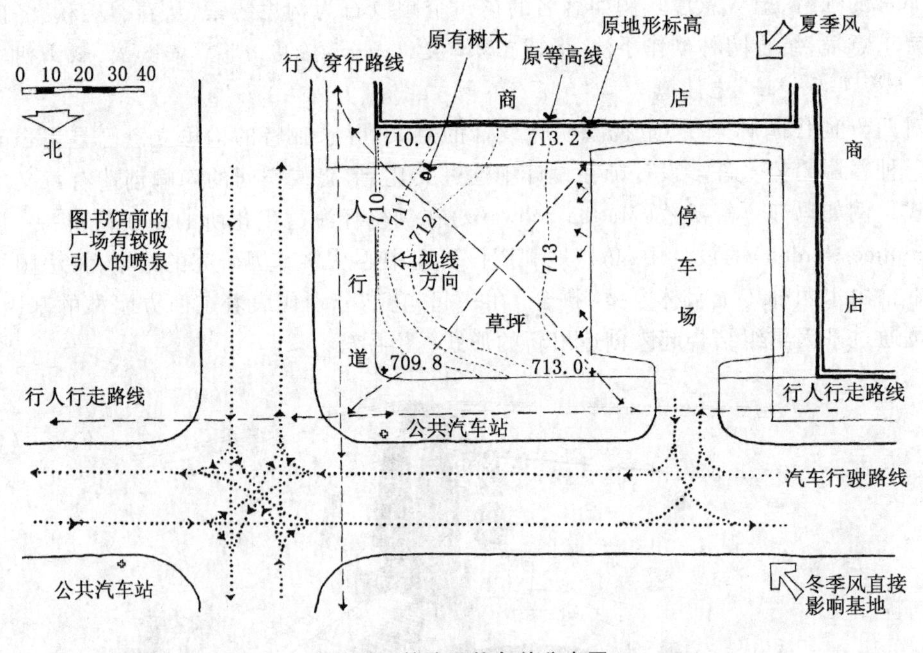

图 4.8 基地现状条件分布图

(1) 场地中设置的内容与任务书要求一致;

(2) 利用基地外的环境景色,比如街对面的广场喷泉;

(3) 入口位置的确定考虑到行人的现状穿行路线;

(4) 停车场地、商店能便利地与该休憩地相连接;

(5) 候车区域应设置供休憩的坐凳且应有遮荫设施;

(6) 饮水装置、废物箱的位置应选在人流线附近,使用方便的地方。根据以上分析,做出如下方案设计(图 4.9)。

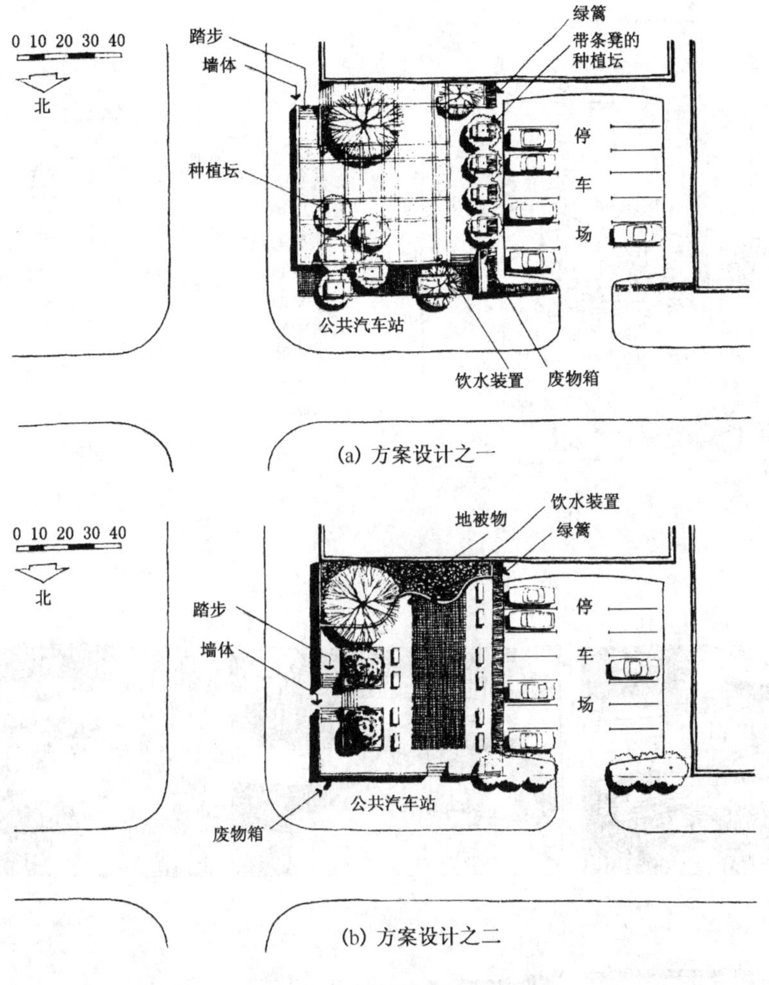

(a) 方案设计之一

(b) 方案设计之二

图 4.9　两个不同的设计方案

2. 从形式入手进行方案构思

在满足一定的使用功能后，可在形式上有所创新，可以将一些自然现象及变化过程加以抽象，用艺术形式表现出来。

同样是一个街道边广场，构思出发点不同，便会呈现出不同的效果，伊拉·凯勒（原演讲堂前庭广场）水景广场平面近似方形，占地约 0.5 hm^2，除了面向市政大楼外，其余三侧均有绿地和浓郁的树木环绕。水景广场分为源头广场、跌水瀑布和大水池及水中平台三部分。水瀑层层跌落，最终形成十分壮观的大瀑布倾泻而下。广场形式来源于自然中水的运动过程，结合园林设计要素，通过艺术的手段成功地再现了水的自然流动（图 4.10）。

在具体的方案设计中，可以同时从功能、环境、经济、结构等多个方面进行构思，或者是在不同的设计构思阶段选择不同的侧重点，这样能保证方案构思的完善和深入。

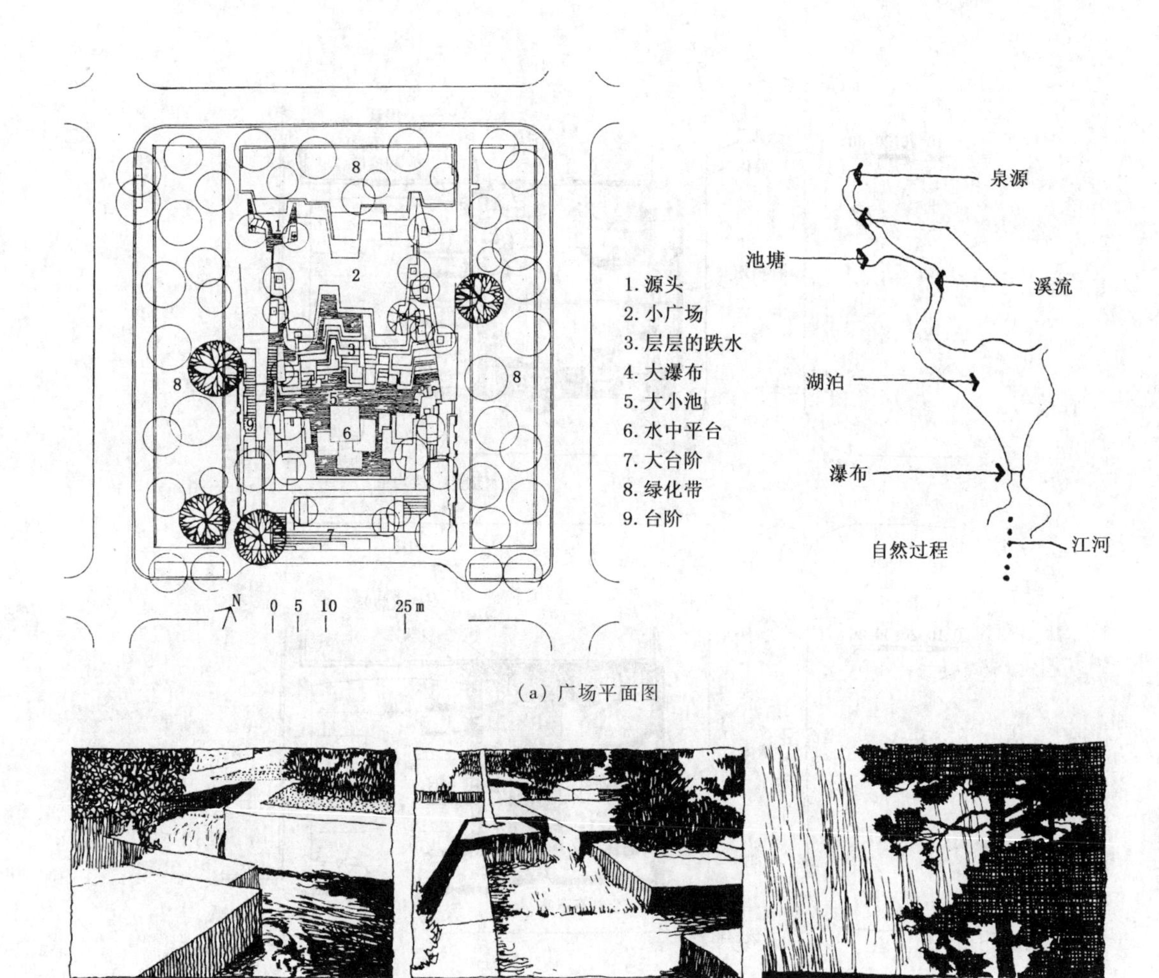

(a) 广场平面图

(b) 泉源　　(c) 溪流　　(b) 瀑布

(e) 全景

图 4.10　波特兰大市凯勒喷泉广场水景

4.3.3 多方案比较

1. 多方案比较的必要性

对于园林设计而言,由于影响设计的因素很多,因此认识和解决问题的方式结果是多样的,相对的和不确定的,导致了方案的多样性。只要设计没有偏离正确的园林设计方向,所产生的不同方案就没有对错之分,而只有优劣之别。

多方案构思对于园林设计而言,其最终目的是为了获得一个相对优秀的实施方案。通过多方案构思,我们可以拓展设计思路,从不同角度考虑问题,从中进行分析、比较、选择,最终得出最佳方案(图 4.11, 4.12)。

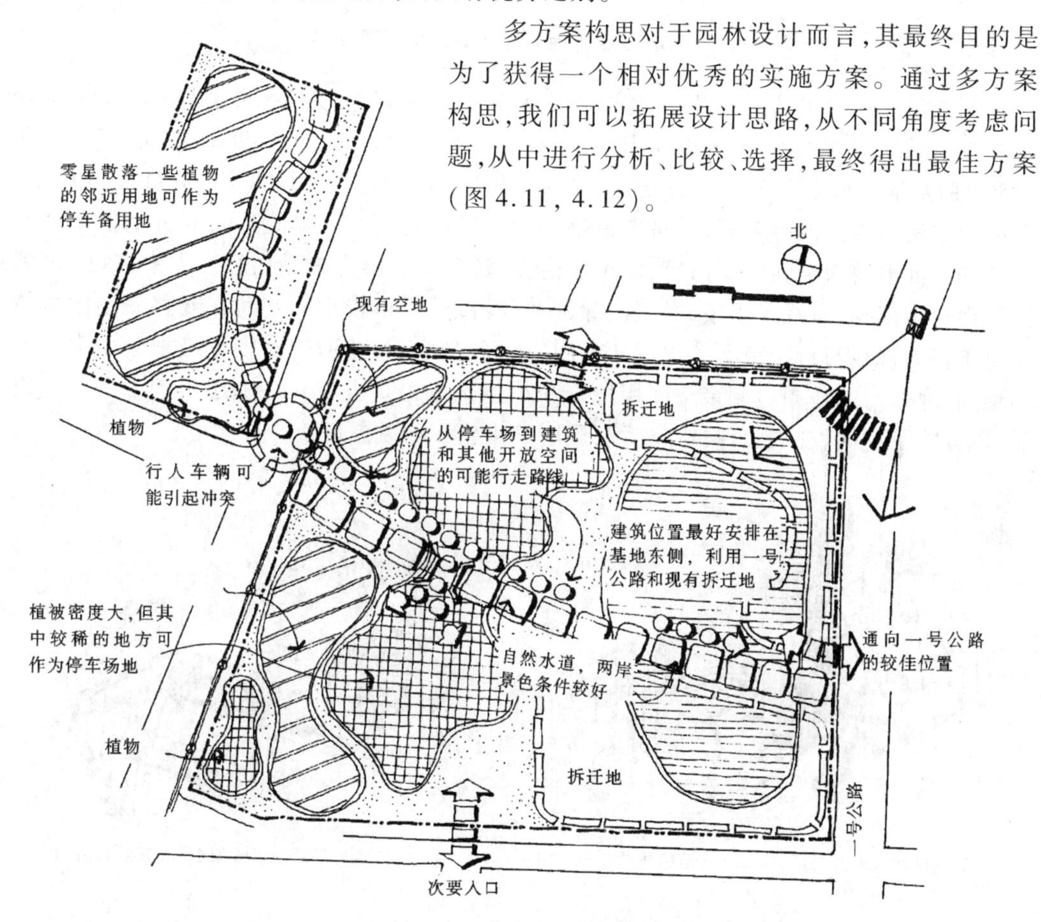

图 4.11 某基地现状条件及分析

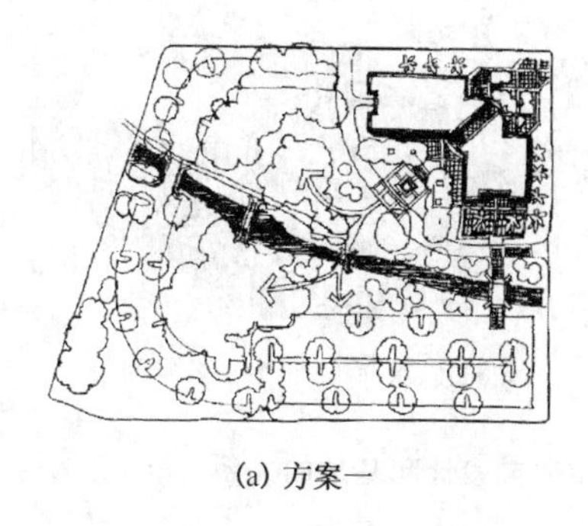

(a) 方案一

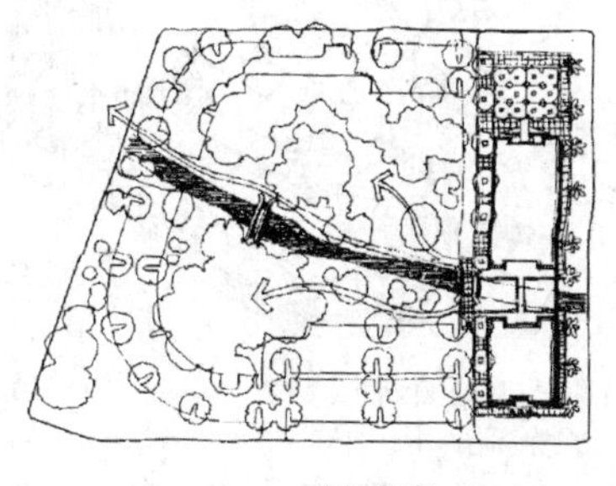

(b) 方案二

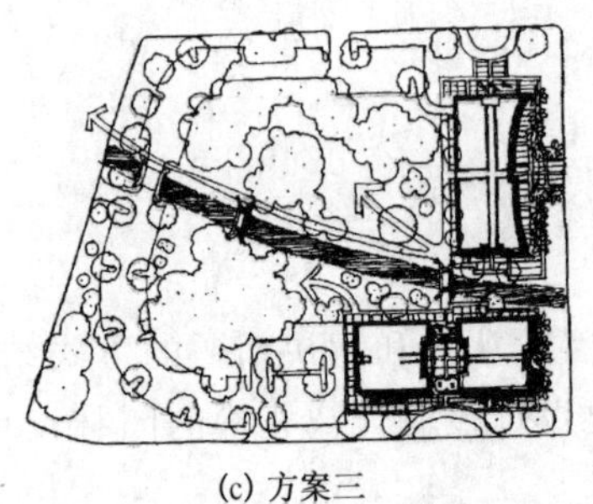

(c) 方案三

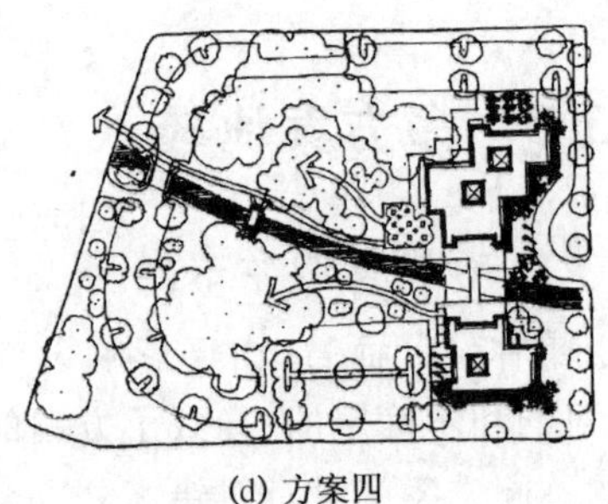

(d) 方案四

图 4.12　根据基地条件做的四个不同方案

例如美国现代主义园林开拓者之一、著名园林设计师盖瑞特·爱克堡(Garrett Eckbo)早在学生时期就十分注重方案的研究。为了研究城市小庭园的设计,爱克堡在进深仅7.5 m 的基地上做了多个不同的方案。图 4.13 为其中的四个设计方案。由于空间狭窄,整个庭园空间基本上没有分隔,着重考虑整体布局设计要素及其形式。a、d 分别以大片台地草坪和下沉水池为空间主要内容,以小水池、绿篱和平台等为辅助内容。方案 b 以 45°斜线为平面构图依据,布置了规整的铺装、绿篱和种植坛,使得较小的空间在规整简洁中保持了相对丰富的视线与行走节奏。方案 c 也用斜线布置地面,弧形与渐转台级划分了大小不同的地面,地面与基地周边剩余空间用植物和小建筑点缀。方案 a、c 中还用到了一些建筑小品,既分隔了空间,视线上保持了连续,同时又丰富了庭院空间。

(a) 以自然线形的台地、绿篱和水池组成的空间

(b) 以 45°斜线为平面构成骨架、形成规整简洁的空间

(c) 用与基地倾斜的规整平面为主要活动空间,剩余部分用于种植

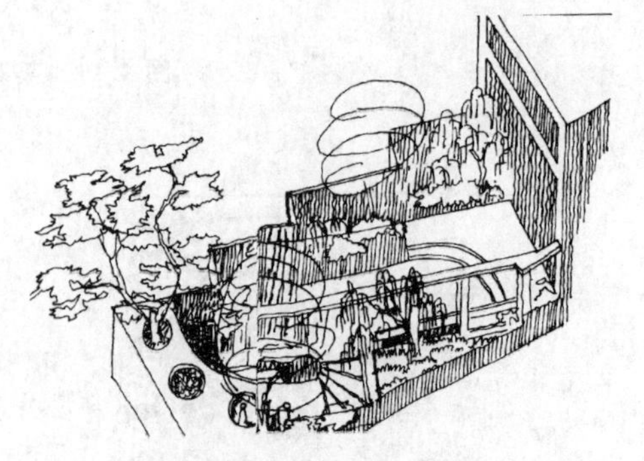

(d) 以水面、汀步为主要空间

图 4.13　盖瑞特·爱克堡借助于多个方案研究设计和基地的关系

2．多方案构思的原则

为了实现方案的优化选择，多方案构思应满足以下原则：

其一，多出方案，而且方案间的差别尽可能大。差异性保障了方案间的可比较性，而相当的数量则保障了科学选择所需要的足够空间范围。通过多方案构思来实现在整体布局、形式组织以及造型设计上的多样性与丰富性。

其二，任何方案的提出都必须满足设计的环境需求与基本的功能。我们应随时否定那些不现实不可取的构思，以免浪费不必要的时间和精力。

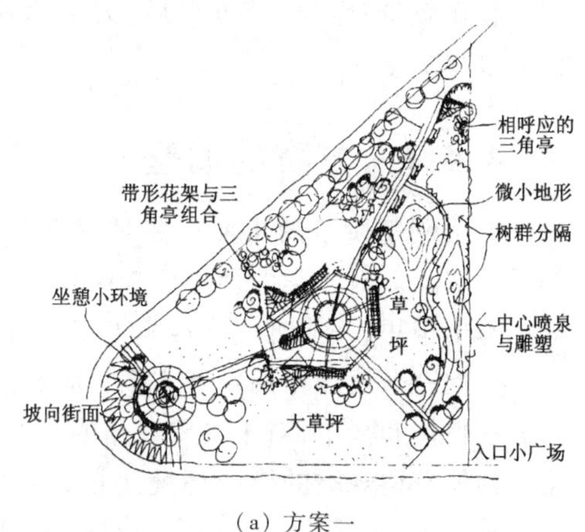

（a）方案一

3．多方案的比较也优化选择

当完成多方案后，我们将展开对方案分析比较，从中选择出理想的发展方案。以某公园方案构思为例（图 4.14）。

利用地形分隔空间
组合亭廊
大草坪
中心广场
主题雕塑与
其下的花坛
利用树木与地形
隔离道路影响

（b）方案二

地形起伏
安静休憩区
弧形大台阶
大
草
坪
墙体分隔
空间
下沉园与
主题雕塑
大水池与叠水景
面向主要道路

（c）方案三

图 4.14　公园方案构思

分析比较的重点应集中在三个方面：

1）比较设计要求的满足程度

是否满足基本的设计要求，是衡量一个方案是否合格的起码标准，包括功能、环境、结构等诸因素。

2）比较个性特色是否突出

缺乏个性的方案平淡乏味，难以给人留下深刻的印象。

3）比较修改调整的可能性

有的方案难以修改，无法使方案设计深入下去。如果进行彻底的修改不是带来新的更大的问题，就是完全失去了原有方案的特色和优势，对此类方案应给予足够的重视，以防留下隐患。

4.4 方案的调整与深入

在比较选择出最佳方案后，为了达到方案设计的最终要求，还需要一个修改调整和深化的过程。

4.4.1 方案的调整

方案调整阶段的主要任务是解决多方案分析、比较过程中所发现的矛盾与问题，并弥补设计缺陷。对方案的调整应控制在适度的范围内，力求不影响或改变原有方案的整体布局和基本构思，并能进一步提高方案已有的优势水平。

以上一节所选择的发展方案c为例。

在整体布局中，对于主要道路的交通噪音以实体性的墙、地形为主要隔挡手段，次要道路及其他有碍观瞻的周围环境用植物材料隔离。对于空间进行划分，有安静的休憩空间，有相对活泼、丰富的活动空间。空间之间有较紧凑的联系，各空间在视线上应有较强的联系或引导。

到此为止，方案的设计深度仅限于确立一个合理的总体布局，交通流线组织、功能空间组织等，要达到设计的最终要求，还需要一个从粗略到细致刻划，从模糊到明确落实，从概念到具体量化的进一步深化的过程。

4.4.2 方案的深入

在进行方案调整的基础上，进行方案的细致深入。深化阶段要落实具体的设计要素的位置、尺寸及相互关系，准确无误地反映到平、立、剖及总图中来。并且要注意核对方案设计的技术经济指标，如建筑面积、铺装面积、绿化率等等。

在深化的过程中，将公园分为叠水水景广场、下沉园和草坪休憩区三大部分（图4.15）。叠水水景广场为空敞开放的空间，以明快活跃为主；下沉园为半开敞空间，为主题雕塑创造一种视线相对集中的环境；草坪休憩区空阔宁静，为休憩与观赏植物的场所（如图4.16）。

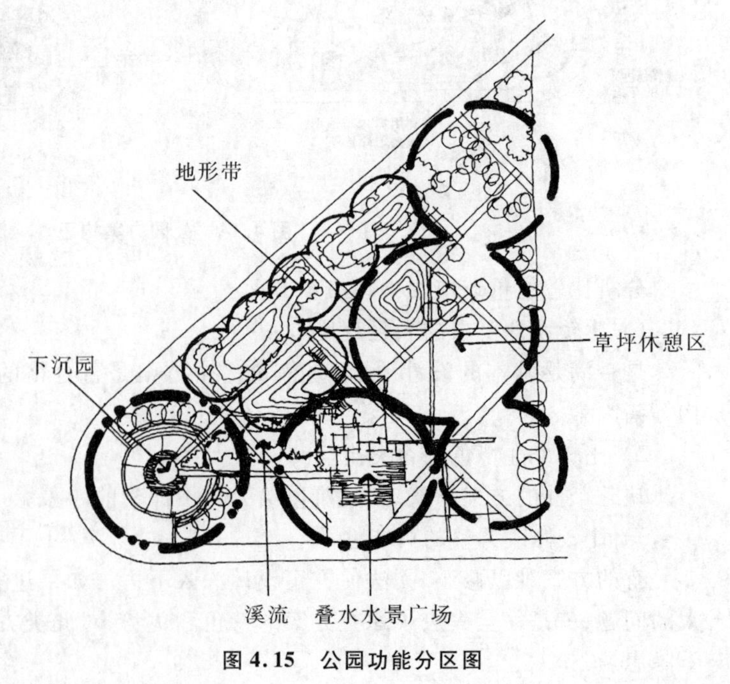

图4.15 公园功能分区图

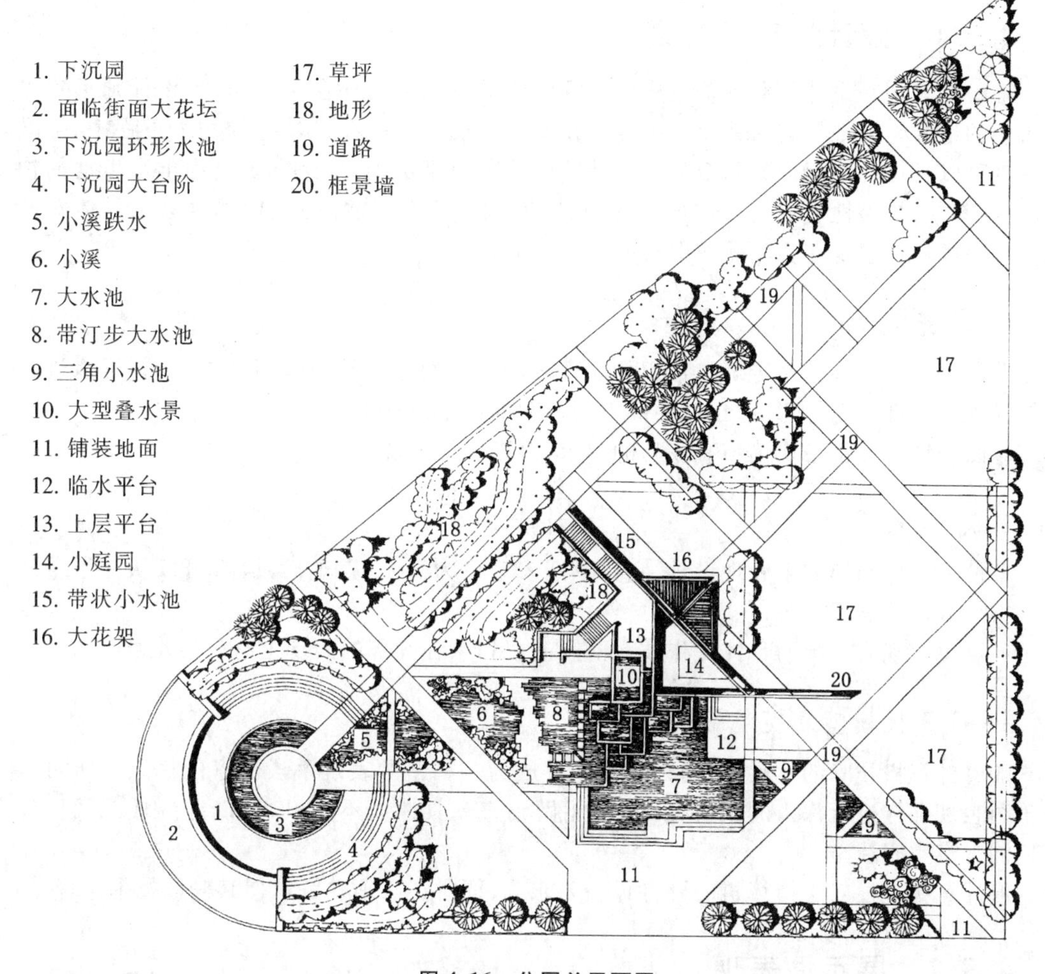

图 4.16　公园总平面图

在方案的深入过程中,还应注意以下几点:

(1) 各部分的设计要注意对尺度、比例、均衡、韵律、协调、虚实、光影、质感以及色彩等原则规律的把握与运用。

(2) 在方案深入过程中,各部分之间必然会相互作用、相互影响,如平面的深入可能会影响到立面与剖面的设计,同样立面、剖面的深入也会涉及到平面的处理,对此要有认识。

(3) 方案的深入过程不可能是一次性完成的,需要经历深入—调整—再深入—再调整,多次循环的过程。因此,在进行一个方案设计的过程中,除了要求具备较高的专业知识、较强的设计能力、正确的设计方法以及极大的兴趣外,细心、耐心和恒心是不可少的素质品德。

4.5　方案设计的表现

方案的表现是方案设计的一个重要环节。根据目的性的不同方案表现可以划分为设计推敲性表现与展示性表现两种。

4.5.1 设计推敲性表现

推敲性表现是设计师在各阶段构思过程中所进行的主要外在性工作，是设计师形象思维活动的记录与展现。它的重要作用体现在两个方面：其一，在设计师的构思过程中，推敲性表现可以具体的空间形象刺激强化设计师的形象思维活动，从而宜于更为丰富生动的构思产生；其二，推敲性表现的具体成果为设计师分析、判断、抉择方案构思确立了具体对象与依据。推敲性表现在实际操作中有如下几种形式。

1. 草图表现

草图表现是一种较为传统与常用的表现方法。它的特点是操作简洁方便，并可以进行比较深入的细部刻划，尤其擅长对局部空间造型的推敲处理。

草图表现对徒手表现技巧有较高的要求，否则容易表现失真。

2. 草模表现

草模表现即用模型来表现设计，它比草图表现更为真实、直观而具体，可以从三维空间上进行全方位的表现。

但草模表现有一定的具体操作技术的限制，另外，在细部的表现上有一定难度。

3. 计算机模型表现

随着计算机技术的发展，运用计算机建模成为一种新的表现手段。它的优点在于可以像草图表现那样进行深入的细部刻划，又能做到直观具体而不失真，可以选到任意角度任意比例观察空间造型。

但计算机建模对于计算机的硬件设备要求高，同时还必须熟练掌握其操作技术。

4.5.2 展示性表现

展示性表现是指设计师对最终的方案设计的表现。它要求该表现应具有完整明确、美观得体的特点，充分展现方案设计的立意构思、空间形象以及气质特点。应注意以下几点：

1. 绘制正式图前做好充分准备

绘制正式图前应完成全部的设计工作，并将各图形绘出正式底稿，包括所有注字、图标、图题以及人、车等衬景。这样可以在绘制正式图时不再改动，将精力着重放在提高图纸的质量上。

2. 选择合适的表现方法

图纸的表现方法很多，如铅笔线、墨线、颜色线、水墨或水彩渲染以及水粉表现、电脑绘图等等。可根据自身掌握的熟练程度以及设计的内容、特点来选择合适的表现方法。

3. 注意图面构图

图面构图应以易于辩认和美观悦目为原则。注意图面的疏密安排、图纸中各图形的位置均衡、图面主色调的选择以及标题、注字的位置和协调。

4.6 方案设计中应注意的问题

在方案设计的过程中应注意以下几个问题：

1. 注重设计修养的培养

一个优秀的设计师除了需要具备渊博的知识和丰富的方法经验外，设计本身的修养也是十分重要的。设计观念境界的高低，设计方向的对错无不取决于自身修养功底的深浅。

因此，平时注意培养向他人学习的习惯，以此积累相关的专业知识，培养不断总结的习惯，通过不断总结已完成的设计过程，达到认识提高再认识的目的。

2. 注重正确工作作风和构思习惯的培养

一个好的工作作风和构思习惯对方案构思是十分重要的。

应该养成一旦进行设计就全身心地投入并坚持下去的作风，避免那种部分投入并断断续续的不良习惯。养成脑手配合、思维与图形表达并进的构思方式。在构思过程中，随时随地如实地把思维阶段的成果用图形表达出来，不仅可以有助于理清思路，把思维顺利引向深入，而且图形的表达能及时验证思维成果，矫正构思方向，加速构思完成。

3. 学会通过观摩、交流提高设计水平

对初学者而言，同学间的相互交流和对设计名作的适当模仿是提高设计水平的有效方法之一。

名作所体现的设计方法、观念比一般的作品有着更为深入、正确的认识，它更接近于我们对园林设计的理性认识。是我们学习模仿的最佳选择，在学习过程中，必须是在理解的基础上，尽可能地多研究一些背景性、评论性资料，真正做到知其然，又知其所以然。

同学间的互评交流有利于学生取长补短，逐步提高设计观念，改进设计方法，还有利于学生相互启发，学会更全面、更真实地认识问题。

4. 注意进度安排的计划性和科学性

在确定发展方案后又推倒重来是在课程设计中常出现的问题，它势必会影响到下一阶段任务完成的质量与进度，因而是不可取的。方案构思固然十分重要，但并不是方案设计的全部。为了确保方案设计的质量水平，必须科学合理地安排各阶段的时间进度。

5 形态构成

我们日常生活中所接触的物体都是有一定形状的。形态构成所要研究的“形”以及“形”的构成规律，是一切造型艺术的基础。在园林设计中，形式是非常重要的内容，其小品的设计、围合空间的界面设计，都涉及形态构成的知识。园林设计的重要任务之一就是把园林设计要素组织起来，创造美的室外环境。

5.1 形的基本要素及特征

在自然界中，任何物体都是由一些基本要素组成的。大至构成宇宙的各种星球，小至构成物质的原子，这些“要素”按照一定的结构方式形成了无奇不有的大千世界。“要素”和“结构”是造物不可或缺的两个方面。

一棵树由树叶和树干组成，树叶是“要素”，树干是“结构”。那么，形态构成中的“要素”和“结构”又是什么呢？我们自然会思考这个问题。形态构成中的“要素”就是基本形以及由此分解而来的形的基本要素，而“结构”就是将这些“要素”组织起来的造形方法。

本章介绍形式的基本要素：点、线、面和体。点是所有形式之中的原生要素，从点开始，依次所介绍的每个要素，都是从点派生出来的。它们首先是概念性的要素，然后才是园林设计词汇中的视觉要素。

“所有的绘画形式，都是由处于运动状态的点开始的……点的运动形成了线，得到第一个度。如果线移动，则形成面，我们便得到了一个两度的要素。在从面往空间的运动中，面面相叠形成体（三度的）……总之，是运动的活力，把点变成线，把线变成面，把面变成了空间的量度（图5.1）。”

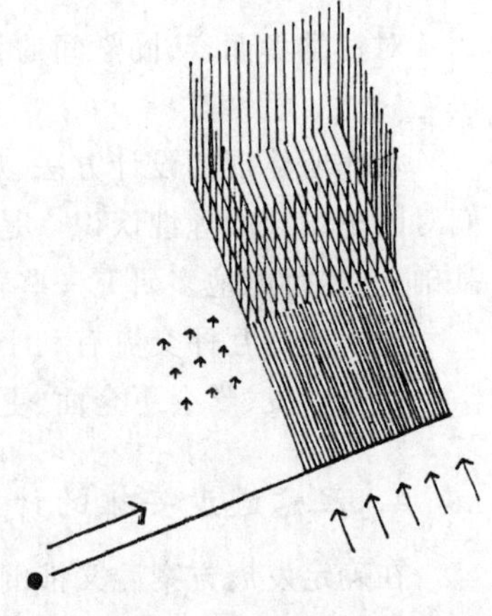

图5.1　点、线、面、体

下面，我们将讨论点、线、面、体的一些具体情况。

1. 点

一个点标出了空间中的一个位置。从概念上讲，它没有长、宽或深，因而它是静态的，无方向的，而且是集中性的。作为形式语汇中的基本要素，一个点可以用来标志：一条线的端点（图5.2a），两线的交点（图5.2b），面或体的角上的线条交点，一个范围的中心点（图5.2c）。

尽管从概念上讲一个点没有形状或体形，当把他放在视野中时，便形成他的存在感（图5.2d，e）。当它处在环境中心时，一个点是稳定的、静止的，以其自身来组织围绕他的要素,并且控制着它所处的范围(图5.3a)。但是,当这个点从中心偏移的时候,它所处的这个范围,就会变得有动势(图5.3b)。

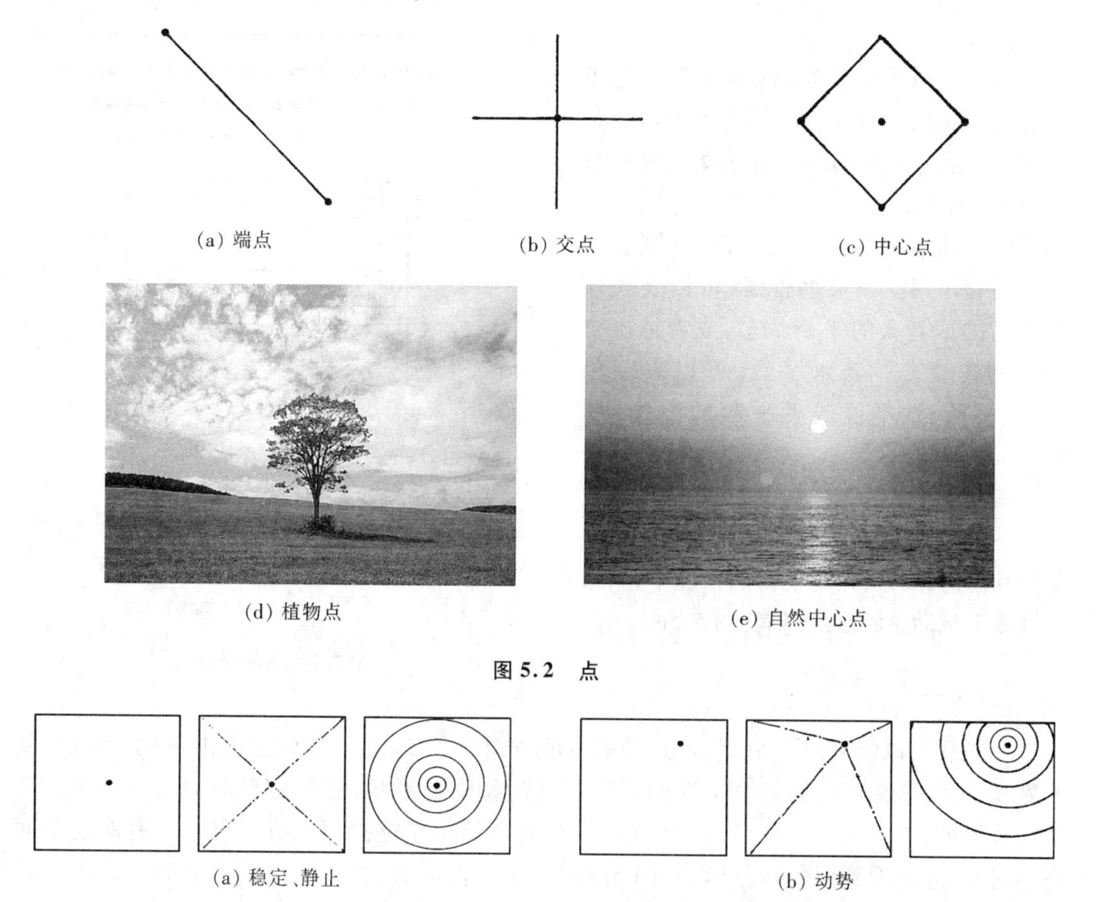

图5.2 点

图5.3 点的空间感

2. 线

一个点可以延伸成一条线。从概念上讲,一条线有长度,但没有宽度或深度。一个点是自然静止的,而一条线,即运动中的一个点所描述的一条途径,却能够在视觉上表现出方向、运动和生长。线在任何视觉构图形式中,都是一个要素,它可以用来:连接(图5.4a)、联系,支撑(图5.4b)、包围或交叉其他可见的要素(图5.4c);描绘面的轮廓,并给面以形状(图5.4d);表明面的表面(图5.4e)。

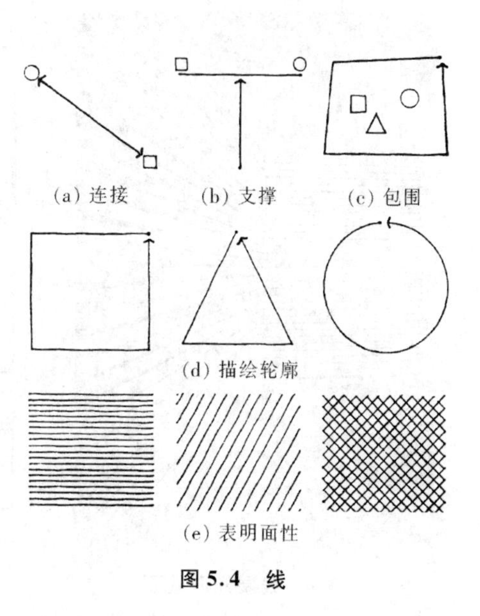

图5.4 线

尽管从概念上讲一条线只有一个长度,但它必须有一定的粗细才能成为可见的。它之所以被当成一条线,就是因为线的长度远远超过它的宽度。一条线不论是拉紧的还是放松的、粗壮的还是纤细的、流畅的还是枯涩的，它的特征都取决于我们对其长宽比、外轮廓以及它的连续程度的感知。

如果有同样或类似的要素做简单的重复，并达到足够的连续性，那也可以看成是一条线。这一类型的线具有重要的质感特性（图 5.5a）。

一条线的方位或方向，可以在视觉构成方面起作用。一条垂直线，可以表现一种重力的或者人的平衡状态，或者标出空间中的位置。一条水平线，可以表示稳定、地平面、地平线或者平躺的人体（图 5.5b）。

偏离水平或垂直的线为斜线，可以看成为倒下的垂直线或升起的水平线。该斜线是呈动态的，而且，在不平衡的情况下，斜线是视觉上呈动感的活跃因素（图 5.5c）。

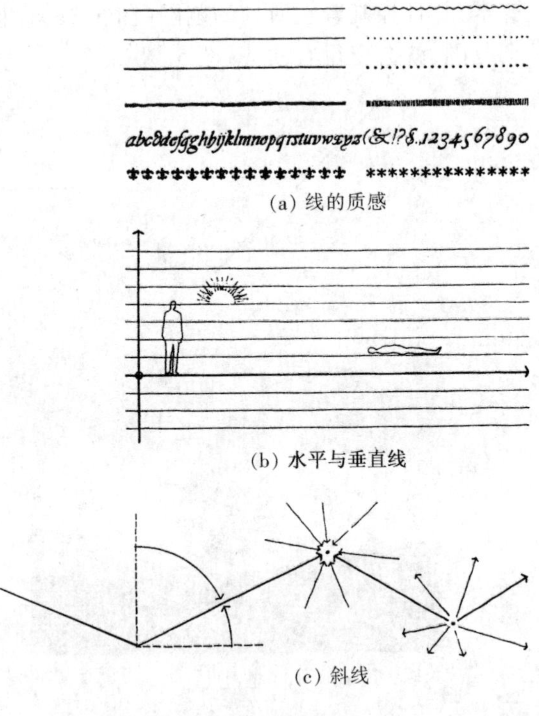

(a) 线的质感

(b) 水平与垂直线

(c) 斜线

图 5.5　线的个性

3. 面

一条线可以展开成一个面（不是沿自身的方向）（图 5.6）。从概念上讲，一个面有长度和宽度，但没有深度。面的第一性的可以辨认的特征是形状，它是由形成面的外边缘的轮廓线确定的（图 5.7a）。我们看一个面的形状时可能由于透视而失真，所以，只有对它正面看的时候，才能看到面的真正形状（图 5.7b）。一个面的表面属性，它的色彩和质感将影响到它视觉上的重量感和稳定感（图 5.7c）。

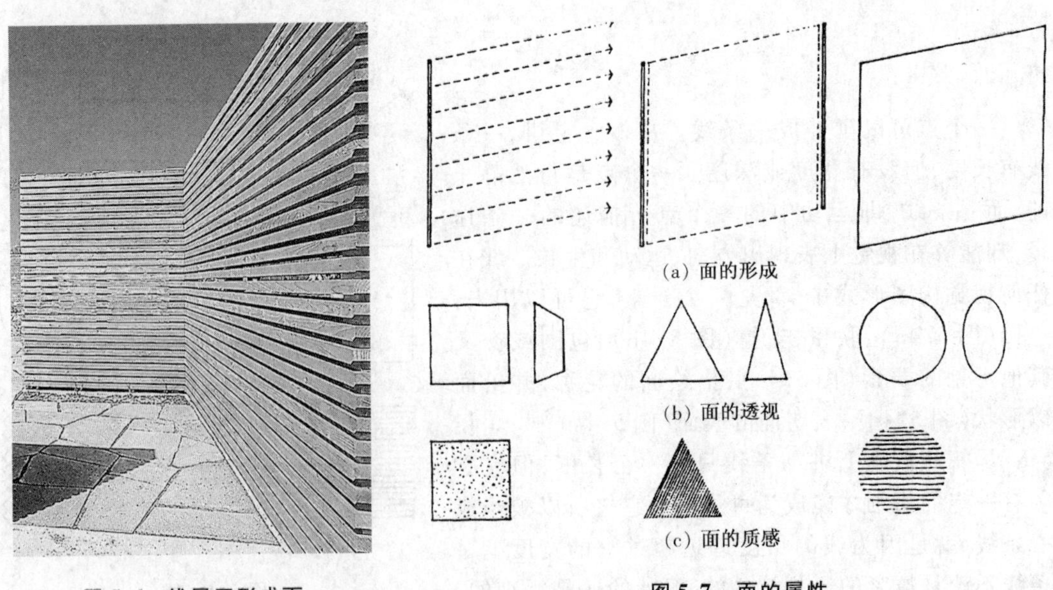
(a) 面的形成

(b) 面的透视

(c) 面的质感

图 5.6　线展开形成面

图 5.7　面的属性

建筑中的面限定形式和空间的三度体积。每个面的属性(尺寸、形状、色彩、质感),以及它们之间的空间关系,将最终决定这些面限定的形式所具有的视觉特征,以及它们所围起空间的质量。在建筑设计中,常用面的一般类型有:

1）顶面

顶面可以是屋顶面,这是建筑物对气候因素的重要保护条件,也可以是顶棚面,这是建筑空间中的遮蔽构件(图5.8)。

图5.8　顶面

2）立面

直的墙面是视觉上限定空间和围起空间的最积极的要素(图5.9)。

(a) 树干立面

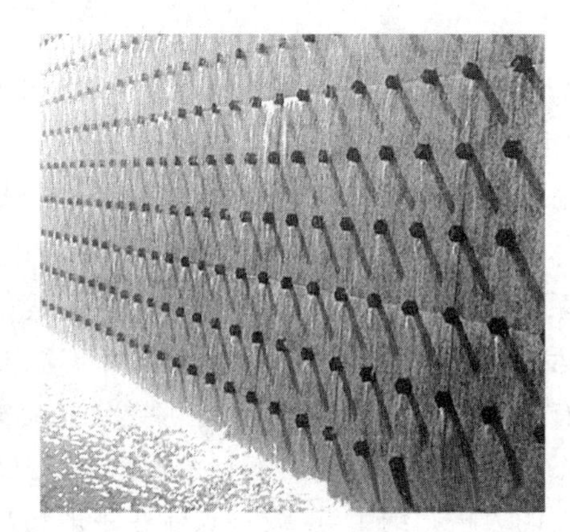

(b) 墙体立面

图5.9　立面

3）基面

对于建筑形式提供有形的支承和视觉上的基面。地板面支持着我们在建筑之中的活动。

4. 体

一个面展开成体(不是沿它自身的方向上)。从概念上讲,一个体有三个量度:长度、宽度和深度。所有的体,可以分析和理解为由以下部分所组成:点(顶点),几个面在此相交;线(边缘),两面在此相交;面(表面),体的界限形式是体的基本的、可以辨认的特征。它是由面的形状和面之间的相互关系所决定的,这些面表示体的界限(图5.10)。

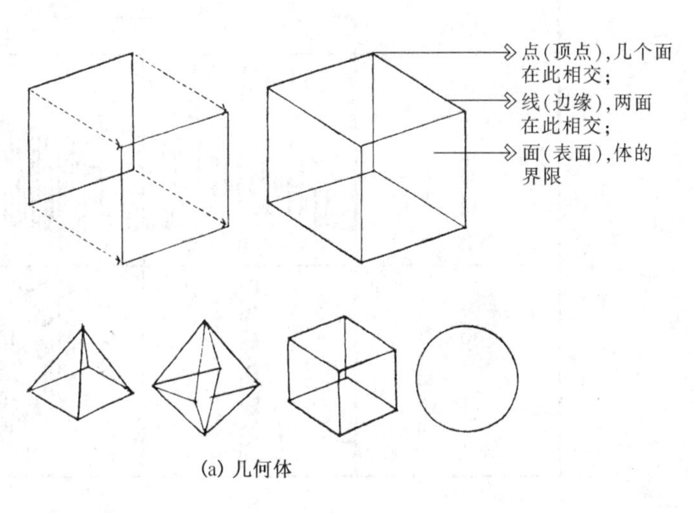

(a) 几何体

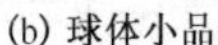

(b) 球体小品

(c) 建筑体

图 5.10　体

作为建筑设计语汇中三度的要素，一个体可以是实体，即体量所置换的空间，也可以是虚空，即由面所包容或围起的空间。

从前面的各种图解中可看到，点、线、面、体的相互关系是非常紧密的，没有绝对的点、线、面、体，只有根据环境确定的相对关系。并且，由于它们相互之间的转化造就了丰富的形态关系，比如，一个点经过排列成为一条线，再经过阵列成为面，等等。在实际生活中人们经常运用这些原理，尤其在园林设计中，这样的例子屡见不鲜。把握了它们之间的关系，对形态有了这样的基本认识，就能够熟练地运用它们的基本关系去处理许多形体问题，我们对形态构成的理解就已上了一个台阶。

下面的表格归纳了点、线、面、体在一般情况下的转化关系。说明了即使是简单的形体也能用完全不同的方法、方式去表达(图 5.11)。

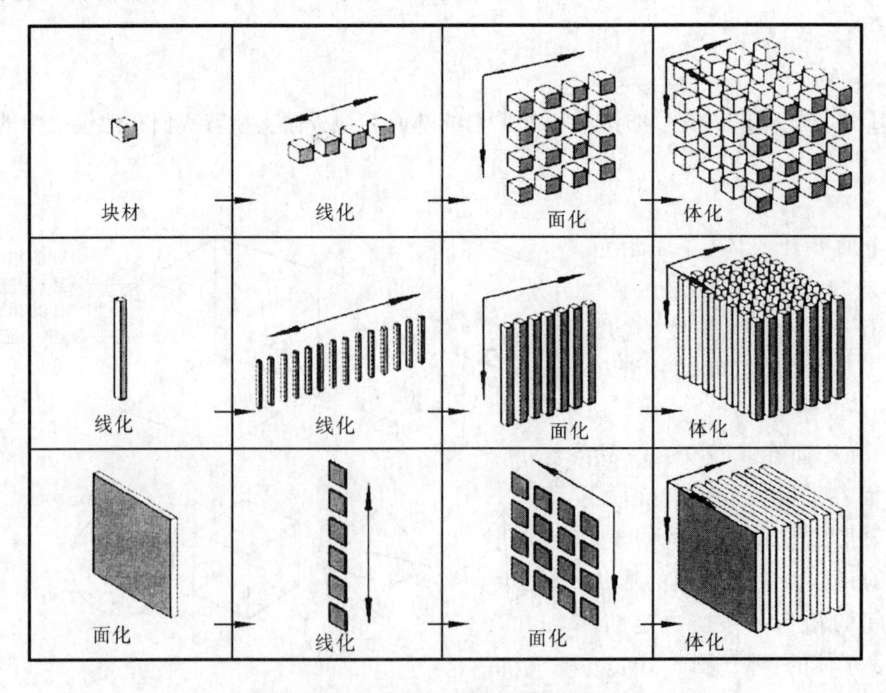

图 5.11　三维的点、线、面及相互转化

5.2 基本形和形与形的基本关系

我们观察任何一种形式的构图,都会有一种减化视野中主题的倾向,使之成为最简单、最有规则的形式。形式愈简单和有规则则愈容易使人感知和理解。我们从几何学里知道,有规则的形状是圆和无限系列的有规则的多边形(即:等边以等角相交)可在圆里内接。

1. 最重要的基本形状是:圆、三角形和正方形

(1) 圆　一系列的点,围绕着一个点均等并均衡安排就形成了圆。圆是一个集中性、内向性的形状,通常在它所处的环境中是稳定的和以自我为中心的。把一个圆放在一个场所的中心,将增强它本身的自然集中性。把圆和直线的及规则的形式结合起来,或者沿圆周设置一个要素,就可以在其中引起一种明显的旋转运动感(图5.12,图5.13)。

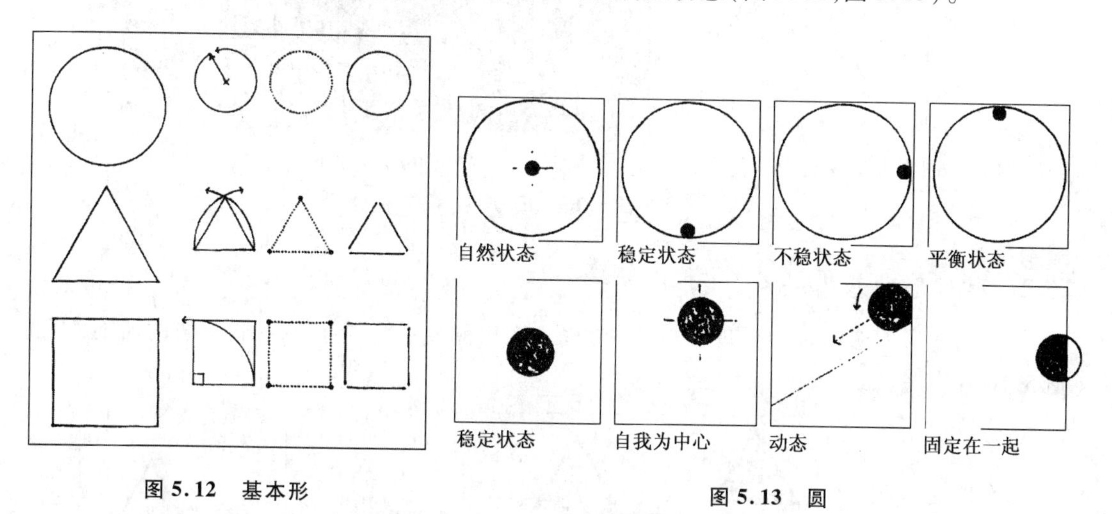

图5.12　基本形

图5.13　圆

(2) 三角形　由三个边所限定的平面图形,并有三个角。三角形含有稳定的意味,当三角形坐在它的一边上时,三角形是极其稳定的图形。但是要支着一个点立起来的时候,它可以是处于一种不稳定状态的均衡,也可以是倾向于往一边倒的不稳定状态(图5.14)。

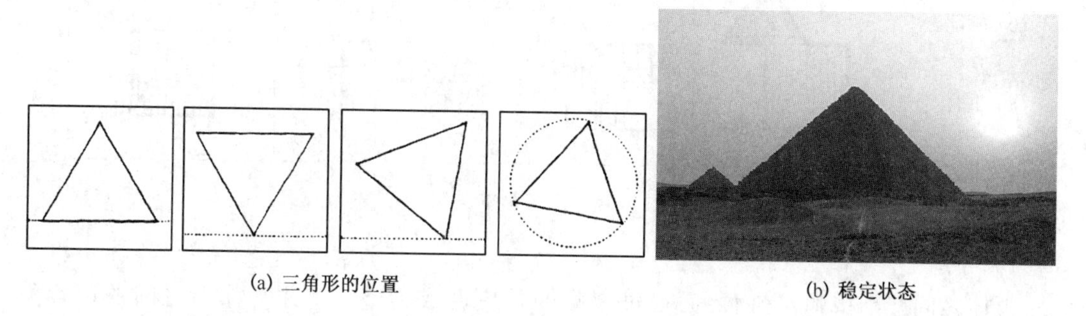

(a) 三角形的位置

(b) 稳定状态

图5.14　三角形

(3) 正方形　有四个等边的平面图形,并且有四个直角。正方形代表一种纯粹性和合理性。它是一种静态的、中性的形式,没有主导方向。所有的矩形,都可以看成是正方形的变体,是常态下增加其高度或宽度变化而成的。象三角形一样,当正方形坐在它的一个边上的时候,它是稳定的。当立在它的一个角上的时候,则具有动态(图 5.15)。

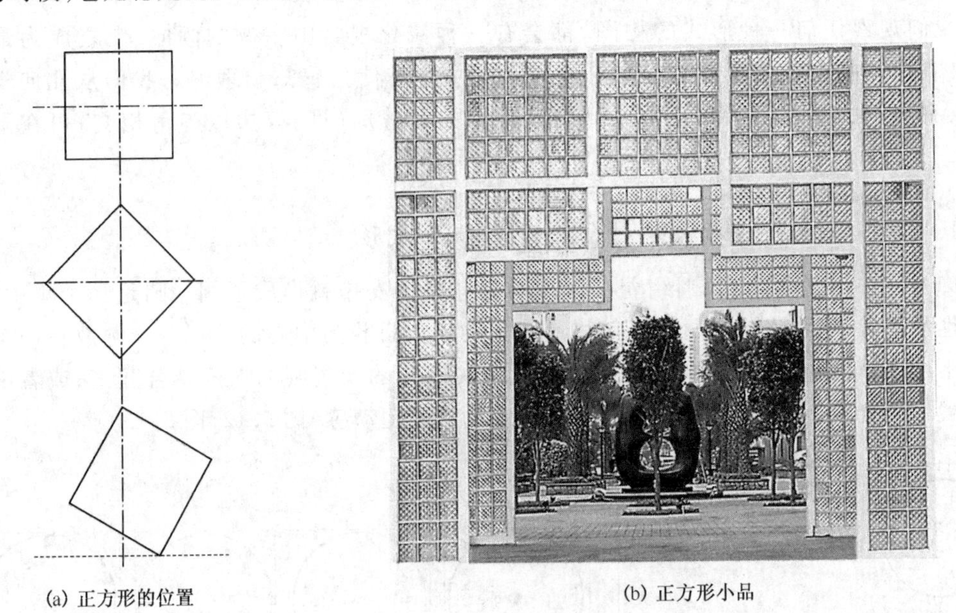

(a) 正方形的位置　(b) 正方形小品

图 5.15　正方形

2. 形与形的基本关系

任何基本形相遇时都会呈现出一定的关系,这几种关系涵盖了形与形相遇的所有方面(图 5.16):

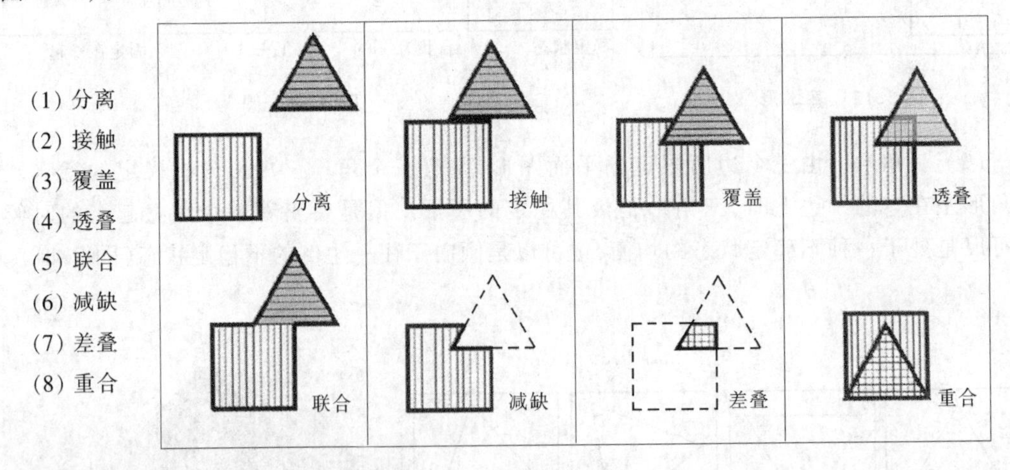

图 5.16　形与形的关系

1) 分离

形体之间并不接触,它们之间通过聚集的效应而成为整体。注意体形之间的位置关系、主次关系。

2）接触

注意接触的部位、角度，以及两者的主次关系。

3）覆盖

在形体交搭的部分，其中的一方完全“吃掉”另一方。注意主次关系，以及覆盖度的大小和方位问题。

4）透叠

即两个形体相交搭时，其交错部位的性质（如，颜色、肌理、结构等等。）以一方为主另一方为辅的方式。因此，要注意它们的主次关系以及交错部位新形的处理。

5）联合

形体之间融合成新形。注意整体的轮廓形式。合并后的新形和原形之间的关系也是应该加以注意的。

6）减缺

主体的形被另一形体消减。注意减缺的度，以及被减缺后的形与原形（包括主体原形和非主体的原形）的关系。

7）差叠

所产生的新形分别保留了不同原形的部分特征。注意二者所产生的新形的形态以及它们同原形的关系。

8）重合

表达了一个形体完全涵盖另一形体的概念。

5.3 形态构成中的心理和审美

形态构成的审美法则是人们的审美意识的一种反映，而形态构成自身的构造规律是客观的。与审美意识相比，构形的规律要稳定得多。从这个意义上讲，掌握构形的方法、规律是基本，审美意识的提高则依赖于自身的修养。只有将这两方面结合起来，才能使我们在这方面的能力趋于完备。

5.3.1 形态的视知觉

1. 单纯化原理

形的要素变化（如长短、方位、角度的变化，基本单元的形状变化等）越小、数量越少，就越容易被人认识把握。这就解释了为什么人们对简单的几何形比较偏爱。对于复杂的形体，人们也倾向于将它们分解成简单的形和构造去理解。构造简单的形容易识别，而尽可能地以简单的形和构造去认识对象的方法，就称为单纯化原理。

2. 群化法则

群化法则反映了部分和整体的关系。各个部分之间由于在形状、大小、颜色、方向等方面存在着相似或对比，部分之间联系起来形成整体。

3．图底关系

人们在观察某一范围时，把部分要素突出作为图形，而把其余部分作为背景的视知觉方式。"图"指的就是我们看到的"形"，"底"就是"图"的背景。

图底关系形成图形主要有如下几种情况：

(1) 居于视野中央者；

(2) 水平、垂直方向的形，较斜向的形，更容易形成图形；

(3) 被包围的领域；

(4) 较小的形比较大的形容易形成图形；

(5) 异质的形较同质的形更容易形成图形；

(6) 对比的形较非对比的形更容易形成图形；

(7) 群化的形态(图5.17)；

(8) 曾经有过体验的形体容易形成图形。

图5.17 群化的形态

应当指出的是：图底关系并非是仅仅存在于平面构成中的现象，它指的是广泛意义上的图形和周围背景的关系，它反映了人们如何认识图形和背景的规律。

4．图形层次

在立体构成中，从观察的角度看，形与形之间存在着明确、实在的前后关系，这也就是我们所说的层次。在平面构成中，人们也倾向以这样的关系去认识平面图形中的各个形。根据不同的平面图形关系，可确定其中各个形的前后层次关系(图5.18)。

5.3.2 形态的心理感受

对形态的心理感受往往有这样几种方式：

1．量感

就是对形态在体量上的心理把握。形的轮廓、颜色、质地等都会影响人们对形的量的感受、判断。

2．力感和动感

由于实际生活中对力、运动的体验，使我们在看到某些类似的形态时会产生力感和动感。例如弧状的形呈现受力状，产生力感；倾斜的形产生运动感。

3．空间和场感

前面我们已经讲过这个问题。场感是人的心理感受到的形对周围的影响范围。由于这种心理感受，使我们产生了空间感。空间感必须以体形作为媒介才能产生，完全的虚空并非我们构成意义上的空间。

4. 质感和肌理

质感是人们对形的质地的心理感受。如石材——坚硬,金属——冰冷,木材——温暖……等等,各种材质能给我们带来软、硬、热、冷、干、湿等丰富的感觉。通过对形的表面纹理的处理,可以产生不同的肌理,创造极为多样的视觉感受。同样材质的形,也会由于不同的肌理处理产生极其悬殊的视觉效果(图5.18)。

图5.18 质感和肌理

5. 错觉和幻觉

尽管这不是我们主要关心的问题,它也许对美术设计更重要,但是也不妨了解一下。错觉是人们对形的错误判断,幻觉是由形引起的人的一种想象。二者有细微的差别。古希腊的帕提农神庙就利用了视错觉,它立面上的柱子都微微向中央倾斜,使建筑显得更加庄重。

6. 方向感

有运动感、力感的形体能体现出方向感,但反之却不尽然,有方向感的形体不一定体现出运动感和力感。方向感和形体的轮廓有直接的联系:当各个方向上的比例接近时,形体的方向感较弱,反之则较强。

5.3.3 形式美法则

秩序是美的造型的基础。虽然不能说有秩序就一定能造出美的形,但是没有秩序的形肯定是不美的。有秩序而无变化,结果是单调和令人厌倦;有变化而无秩序,结果则是杂乱无章。下面的秩序原理,可以看作为一种视觉手段,它能使一个优秀园林中的各种各样的形式和空间,在感性上和概念上共存于一个有秩序的,统一的整体之中。

以秩序为原理的构成法则有:

1. 对称

对称指的是从某位置测量时,在对等位置上有相同的形态关系。对称是最基本的创造秩序的方法,是取得均衡效果最直接的方法。对称给人的正面感觉有:庄重、稳定、严肃、单纯等,负面感觉有:呆板、沉闷、缺少生气等(图5.19)。

图5.19 对称

在对称和非对称之间还存在着一类中间状态——即亚对称。在一整体对称的形态构成中,存在局部的非对称形态,并对整体的形态只起到调节作用,我们称之为亚对称。

有两种基本的对称方式:

(1) 两侧对称式:同等的要素均衡地分布于公共轴线的两侧(图 5.20a);

(2) 辐射对称式:同等的要素均衡地分布在相交于一点的两轴或多轴线的两侧(图 5.20b)。

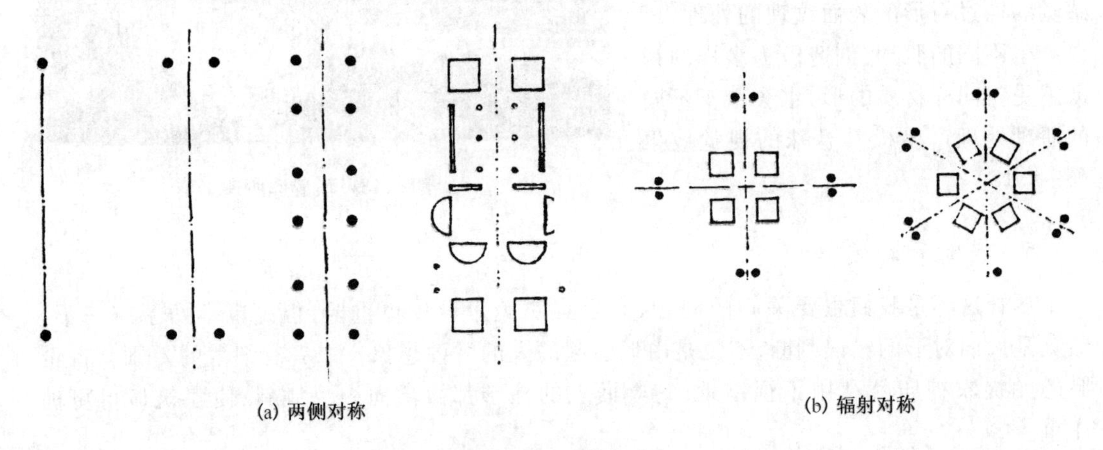

(a) 两侧对称　　(b) 辐射对称

图 5.20　对称方式

2. 等级

要表明组合中某个形式和空间的重要性和特别意义,必须使这个形式和空间在视觉上与众不同。要达到这个目的,可以赋于一个形式和空间以特别的尺寸,独特的形状,关键性的位置(图 5.21)。在一般情形中,一个形式或空间在等级方面的重要性,是通过异常与正常的对比、规则图案中的不规则形状来体现的(图 5.22a)。

(a) 空间等级:北海白塔

(b) 空间等级:颐和园佛香阁

图 5.21　等级

一个形式和空间,可以因它的尺寸在构图中独具一格而取得支配地位。一般来说,外形的支配地位通过要素的绝对尺寸而实现。但有的时候,一个要素特意安排得小于构图中的其他要素,并处于一个明显区别的位置,也能取得同样的效果(图 5.22b)。

在构图中，形式和空间以其明显的形状差别可以使人一望而知它居于支配地位，因而具有重要性。无论这种差别是几何图形的变化还是不规则的变化，形状的鲜明对比是问题的关键。当然，重要要素形状的选择必须与它的功能用途相符合，这也是不可忽视的（图 5.22c）。

也可以将形式和空间置于影响全局的位置，使它引人瞩目而显出其在构图中的等级重要性，这些位置包括：线式序列和辅线组合的端点；对称组合的中部；集中和辐射式组合的焦点；偏离，高于、低于或者前于整个构图（图 5.22d）。

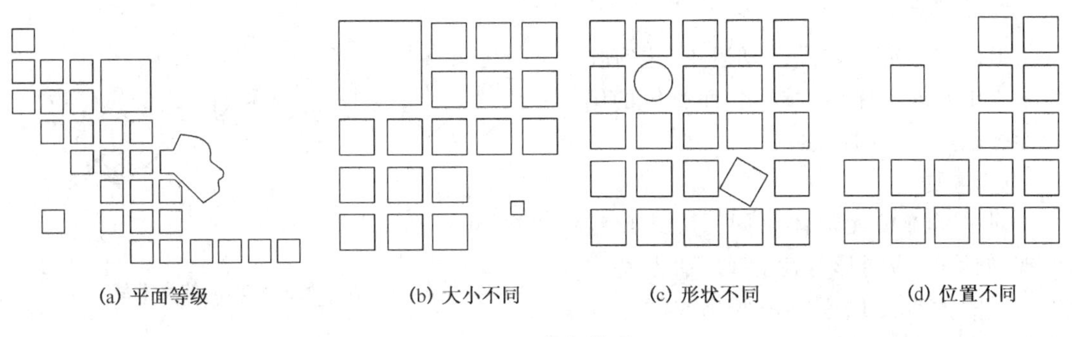

(a) 平面等级　(b) 大小不同　(c) 形状不同　(d) 位置不同

图 5.22　等级体现

3. 基准

基准是指在构图中与其他要素有关的一条参考线，参考面或体。基准通过它的规则性、连续性和稳定性，将多种要素的一个自由图案组合起来。例如五线谱的乐谱线，可以看作基准线，在人们辨认音符和高音时，提供了一个直观的基础。直线的连续性和间隔的规则性，使乐曲中各不相同的一系列音符联成一体，同时也很清楚地表明和强调了它们之间的差别（图 5.23）。

选自巴哈(Johann Scbastian Bach, 1685—1750)的"加伏特舞曲"第六大提琴曲第一乐章，由杰利·斯尼德(Jerry Snyder)改编为古典吉它曲

图 5.23　五线谱的乐谱线是一种基准线

作为一种有效的组织秩序的手段，一条基准线必须有充分的连续性，以便穿过或从外侧通过它所组合的全部要素。如果基准是面或体，它必须有足够的尺寸、封闭感和规则性，才可以被看作能把组合要素围起或集聚起来的形体。

基准能以下列方式。将一组随意的，不同要素的自由组合组织起来：

一条直线可以穿通一个图案或者成为图案的边缘，直线网格可为图案构成一个中性的统一领域(图5.24a)。

面可以将图案的要素聚集在它的下方、或者成为图案的背景,把要素框入面里(图5.24b)。

体可以将图案集中于它的范围内,或者沿着它的周长将它们组合起来(图5.24c)。

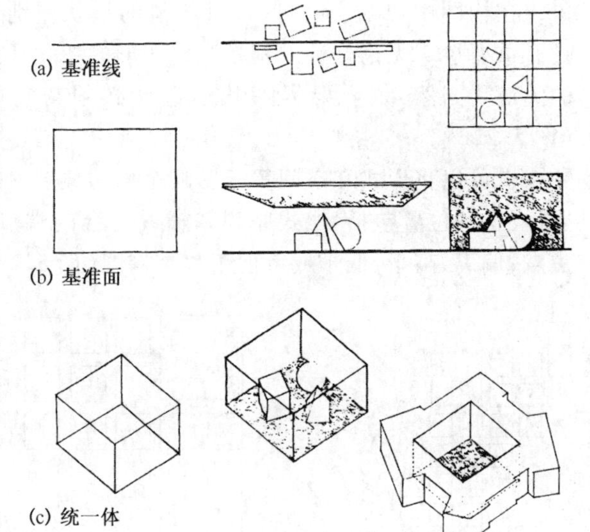

图5.24 以几何元素形成的基准线

4. 韵律

形体按一定的方式重复运用,这时作为基本单元的形体感觉弱化,而整体的结合形态就产生了韵律感。

1) 重复

同一基本单元形体以同一方式反复出现,如简单的同形等距排列、加上基本单元形的大小变化或间距变化或颜色变化等的重复(图5.25)。

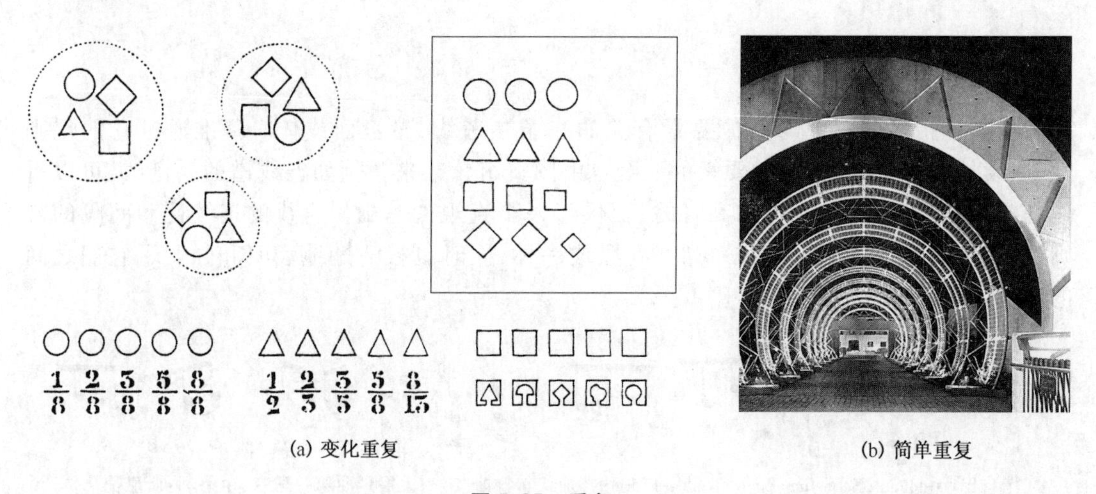

图5.25 重复

2) 渐变

基本单元的形状、方向、角度、颜色等在重复出现的过程中连续递变。渐变要遵循量变到质变的原则,否则会失去调和感。渐变可避免简单重复产生的单调感,又不至于产生突发的印象(图5.26)。

鹦鹉螺式的辐射状,以反射方式从中心点向外作螺旋扩展,并在扩展的过程中,保持着螺壳的有机统一性。运用黄金分割的数学比,可得到一系列的长方形来形成一个统一的组合。在组合中,各长方形之间,长方形与整体结构之间,都是成比例关系的。在这些例子中,反射扩展的原理,能将一组形状相同而尺寸有等级差别的要素,排列形成一种秩序(图5.26)。

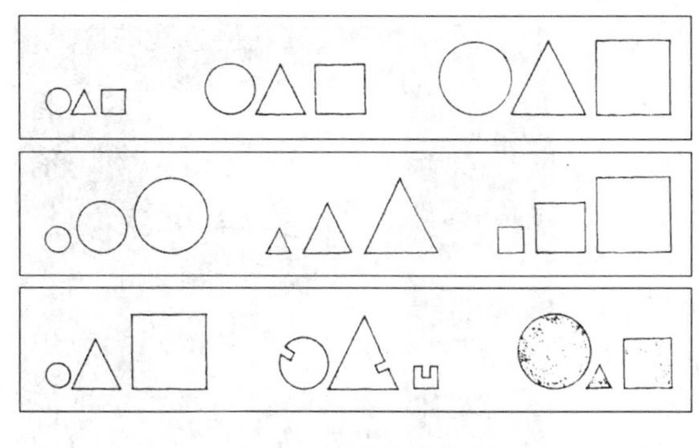

(a) 各种形式的渐变

(b) 渐变实例:颐和园十七孔桥

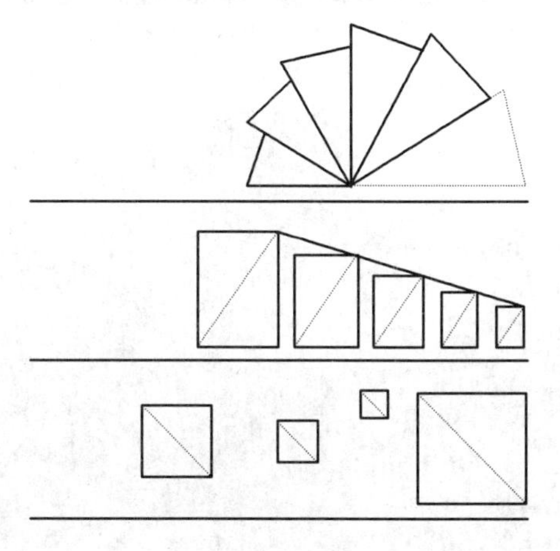

(c) 反射扩展图案形成的渐变

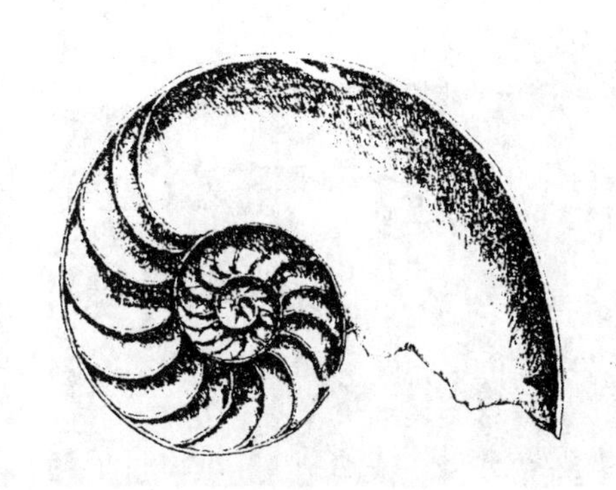

(d) 鹦鹉螺式的辐射状

图 5.26　渐变

反射扩展图案的形式和空间,能以下列方式构成:围绕一个点辐射或集中;按尺寸形成一个线式序列;任意组合,但以形式相同和位置接近作为联系。

5. 均衡

力学上的均衡概念是指支点两边的不同重量通过调整各自的力臂而取得平衡。形态构成上的均衡概念是指感觉上的形的重心与形的中心重合。

取得均衡的方法有:改变图形的位置时相应地改变其在整体中所占的比重。形与形的均衡可通过调整位置、大小、色彩对比等方式取得。

6. 比例

指形之间体量的相对比较。前面讲分割法造型时曾提到过这个问题,比例问题涉及到数列等数学上的一些概念。

这样的一些比例关系可供我们参考

(1) 等差数列　1d、2d、3d、4d、5d……

(2) 等比数列　1d、2d、4d、8d、16d……

(3) 黄金比　将一线段分割成两部分,使其中小段和大段之比等于大段和整段之比,这个比值约为0.618。将这一比例关系运用到矩形,就是所谓有黄金比例的矩形。这种矩形在古希腊的建筑中很常见。

7. 对比

利用相反相成的因素可以加强形与形的相互作用。例如:大与小、多与寡、远与近、垂直与水平、上与下、疏与密、曲与直、轻与重、高与底、强与弱等。利用这种方法,可轻易达到强调或突出重点的目的(图5.27)。

(a) 虚实对比一

(b) 虚实对比二

(c) 垂直与水平对比

图5.27 对比

8. 多样统一

这种方法是形式美原则的主要内容。多样统一意味着调和,就是要求形与形之间既要有不同的要素加以区别,又要有共通的要素加以沟通,从而形成完整的新形。达到统一的具体的手法有:

(1) 同一 以共同的要素形成统一;

(2) 变异 以异质的要素互相衬托形成统一;

(3) 统摄 通过主体形式的强势支配全局或附属形体。可以通过大小、多寡、明暗、虚实、远近等处理方法达到目的(图5.28)。

图5.28 多样统一

至于变化的方法,要从形的基本要素着手,即从形的形状、颜色、肌理、位置、方向等入手。另外,还可以从形的结构方式去寻找变化的方法。

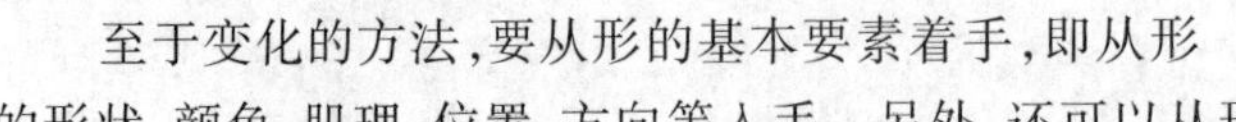

以上简述了视知觉、形态的心理感受、形式美的法则,实际上也反映了形态构成中的某些特定形态,从另一角度表达了形态构成的规律。因此,掌握这些规律将会极大地提高我们的造型能力。

6　园林空间

创造空间是园林设计的根本目的。每个空间都有其特定的形状、大小、构成材料、色彩、质感等构成要素，它们综合地表达了空间的质量和空间的功能作用。设计中既要考虑空间本身的这些质量和特征，又要注意整体环境中诸空间之间的关系。

6.1　空间及其构成要素

空间的本质在于其可用性，即空间的功能作用。一片空地，无参照尺度，就不成为空间，但是，一旦添加了空间实体进行围合便形成了空间，容纳是空间的基本属性(图6.1)。

图6.1　空间的产生:有与无

“地”、“顶”、“墙”是构成空间的三大要素，地是空间的起点、基础；墙因地而立，或划分空间，或围合空间；顶是为了遮挡而设(图6.2)。与建筑室内空间相比，园林空间中顶的作

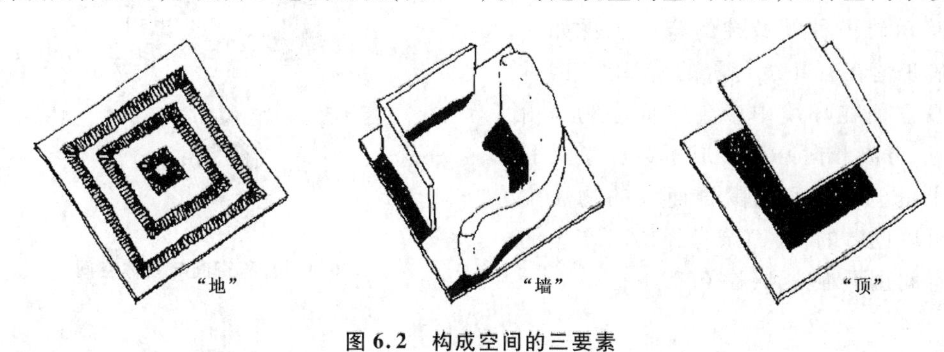

图6.2　构成空间的三要素

用要小些，墙和地的作用要大些，因为墙是垂直的，并且常常是视线容易到达的地方。园林项目，比如花园、公园、庭院、街道等等，它们的尺度与外观都是独立的，只有天空是统一的颜色。园林是在地面、垂直面及天空间创造空间（图6.3）。

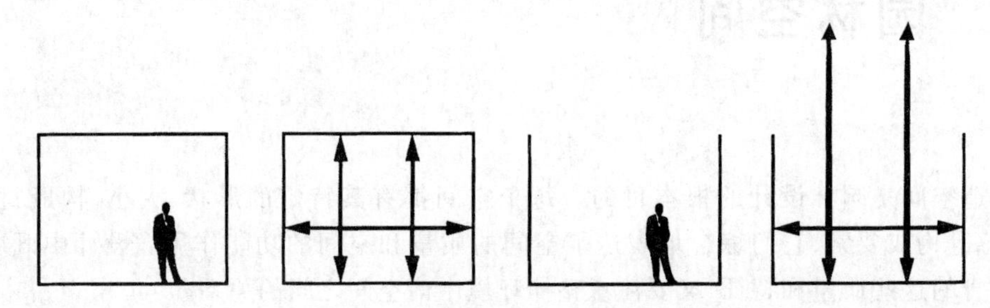

图6.3 建筑空间与园林空间

空间的存在及其特性来自形成空间的构成形式和组成因素，空间在某种程度上会带有组成因素的某些特征。顶与墙的存在与否，空透程度，决定了空间的构成，地、顶、墙诸要素各自的线、形、色彩、质感、气味和声响等特征综合地决定了空间的质量。因此，首先要撇开地、顶、墙诸要素的自身特征，只从它们构成空间的方面去考虑，然后再考虑诸要素的特征，并使这些特征能准确地表达所希望形成的空间的特点。

6.2 空间的形式

园林空间有容积空间、立体空间以及两者相合的混合空间（图6.4）。容积空间的基本形式是围合，空间为静态的、向心的、内聚的，空间中墙和地的特征较突出（图6.5）。立体空间的基本形式是填充，空间层次丰富，有流动和散漫之感（图6.6）。

容纳特性虽然是空间的根本标识，但是，设计空间时不能局限于此，还应充分发挥自己的创造力。例如草坪中的一片铺装，因其与众不同而产生了分离感。这种空间的空间感不强，只有地，这一构成要素暗示着一种领域性的空间。再如一块石碑坐落在有几级台阶的台基上，因其庄严矗立而在环境中产生了向心力。由此可见，分离和向心都形成了某种意义和程度上的空间。实体围合而成的物质空间是可以创造的，人们亲身经历时产生的感受空间也不难得到（图6.7）。

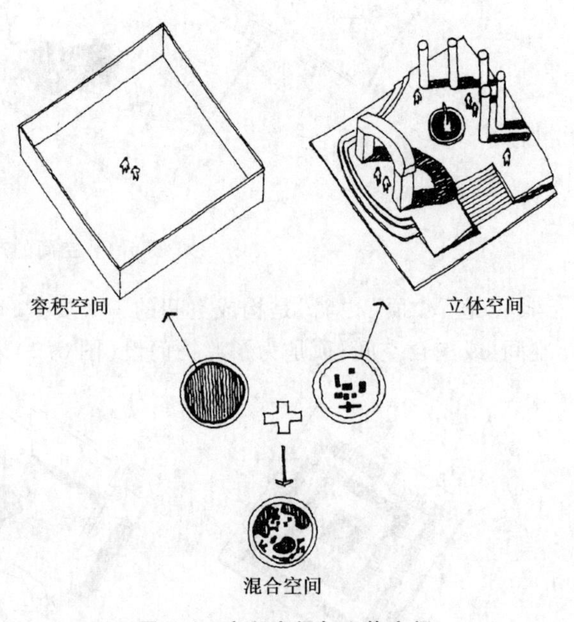

图6.4 容积空间与立体空间

图 6.5　威尼斯圣马可广场——典型容积空间

图 6.6　美国某雕塑园的立体空间

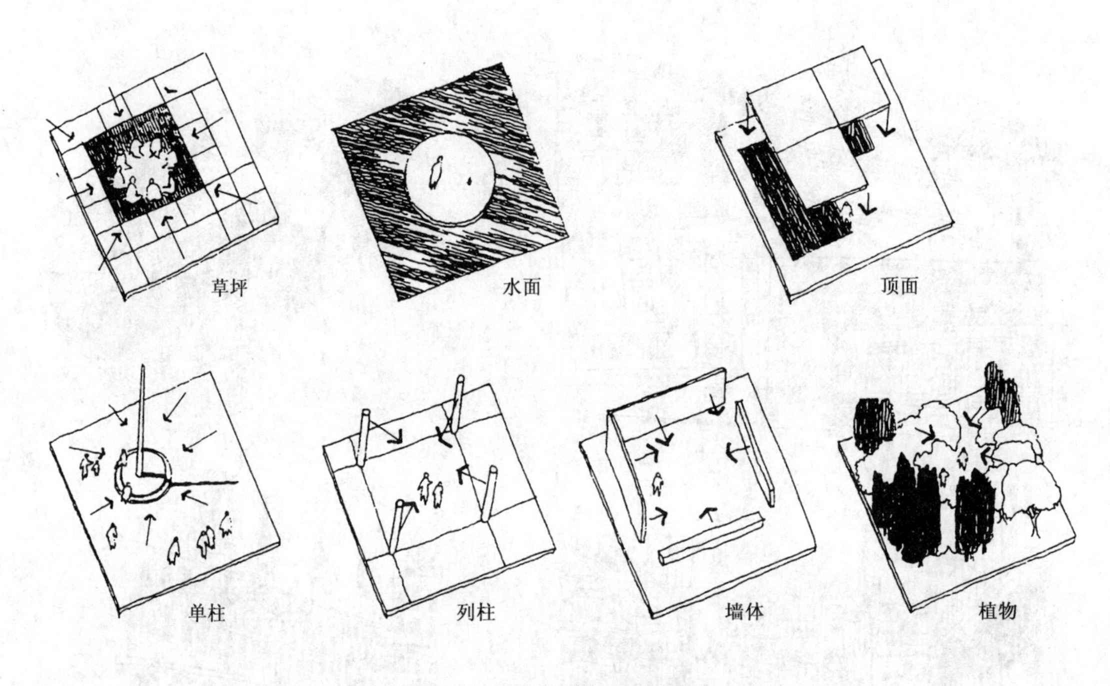

图 6.7 设计空间构成的丰富性

6.3 空间的界定

空间感是指由地平面(底)、垂直面(墙)以及顶平面(顶)单独或共同组合成的具有实在的或暗示性的范围围合。因界定要素及其组合方式的不同,可界定出不同特质的空间,空间的界定方式也是多种多样的。

6.3.1 面与边界

空间是由单元面及三维边界组成的。面与边界之间的关系如图 6.8 所示:

为了创建空间,人们需要面和实体边界的标志(a)。单一的面不能自己创建空间(b),只能定义一块区域(特殊的面积)。一个实体放在面的边界上,马上成为有效的空间(c)~(e),它们间,(c)时仍然是模糊的,(d)开始指明空间,但是只有(e)是清晰的空间。拿掉面的时候立即再次成为不清晰的空间(f)。用连续的墙体强化边界(g)帮助不大。当面重新出现的时候,空间感立即非常清晰了(h),当一个立柱拿走时,这种清晰感仍在(i)。但是没有面时,马上模糊(j)。在边界上加上连续的墙体,很好地强化了空间的印象(k)。这时再拿掉面时,空间感尽管变弱了但仍有(l)。移走最后一根立柱,剩下的是有指向性的空间(小环境),这个空间被面极大地强化着(n),在第三边再加一片墙的时候去掉底面,仍然是个很清晰的空间(o);独立的面更强化了这种感觉(p);闭合墙体时营造出最独立、最封闭的空间(q),它不再需要任何物体来区分它的面与周围的面,因为外界的面不再存在于这个空间中(r)。

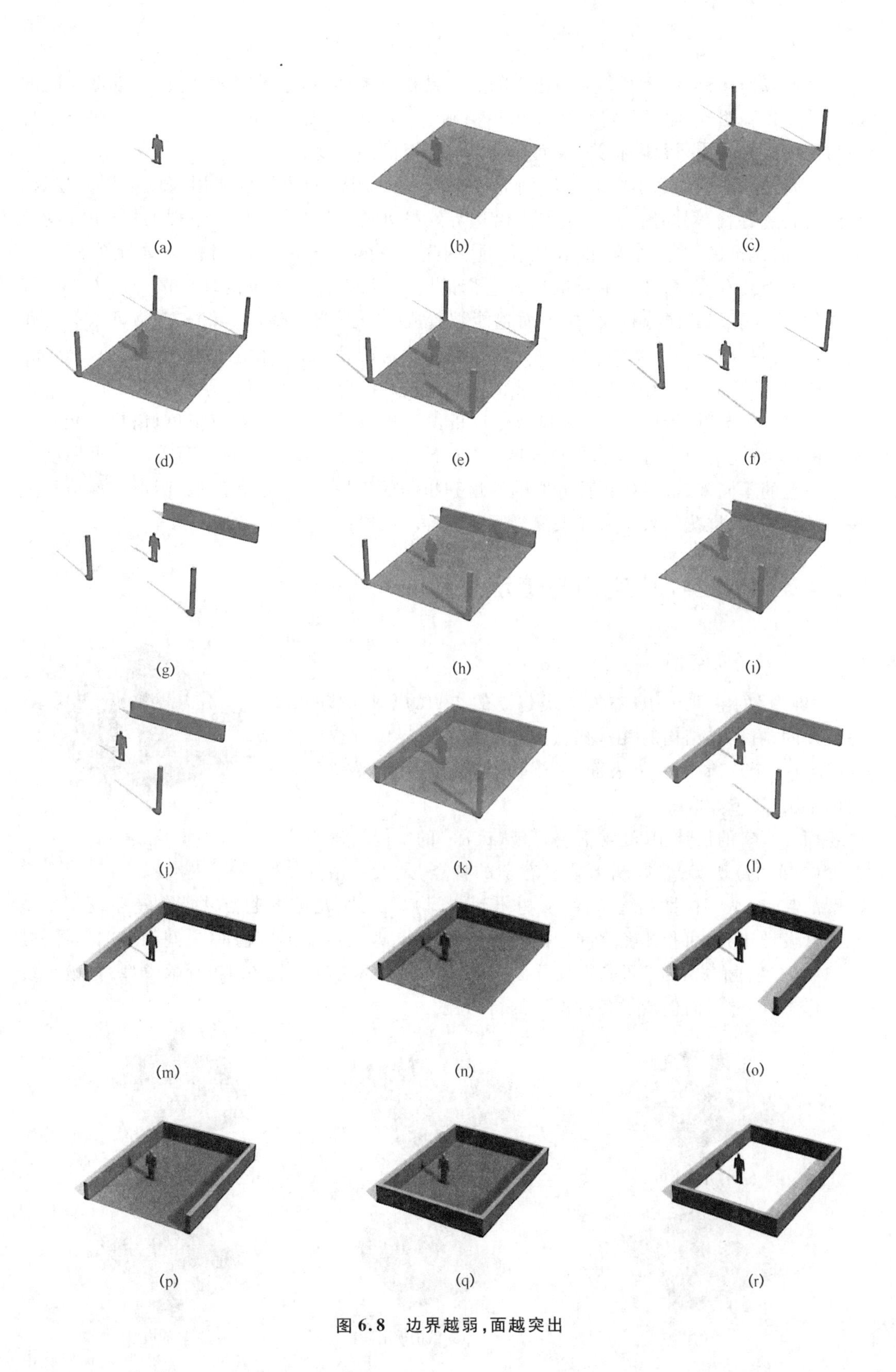

图 6.8　边界越弱,面越突出

由此我们知道,单元面和空间边界的关系是相反的:空间边界越弱,它作为创造空间的依据性就越不明确,而且面将会更突出更清晰。“更弱”、“更突出”、“更清晰”这些概念总是与面和边界的统一程度有关,或面和边界与环境的差异度有关。

空间边界能用许多不同的方法创造——统一的、固体的边界墙能用高度不同的建筑、墙体、栅栏、绿篱等建造。复合边界由沿边界线排列的不同成分组成:单棵的树、单片的灌木、曲折的建筑、一些室外家具(长凳、灯具、闪光的柱体)、石头、带状墙、一条挡土墙等。

面能否被有效地感知,主要取决于它们的同一性,它们与周围的环境区分的方式。统一性越强,与环境的区分越大,这个面越能被看成一个鲜明的整体。很多事物可以取得面的统一性:绿化的平面,如草地、长草的田野、被覆盖的地面、花床等;硬质的面,如砖路面、块石路面、沥青面、混凝土和钢板;软质的面如紧凑的沙砾、沙地、塑胶地面、水等。

环境的差异性能用不同的颜色及不同的明度来营造,如光线对应暗色材料,日光对应阴暗的区域,晚上的光对应天光的区域;栗树下的全荫对应槐树下的半荫等。也可用结构或组织上的不同来营造,如颗粒分明的沙地和粗糙的碎屑地、草地和沙地、圆形的沙地和多棱角的碎屑地、拼花的人行道和大混凝土路面等。

6.3.2 “纯净”空间与暗示空间

1. “纯净”空间

“纯净”的空间致力于描写人类建立的如画的空间:空间是自发的,有内在结构的,由均匀、连续闭合的边界墙围合而成,还有一个均衡、水平的表面。空间是一个体,我们就位于它的中央(图6.9)。

图6.9 纯净空间

而在真实的设计中,经常需要打破“纯净”的空间。景观改变(空间的)现实;它展现当地形态学的特点,是人们精神飞跃的起点(从多样性到统一性,从树木到空间)。因此,足够的起点才能创造空间。景观意味着设计边界、面和体在空间中的位置都要确定:改装或变形“纯净”空间闭合的边界,是为“内部”空间和“外部”环境寻找及提供更广泛联系的方法。图6.10所示模型,打破了统一的形态,同样的面创造了各种位置的行为机会。

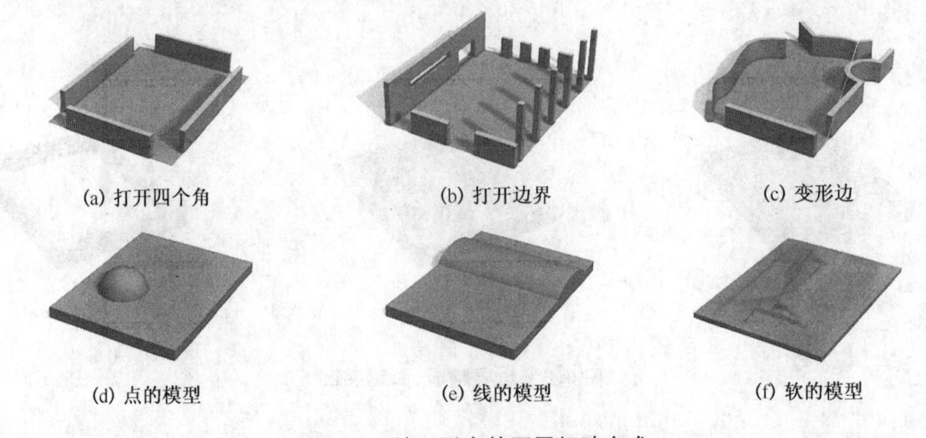

(a) 打开四个角 (b) 打开边界 (c) 变形边

(d) 点的模型 (e) 线的模型 (f) 软的模型

图6.10 统一形态的不同打破方式

“纯净”空间的边界打破得越彻底,它与环境的联系越密切,面变得更三维,空间的整体感和独立感越弱,“纯净”空间被拆离的临界点是:内部和外部在“我们”和“他们”之间的边界消失了。在特定的区域,实体边界和面不能创造空间,它们“突然”变成了另一个不同环境的一部分,这可能不是设计的结果(图 6.11)。

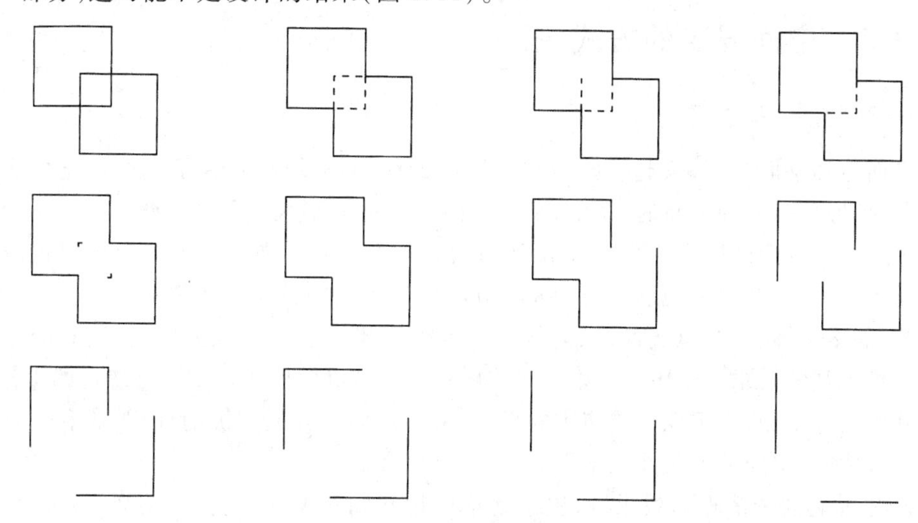

图 6.11　边界的多种改变方式

2. 暗示空间

创造空间的根本前提是确定实体间的边界的位置,理论上它们有潜力被总结为“空间”。平面图上的平面形式越熟悉(例如,简单的规则形体正方形、圆),边界或转角的记号越弱;通常,如不规则的或者组合而成的场地设计形式需要清晰、强有力的边界记号(图 6.12)。

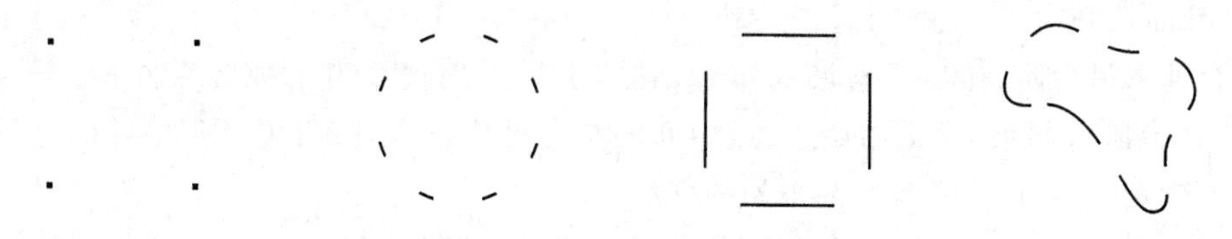

图 6.12　用实体的转角或边界线的记号定义空间

用标记空间边界墙来“创造”空间(图 6.13)会出现不同的效果。边界墙越短,预想达到的空间效果越弱,空间和外界关系越“强”(图 6.13(a)和图 6.13(b))。特定的时候图 6.13(c),可以把记号解释成边界墙或者转角,创造的空间在水平和 45°之间摇摆。在图 6.13(d) 中,空间斜着完成时,边界墙就是转角。

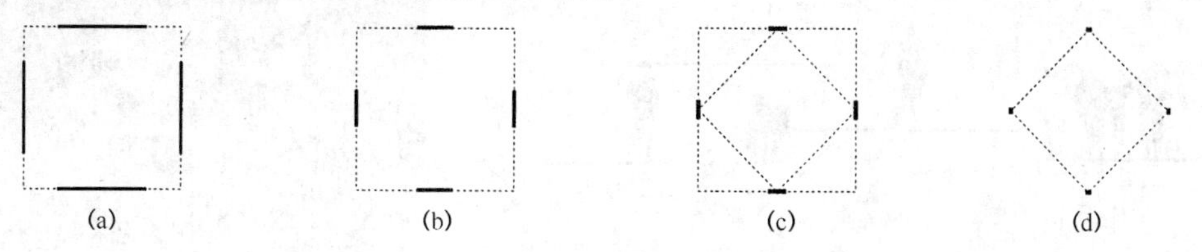

图 6.13　用标记空间边界墙来“创造”空间

暗示空间是在关键点上缺乏明确的实体边界的空间现象,它(转角,小环境或类似的)不创造清晰的内在或外在环境。然而内部和外部环境同时存在、隐私和暴露同时存在、拘束和自由同时存在,这就是空间暗示的独特吸引力。

6.3.3 空间界定的方式

1. 水平面的界定

水平面包括基面与顶面,起着暗示空间界限的作用。设计中,为了创造视觉层次丰富的空间,应把握住基面和顶面的材料选择、平面形状、图案、色彩、质感、尺度等。

水平要素对空间的围合主要体现在基面的处理上。基面在水平方向上可以说具有简单的空间范围,一个被限定了尺寸的基面可以限定一个空间领域。比如对某一区域的地面进行铺装,那么所铺装的区域就被限定了一个空间范围。它有组织人们活动,划分空间领域和强化景观视觉效果等作用。所以对于它的处理是园林空间设计中不可忽视的工作。

在基面设计中,常由于地形或使用的需要,采用地面上升或下沉的处理,或利用基面的起伏变化,以增加空间的层次性及美学效果。

高差是否能创造清晰的效果,取决于地形中抬起和落下的高度,以及观察者的位置和视点人的尺度(图6.14)。

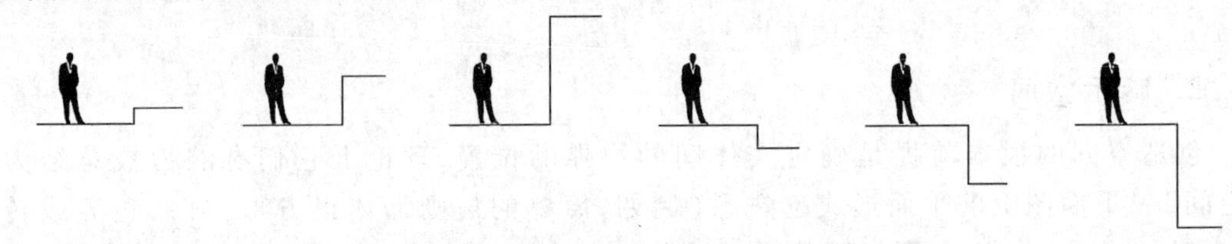

图6.14 高差的尺度影响了空间界定效果

1) 基面抬升

结合地形呈台阶、梯步或斜坡式布置,它能引导人的视线由平视转为仰视,产生期待感;若再在台阶或斜坡、梯道的始末,或中间的平台处作重点处理,可收到更好的效果。通常人向上行走时,有助于表现兴高采烈的气氛。

抬高一块面使之高于环境,"提升"了它的意义。抬高到150 cm时(成人的视线能轻易越过),抬高的区域有外向感、归属感和开放感。抬高超过150 cm时,使人有隔离感和私密感。只有抬高30~50 cm,场地就有独立性了,标志出其差异性,潜在的使用功能的不同;但是它和环境的联系感、归属感仍然很强烈(图6.15)。

图6.15 把基面的高度提高30~50 cm

把面抬高 70 cm(或到 100 cm)——特别是在面材和肌理趋于相同的情况下——分与合,产生了一种微妙的平衡。因为高度不同,抬起的区域有了空间独立感,但它与环境的关系看起来并不孤立(至少一个站在上面的成人会这么觉得)。对于儿童和坐在上面的人来说,这块区域有了强烈的分离感(图 6.16)。

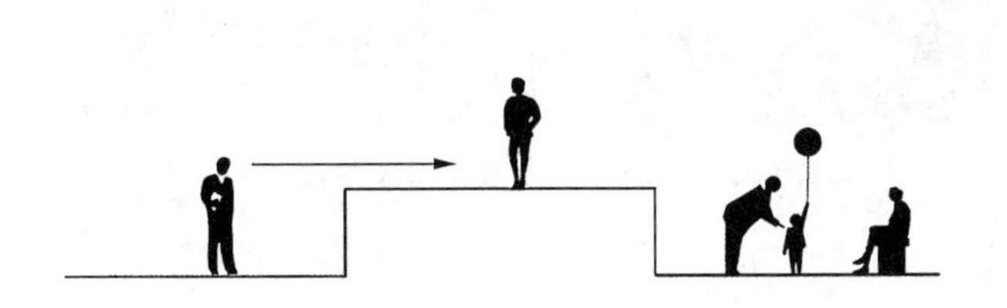

图 6.16　把地面高度提高 70 ~ 150 cm

继续抬高地面将营造强烈的空间隔离感,上下两个界面已经可以互不干扰(图 6.17)。

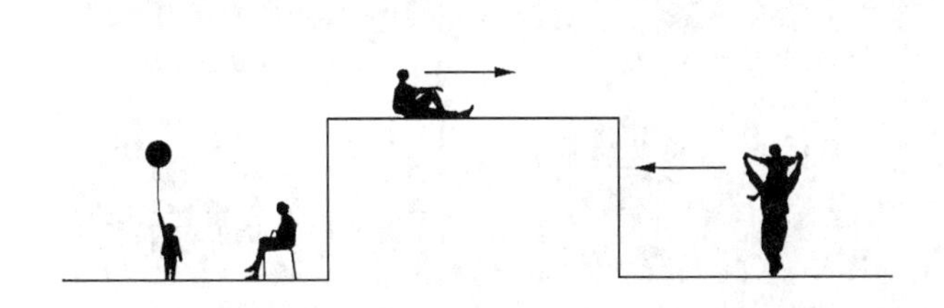

图 6.17　使地面高度超出 150 ~ 160 cm

2）底界面下沉

从透视学的常识可知:随着视距的增大,视点的提高,底界面的作用也较大,因之为了突出底界面有时常采用底界面下沉的手法,使部分底界面低于周围地面。下沉的底界面常处理成为下沉式广场或庭院,人们在此可以动中求静,闹处寻幽;也可由此进入地下空间,形成地上与地下相结合的过渡空间。下沉的底界面也可以结合水池,构置瀑布跌水;可以用花架、玻璃顶棚覆盖,以创造出生动活泼的空间形式。

降低或下沉一块面,营造了感觉孤立的空间;它们潜在地也让人有某种程度的保护感(小孩在玩耍,展示植物的边界等)。

降低地面近 100 cm(最大 150 cm)会传达出隔离的感觉,但是联系上下高差的要素通常是一定的。降低地面超出 150 cm 的时候,上下两个高差面的联系马上消除了。尽管和外界有视线接触仍让人不舒适,人的安全感还是增加了(图 6.18)。

(a) 降低地面30～50 cm　　(b) 明显地降低地面超过150 cm

图 6.18　底界面下沉

3）肌理变化

如图6.19所示，在一个既不凸起又不凹进，上无覆盖物，周围也无“围”之物的平面上，若要限定一个空间范围，可以利用地面上的图案形成一种特殊的空间感。这种限定更具有感觉性，以心理的高层次语言限定出空间。在公园或风景区中，常利用地面材料的肌理变化来限定出空间，别有情趣。

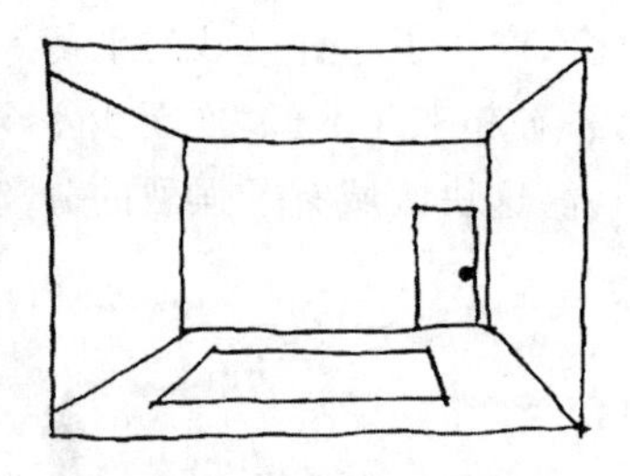

图6.19　利用肌理变化限定空间

2. 垂直面的界定

垂直要素对空间的围合限定要比水平要素来得更加活泼，它所限定的空间领域在人的视觉上会产生强烈的围合感。可以利用它的质感来渲染空间的气氛，利用它的高低、前后的错落来增加空间的深度感，丰富空间。

(a) 实墙，边界明确

(b) 正在开放的边界

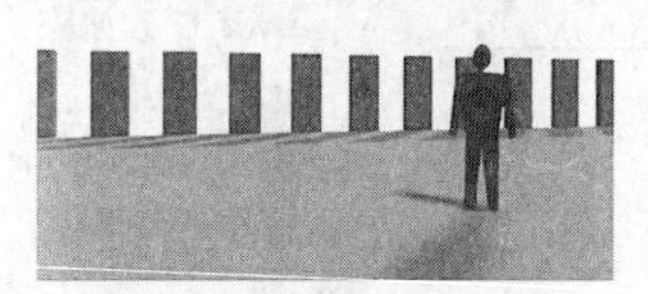

(c) 连续的墙体虚实变化，形成透明的边界

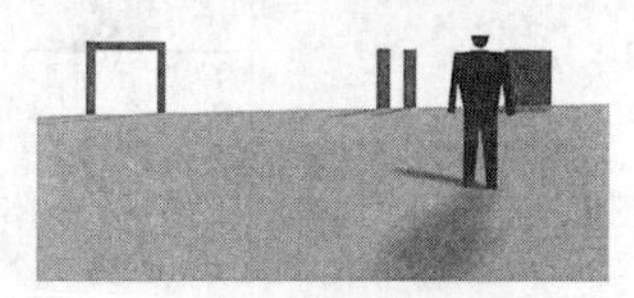

(d) 墙体的多种变化，形成开放的边界

图6.20　墙的密实程度与边界的明确

垂直面的界定效果与垂直要素的高度、密实度和连续性等方面有着密切的关系（图6.20）。围合之物越高，越有封闭感、私密感和神奇感。如果围合物的高度低于眼睛的高度，则封闭感就会失去，私密性、神奇感也随之失去，眼高是围合高度的一个突变点（表6.1）。

表6.1　围合物不同的高度产生的不同的空间效果

高　度	图　　示	说　　明
$h=0\sim30$ cm		暗示空间，视觉连续，两空间可随意穿越 $h=30$ cm可作为坐凳
$h=30\sim60$ cm		空间分割性加强，视觉、空间连续 两空间仍可穿越，两空间渗透，可作为坐凳
$h=60\sim90$ cm		视觉连续，空间界限明显，穿越困难 两空间相互渗透，可倚靠休息
$h=90\sim120$ cm		空间隔断，空间界限强，可形成半封闭性空间 可作靠椅之用
$h=120\sim150$ cm		视觉可穿透，空间基本隔断 私密性强，界面观赏用
$h>150$ cm		视线、空间隔断，独立空间，两个空间无任何联系，观赏界面

6.4 空间的封闭性

空间的围合质量与封闭性有关,主要反映在垂直要素的高度、密实度和连续性等方面。高度分为相对高度和绝对高度,相对高度是指墙的实际高度和视距的比值,通常用视角或高宽比 D/H 表示。绝对高度是指墙的实际高度,当墙低于人的视线时空间较开阔,高于视线时空间较封闭。空间的封闭程度由这两种高度综合决定。

人在接近 30°~36°的视野里,能明确地分辨出物体的形状,古时的建筑师(如维茨鲁德)通常将水平视野控制在 30°~35°间。这意味着在 10 m 的距离外,看到 6 m 的宽度,或者 5:3 的比例。空间的比例,换句话说是长度和宽度的比例,许多古代的广场正符合这点。

在欧洲,雕塑的传统经验认为,人的视野决定了观看雕塑的最佳点。以下比较建筑美术的视点(比例为 3:1,相应的视角接近 18°)、严格的建筑视点(比例为 2:1,相应的视角接近 27°)及观察细节的视点(比例为 1:1,相应的视角接近 45°)(图 6.21)。

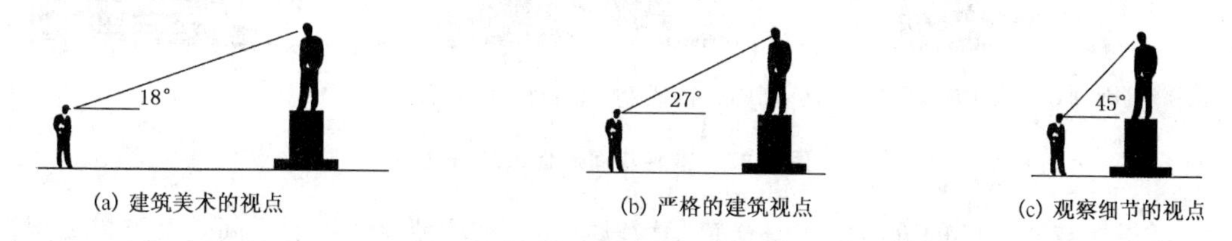

(a) 建筑美术的视点　(b) 严格的建筑视点　(c) 观察细节的视点

图 6.21　不同的观看视点

在公共开放空间里,通常不推荐使用观看者和空间边界的 1:1 的比例(图 6.22)。因为这时看不见天空,主要的印象是一个不可超越的空间——感觉很狭小局促。但是与此相对照的,同样的比例在私人的范围能唤起积极的联想,比如有保护感、安全感。这个比例在私人空间是值得使用的,如中庭、温室等。

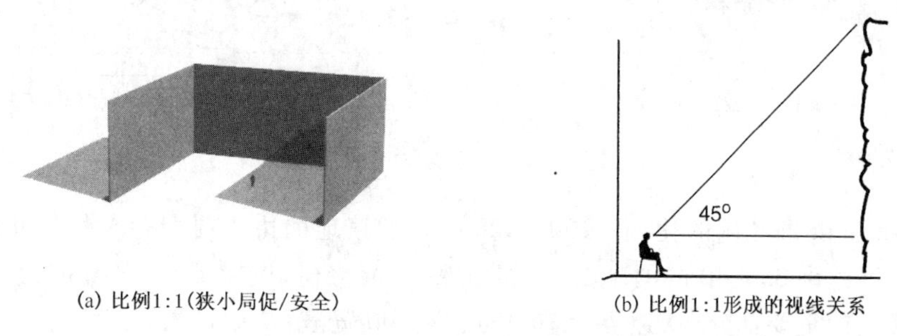

(a) 比例1:1(狭小局促/安全)　(b) 比例1:1形成的视线关系

图 6.22　比例为 1:1 的空间

1:1 的比例只能用在希望保持孤立隔绝的环境中。如果因为现存建筑、大树等,一个这样的场合不可避免,局促的感觉能用以下方法减轻:使边界减少支配感(减轻它和周边的对比色彩或明度;极端的做法:镜子)、遮盖边界墙的顶部(例如增加光线,在墙前增加如矮屏风般的树木)、改变边界中部(例如花架)、眼睛观察边界下部 1/3 处(例如增加低矮的植物、雕塑等),加强地面,使人们的吸引力转化到地面上来(增加其多样性,例如增加花镜、多色彩的铺装面材等)(图 6.23)。

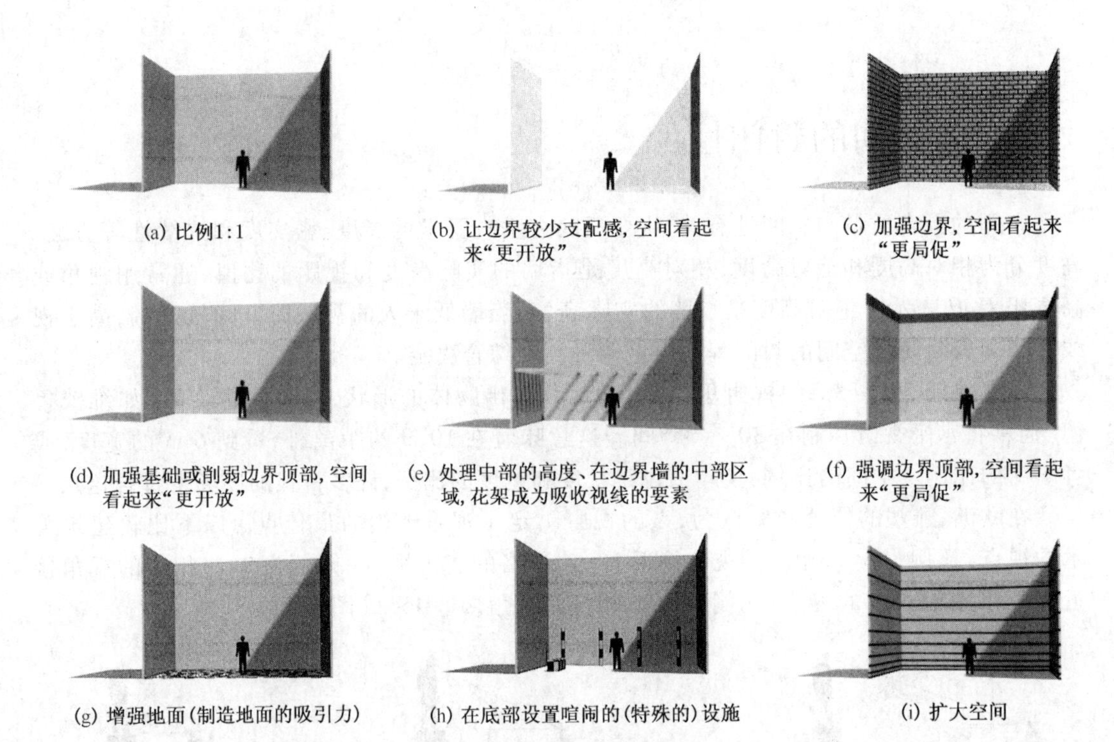

(a) 比例1:1　(b) 让边界较少支配感,空间看起来“更开放”　(c) 加强边界,空间看起来“更局促”

(d) 加强基础或削弱边界顶部,空间看起来“更开放”　(e) 处理中部的高度、在边界墙的中部区域,花架成为吸收视线的要素　(f) 强调边界顶部,空间看起来“更局促”

(g) 增强地面(制造地面的吸引力)　(h) 在底部设置喧闹的(特殊的)设施　(i) 扩大空间

图 6.23　减轻空间局促感的方式

如果要寻求一定的隔离感或安全感,没有局促感,推荐使用2:1的空间。关键是要保证隔离感,边界和地面需要稳固的实体相接,如不透明、封闭的边界墙。

比例为2:1的空间不适合明确强调中部的一般开放空间。因为站在空间中部的感觉类似在1:1空间中,这对于开放空间是有局促感的(图6.24)。

(a) 比例2:1(隔离)　(b) 比例2:1形成的视线关系

图 6.24　比例为 2:1 的空间

3:1是旧时英国花园的比例。100～120 m宽的草地的边界要配置1号尺寸的大树(这些树成年后能达到35～40 m的高度,例如山毛榉、酸橙树、橡树等)。天空成为这片草地视觉上和意义上的重要部分,从边界上看,空间很开放宽敞;从中部看,空间显得有保护感和封闭感(图6.25)。

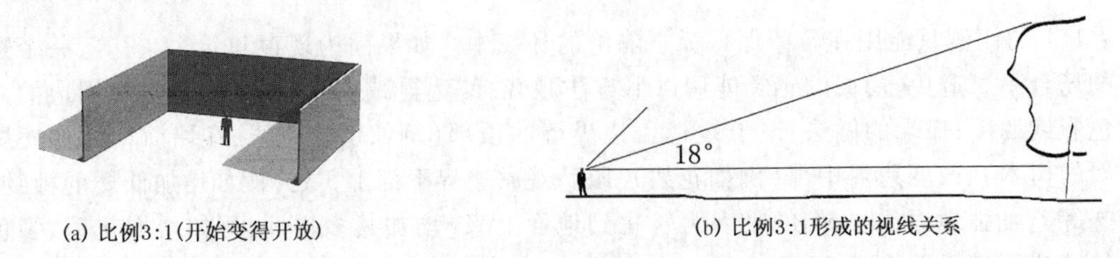

(a) 比例3:1(开始变得开放)　(b) 比例3:1形成的视线关系

图 6.25　比例为 3:1 的空间

4:1 到 6:1 比例的空间创造了越来越强的广阔感，空间的中部也越来越开放，外围区域也非常开阔，大片可见的天空创造了距离感（图 6.26）。

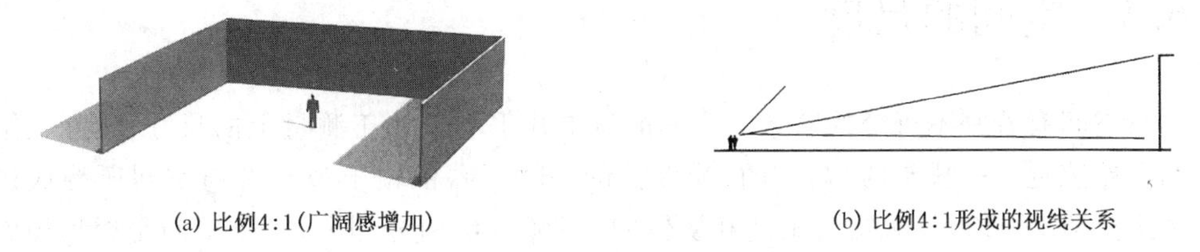

(a) 比例4:1(广阔感增加)　　(b) 比例4:1形成的视线关系

图 6.26　比例为 4:1 的空间

如果使道路、广场等空间和主要空间的排列方向一致，且有通道联系二者，那么有可能在一个小面积里达到“广阔”的效果（图 6.27）。

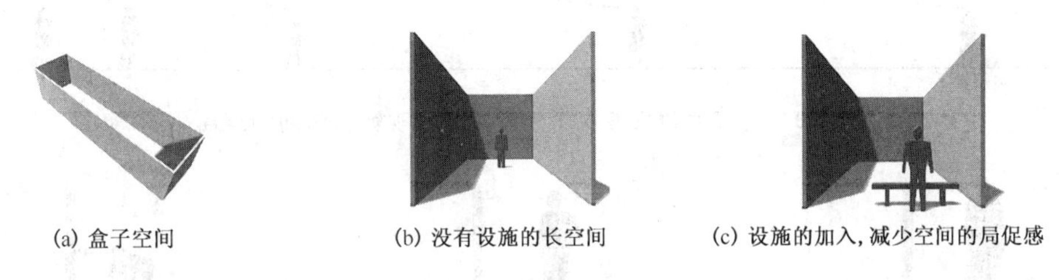

(a) 盒子空间　　(b) 没有设施的长空间　　(c) 设施的加入，减少空间的局促感

图 6.27　长而狭窄的空间

如果一个空间的比例超过 6:1，会显得更开放和广大，边界处的封闭和安全感也大大削弱；这容易使人产生“天空下的遗失感”，但是也能感觉自由和明亮（图 6.28）。

(a) 10:1的空间有“失落”、“离开”感，但也觉得很广阔、“自由”。　　(b) 比例10:1形成的视线关系

图 6.28　比例为 10:1 的空间

空间比例超过 6:1 后，地面上清晰的起始点及潜在位置变得越来越重要和必要；边界墙上的导向性设施如开口、门洞等减少，通道如道路、小径中间的目标等的导向性变得重要起来。

在面上布置设施，使人最多的时间都花在短的那边上，能减少空间的局促感。

影响空间封闭性的另一因素是墙的连续性和密实程度。同样的高度，墙越空透，围合的效果就越差，内外渗透就越强（图 6.29）。不同位置的墙所形成的空间封闭感也不同，其中位于转角的墙的围合能力较强。

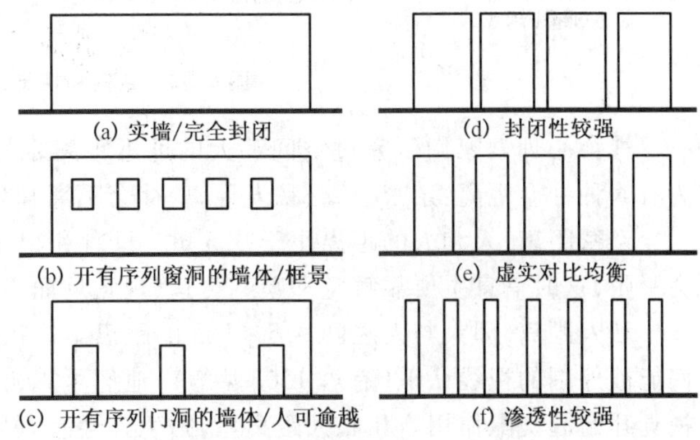

(a) 实墙/完全封闭　　(d) 封闭性较强
(b) 开有序列窗洞的墙体/框景　　(e) 虚实对比均衡
(c) 开有序列门洞的墙体/人可逾越　　(f) 渗透性较强

图 6.29　墙的密实程度与空间的封闭性

6.5 空间的尺度

人与空间有着密不可分的联系。空间的效果几乎不依赖于测量上的尺寸;实际上空间传达的自然感觉——狭窄的/宽广的,受保护的/开放的,依赖于观察者与空间所构成边界的实体距离(图 6.30)及观察者眼睛和实体的高差(图 6.31)。评价一个空间是否均衡的标准就是人和空间的比例。

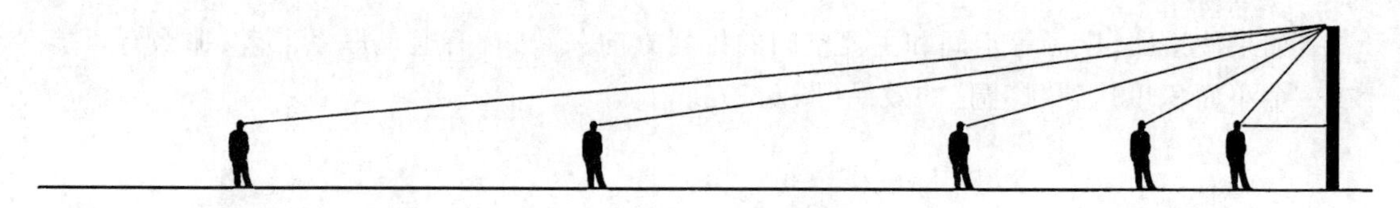

图 6.30　空间的效果取决于观察者和被观察物体间的距离

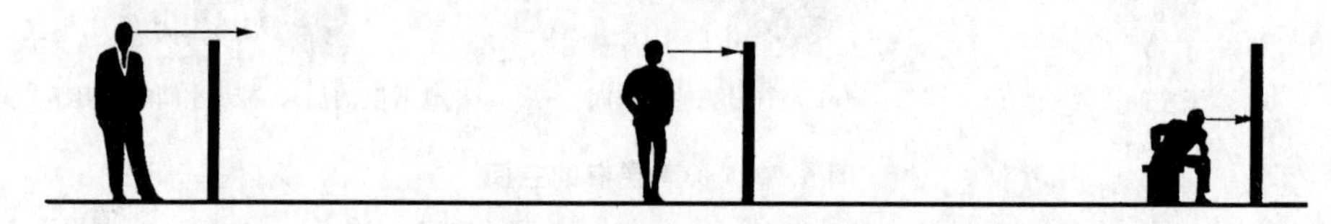

图 6.31　空间的效果取决于观察者的眼睛和被观察物体间的高差

我们记录空间的方法,与我们对距离和尺寸的感觉有关,依赖于以前的视觉经验,换句话说依赖于物体的实际距离和它在视网膜上给我们印象间的关系。物体看起来比实际尺寸越小,它离我们越远。顺着我们视线的平行线,在离我们越远视线的关系看上去越近。穿过我们视线的平行线在远方交汇在一起。这在一个规则的距离内,是光学的幻觉。距离越远,结构越紧凑致密(肌理梯度)(图 6.32)。

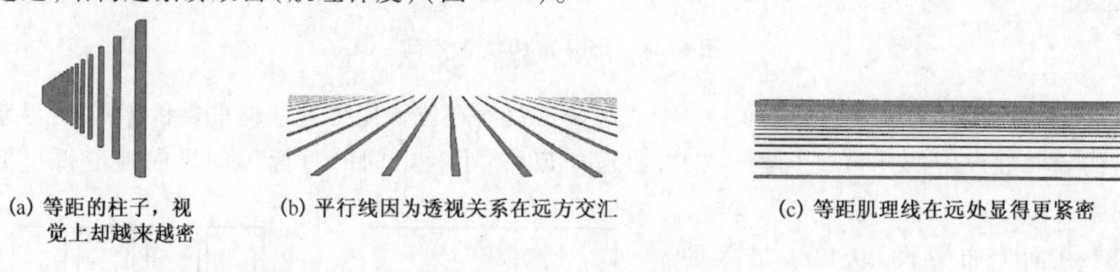

(a) 等距的柱子,视觉上却越来越密　(b) 平行线因为透视关系在远方交汇　(c) 等距肌理线在远处显得更紧密

图 6.32　结构和视觉经验

社会心理学家们研究过空间和人的远近距离之间的现象。E·T·霍尔(E. T. Hall)认为有 4 种社会距离:亲密距离、私人距离、社会距离和公共距离。

亲密距离,人和人的距离小于 0.5 m。只有和很亲近的人在这种距离中相处我们才不会紧张,这时信息主要靠触觉和嗅觉传达,视觉反而不重要。

私人距离,即人与人之间 0.5 ~ 1 m 的距离。这粗略符合一个人本能的保护圈大小。人们能被外围的视线认识(有着 150°视角),他们可以舒展身体。触觉和嗅觉起了部分作用,视觉开始起支配作用。在私人距离里,陌生人会感到紧张,本能地会移远距离,如果这不可能,其结果将是沟通的失败,人会感觉不可靠的恐惧、紧张及无助。例如,满载人的电梯中,在拥挤的公交车上,饭店中同一桌上的陌生人及在公园的一条长椅上。

很多社会交往是在社会距离内发生的,通常是 1 ~ 2.5 m 的距离(较小的社会距离)及 2.5 ~ 5 m(较大的社会距离)。在社会距离中,能从一个人的肢体语言观察另一个人;认知几乎完全依靠视觉和听觉。设计空间时需注意,适当安排个人的位置(长凳、桌子宽度、游戏位置等)时,陌生人互相影响有助于维持社会距离,尤其是大的社会距离。如果距离小于此,将会使人感到紧张、有进攻性、不自在等;另一方面,有较大的交流压力。在大的社会距离内,交流的压力会明显减小。

公共距离的覆盖范围是 5 ~ 7(10) m。这个限定根据文化社会或个人的因素有所不同。为了和我们认识的人联系,会减少距离或特殊符号(手势、喊声等)的使用,和陌生人保持社会距离是抗拒交流的明显标志。例如:人们逐渐开始使用一片边界较低(长草、灌木、矮墙或类似物)的日光浴草地的情形(这是在下午早些时候,不是很热,有一棵树在场地的西南角),人们会选择去哪儿? 1 ~ 15 的位置是人们最有可能使用的区域(图 6.33)。

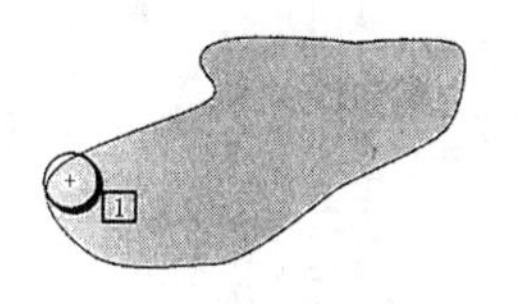

(a) 大部分的吸引来自那棵树,如保护、遮蔽、视觉焦点等

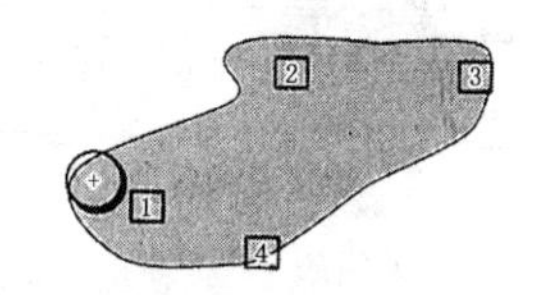

(b) 人们下一步开始使用边界的区域。这些"关键点"暗示小环境活动

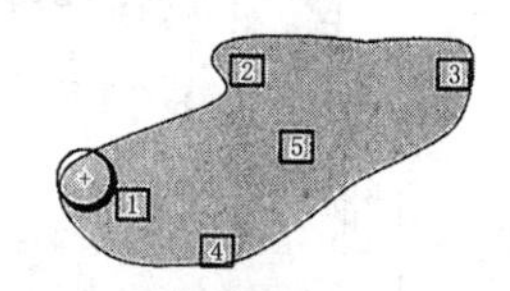

(c) 为了保持公共距离,人们只好使用没有吸引力的中部区域(比较人们在饭店或咖啡店的活动方式)

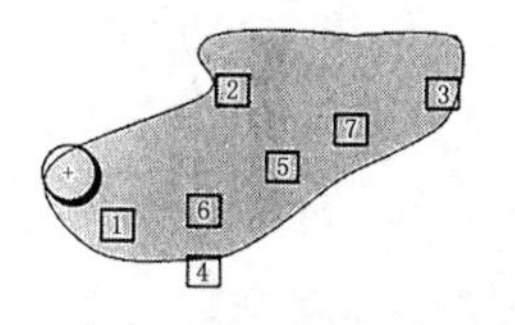

(d) 所有后来的人都保持了较远的社会距离

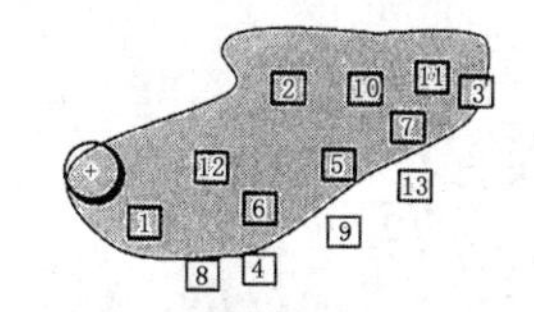

(e) 接下来也是这样……

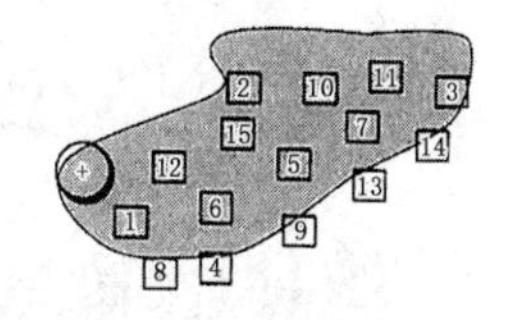

(f) 接下来仍是这样……

图 6.33 室外空间使用区域的选择过程

由此可知,高密度聚集(包括近的社会距离)是非常不可能的,而且常常被避免。但是如果这样的事情发生了,例如,在很热天气的长椅上,人们会改变自己的行为,营造清晰的个人领域,如用毛巾、海滩棚屋、转过背去等方式。

6.6 空间的处理

空间处理应从单个空间本身和不同空间之间的关系两方面去考虑。单个空间的处理中应注意空间的大小和尺度、封闭性、构成方式、构成要素的特征(形、色彩、质感等)以及空间所表达的意义或所具有的性格等内容。多个空间的处理则应以空间的对比、渗透、层次、序列等关系为主。

空间的大小应视空间的功能要求和艺术要求而定。大尺度的空间气势壮观,感染力强，常使人肃然起敬，多见于宏伟的自然景观、纪念性空间和政治性空间。西方历史上的广场设计多是大尺度空间的典型代表，其要么以神圣主题、要么以英雄主题在城市空间的历史演进中创造了无数令人敬畏的空间里程碑（图 6.34）。而小尺度空间则营造出舒适亲切宜人的空间氛围，在这种空间中交谈、漫步、坐憩常使人感到舒坦、自在，例如江南的私家园林、居住区组团绿地空间、街头小游园等（图 6.35）。

图 6.34　罗马圣·彼得广场的宏伟尺度

图 6.35　亲切宜人的居住区绿地

空间的对比是丰富空间之间的关系，形成空间变化的重要手段。当将两个存在着显著差异的空间布置在一起时，由于形状、大小、明暗、动静、虚实等特征的对比，而使这些特征更加突出（图 6.36）。

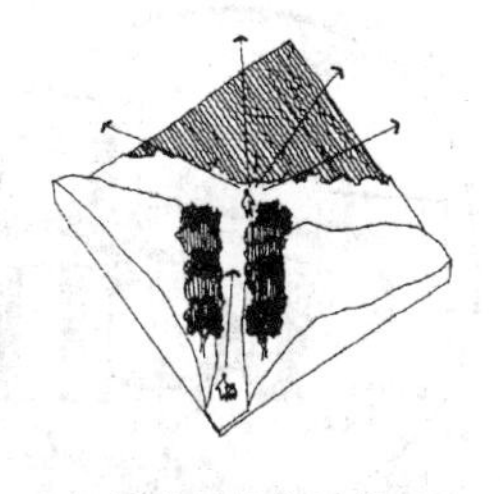

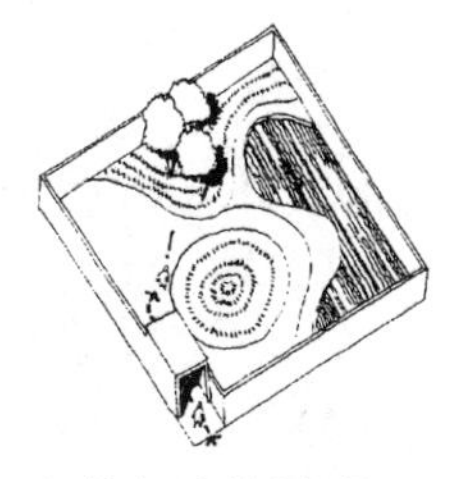

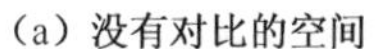

（a）没有对比的空间　（b）用封闭的小空间做对比　（c）用窄长的空间做对比　（d）用暗、小的空间做对比

图 6.36　空间对比的几种方式

为了获得丰富的园林空间，应注重空间的渗透和层次变化。主要可通过对空间分隔与联系关系的处理来达到目的。被分隔的空间本来处于静止状态，但一经连通之后，随着相互间的渗透，好像各自都延伸到对方中去，所以便打破了原先的静止状态而产生一种流动的感觉，同时也呈现出了空间的层次变化（图 6.37）。

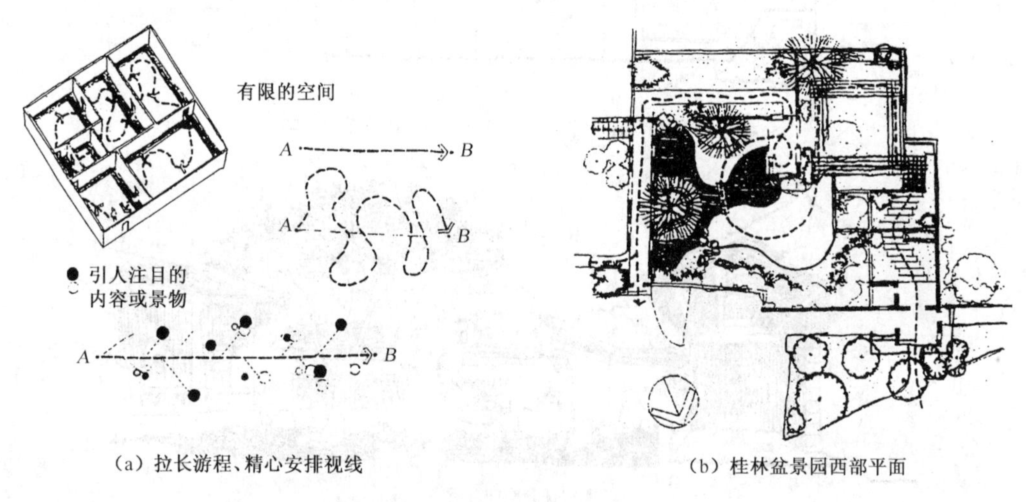

（a）拉长游程、精心安排视线　（b）桂林盆景园西部平面

图 6.37　拉长游程、扩大空间

空间序列是关系到园林的整体结构和布局的问题。当将一系列的空间组织在一起时，应考虑空间的整体序列关系，安排游览路线，将不同的空间连接起来，通过空间的对比、渗透、引导、创造富有性格的空间序列（图 6.38）。在组织空间、安排序列时应注意起承转合，使空间的发展有一个完整的构思，创造一定的艺术感染力。例如，南京瞻园采用小而暗的入口空间、四周封闭的海棠小院、半开敞的玉兰小院等一系列小空间处理入口部分，作为较大、较开敞的南部空间的序景来衬托主要景区（图 6.39）。

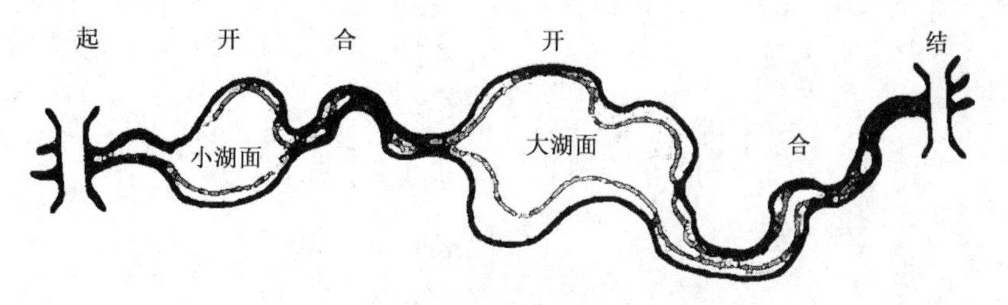

图 6.38　园林空间序列的起承转合

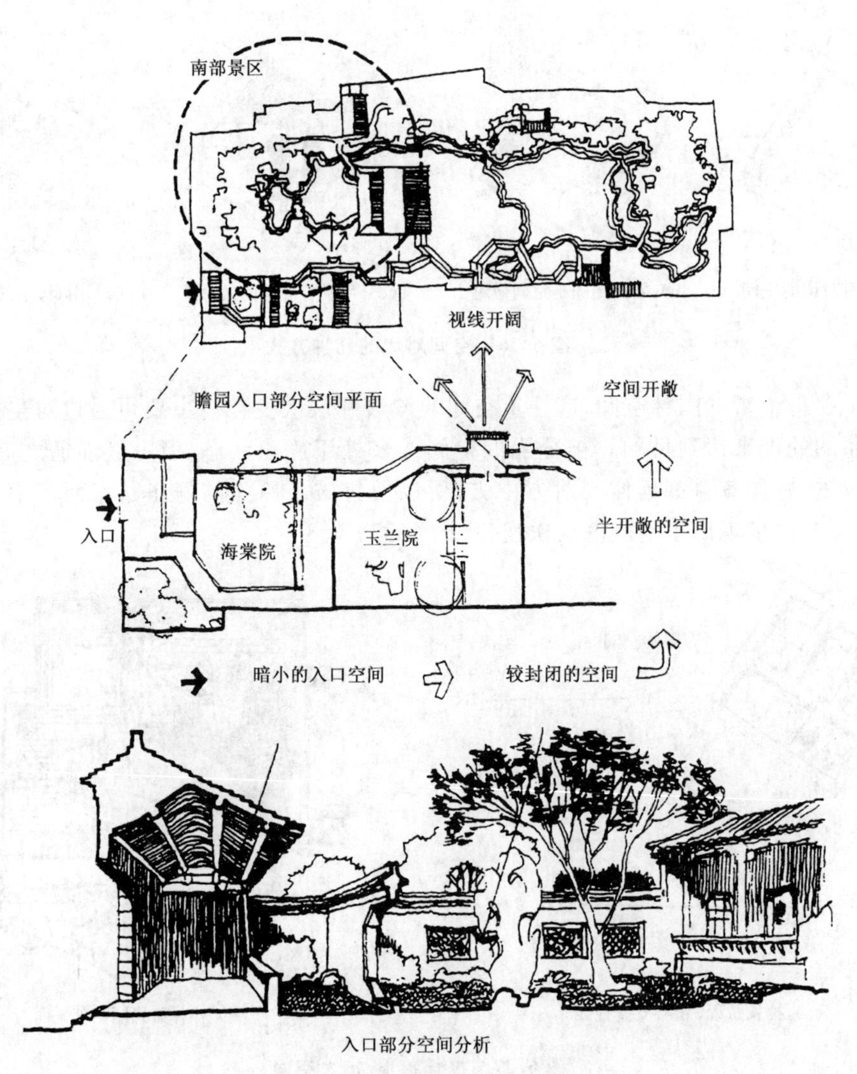

图 6.39　南京瞻园入口空间处理

参考文献

[1] 罗哲文. 建筑初步[M]. 北京:中国建筑工业出版社,1999.
[2] 周维权. 中国古典园林史[M]. 北京:中国建筑工业出版社,2001.
[3] 彭一刚. 中国古典园林分析[M]. 北京:中国建筑工业出版社,1999.
[4] 陈吾. 中国造园史[M]. 南京:南京林业大学,1991.
[5] 王向荣,林箐. 西方现代景观设计的理论与实践[M]. 北京:中国建筑工业出版社,2002.
[6] 王晓俊. 风景园林设计[M]. 南京:江苏科学技术出版社,1999.
[7] 刘敦桢. 苏州古典园林[M]. 北京:中国建筑工业出版社,2005.
[8] (美)诺曼.K.布思. 风景园林设计要素[M]. 曹礼昆,曹德鲲,译. 北京:中国林业出版社,1989.
[9] 周武忠. 寻求伊甸园——中西古典园林艺术比较[M]. 南京:东南大学出版社,2001.
[10] 朱钧珍. 中国园林植物景观艺术[M]. 北京:中国建筑工业出版社,2003.
[11] 俞孔坚. 足下的文化与野草之美——中山歧江公园设计[J]. 新建筑,2001(5):17-20.
[12] 加拿大筑原设计事务所. 文脉的内涵与技术的力量[J]. 景观设计,2005(1):24-31.
[13] 张斌,杨北帆. 城市设计与环境艺术[M]. 天津:天津大学出版社,2000.
[14] 张祖刚. 世界园林发展概论:走向自然的世界园林史图说[M]. 北京:中国建筑工业出版社,2003.
[15] 荀志欣,曹诗图. 从文化地理的角度透视中西古典园林艺术特征[J]. 世界地理研究,2008(1):167-173.
[16] 陈紫兰. 城市园林的困境与出路——兼论上海的城市园林[J]. 中国园林,1999(3):37-39.
[17] 田国行. 从学科演变看景观学科的发展趋势[J]. 北京林业大学学报(社会科学版),2004(4):19-24.
[18] 朱建宁. 中国传统园林的现代意义[J]. 广东园林,2005(2):6-13.
[19] 朱建宁,丁珂. 法国现代园林景观设计理念及其启示[J]. 中国园林,2004(3):13-19.
[20] 张志全,范业展. 园林构成要素实例解析——土地[M]. 沈阳:辽宁科学技术出版社,2002.
[21] 杨向青. 园林规划设计[M]. 南京:东南大学出版社,2004.
[22] 张志全. 园林构成要素实例解析——水体[M]. 沈阳:辽宁科学技术出版社,2002.
[23] 张吉祥. 园林植物种植设计[M]. 北京:中国建筑工业出版社,2001.
[24] 南希.A.莱斯辛斯基. 植物景观设计[M]. 卓丽环,译. 北京:中国林业出版社,2004.
[25] 丁正伦. 城市环境创造——景观与环境设施设计[M]. 天津:天津大学出版社,2003.

[26] 薛健. 世界园林、建筑与景观丛书——环境小品[M]. 北京:中国建筑工业出版社,2003.
[27] 高祥生,丁金华,郁建忠. 建筑要素设计丛书——现代建筑环境小品设计精选[M]. 南京:江苏科学技术出版社,2002.
[28] 俞英,陈洁. 当代城市景观与环境设计丛书——中外环境设施[M]. 北京:中国建筑工业出版社,2005.
[29] 金涛,杨永胜. 居住区环境景观设计与营建[M]. 北京:中国城市出版社,2003.
[30] 施慧. 公共艺术设计[M]. 杭州:中国美术学院出版社,1996.
[31] 吴昊,于文波. 环境设计装饰材料应用艺术(现代环境艺术设计丛书)[M]. 天津:天津人民美术出版社,2004.
[32] 徐思淑,周文华. 城市设计导论[M]. 北京:中国建筑工业出版社,1991.
[33] 李铁楠. 景观照明创意和设计[M]. 北京:机械工业出版社,2005.
[34] 姚凤林,王耀武,刘晓光. 灯光环境艺术[M]. 哈尔滨:黑龙江美术出版社,1998.
[35] 朱旻. 城市室外照明设计的新趋势[J]. 大众科技,2005(8):7-8.
[36] (德)汉斯·罗易德(Hans Loidl),(德)斯蒂芬·伯拉德(Stefan Bernaed). 开放空间设计[M]. 罗娟,雷波,译. 北京:中国电力出版社,2007.
[37] 程大锦(Francis D. K. Ching). 建筑:形式、空间和秩序[M]. 第2版. 刘丛红,译. 天津:天津大学出版社,2005.